湛庐CHEERS

与最聪明的人共同进化

HERE COMES EVERYBODY

THE ANNOTATED AND ILLUSTRATED DOUBLE HELIX

双螺旋

[插图注释本]

[美]詹姆斯·D. 沃森(James D. Watson)◎著
[美]亚历山大·江恩(Alexander Gann)/简·维特科夫斯基(Jan Witkowski)◎编
贾拥民◎译

浙江教育出版社·杭州

DOUBLE
HELIX

献给娜奥米·米奇森

THE
ANNOTATED
AND
ILLUSTRATED

THE ANNOTATED AND ILLUSTRATED

诺贝尔奖获得者 詹姆斯·D. 沃森

DOUBLE HELIX

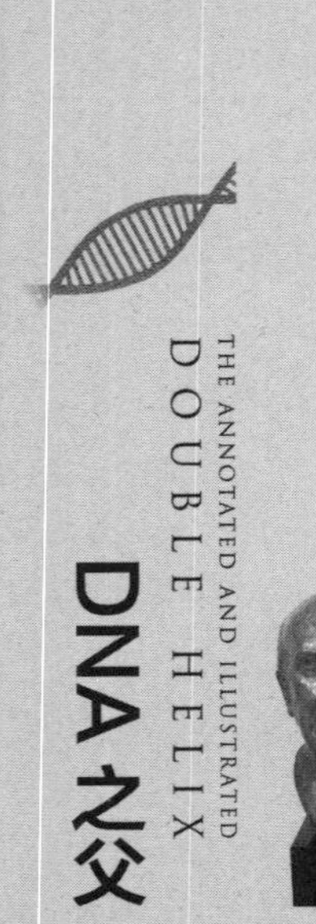

詹姆斯 · D. 沃森 1928 年出生于美国芝加哥。孩提时的沃森聪明好学，他著名的口头禅是“为什么”，而且简单的回答远不能满足他的要求。年幼时沃森最喜欢阅读《世界年鉴》，通过阅读，他积累了大量知识。在一次广播节目比赛中，沃森凭借自己的知识积累，获得了“天才儿童”的称号，并赢得 100 美元奖金。后来，他用这些钱买了一个双筒望远镜，专门用它来观察鸟类。这也是沃森和父亲的共同爱好。

由于从小就显示出过人的天赋，沃森 15 岁时就进入芝加哥大学就读。他最开始的兴趣是研究鸟类。在大学高年级时，沃森阅读了薛定谔的名作《生命是什么》，由此被含有生命奥秘的基因和染色体深深吸引。于是，他改拜专注于研究噬菌体遗传的萨尔瓦多 · 卢里亚 (Salvador Luria) 为师，开始学习生物学并获得了博士学位。

1950 年，在完成博士学业后，沃森来到了欧洲。他先是在丹麦的哥本哈根大学工作，后又加入英国剑桥大学的卡文迪许实验室从事研究工作。正是在那里，沃森了解到，DNA 是揭开生物奥秘的关键。他下决心一定要破解 DNA 结构这一未解之谜。正是在卡文迪许实验室，沃森遇见了与其有着相同志向的弗朗西斯 · 克里克（Francis Crick），并与克里克展开合作。尽管工作内容不尽相同，但沃森和克里克对 DNA 结构都有着浓厚的兴趣。

1953 年 4 月 25 日，沃森和克里克在论文《DNA 双螺旋结构》中向世人宣告：引导生物发育和生命机能运作的脱氧核糖核酸（DNA）具有双螺旋结构。他们仅仅用了约 900 个单词和 1 张图就明晰地阐述了这一重大发现。1962 年，沃森、克里克与英国分子生物学家莫里斯 · 威尔金斯（Maurice Wilkins）共同分享了当年的诺贝尔生理学或医学奖。

由于发现了 DNA 的双螺旋结构，詹姆斯 · D. 沃森获得了分子生物学的奠基者地位，被人们称为“DNA 之父”。

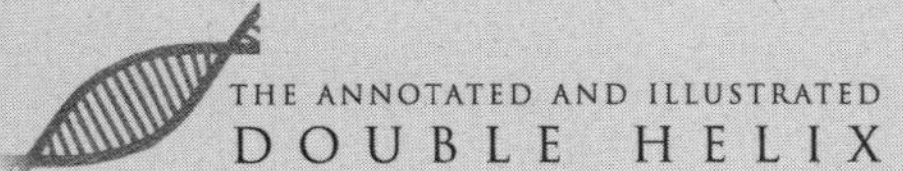

“人类基因组计划”推动者

1984 年，美国能源部（United States Department of Energy）首次将旨在对人类基因组进行测序的“人类基因组计划”提上了议事日程，但在此后的一段时间内，该计划都没有取得实质性的进展。

1988 年，沃森来到美国国家卫生研究院（National Institutes of Health，NIH），开始积极推进“人类基因组计划”。1990 年，沃森被任命为美国国家卫生研究院下属的“人类基因组计划”项目主任，“人类基因组计划”终于走上了正轨。

在“人类基因组计划”顺利展开两年之后，美国国家卫生研究院的新任院长伯纳迪恩·希利（Bernadine Healy）提出，要为一段新识别出的基因注册专利。对此，沃森第一个站出来表示了反对，他认为这会阻碍科学的发展。沃森说：“世界上所有国家都必须意识到，人类基因组属于全人类，而非属于某些国家。”但美国国家卫生研究院的领导者却认为给基因注册专利可以带来利益，促进相关学科的发展。于是，沃森愤然辞去了“人类基因组计划”项目主任一职，这可谓“人类基因组计划”的巨大损失。

2007 年，沃森公开了个人完整的基因组测序数据。沃森说：“我公布我个人的基因测序数据，是为了发展精准医学，我们可以将这些基因组信息用于筛查和预防疾病。”沃森为“人类基因组计划”做出了重大贡献，是该计划的主要推动者。

THE ANNOTATED AND ILLUSTRATED DOUBLE HELIX

冷泉港实验室掌门人

20 世纪 60 年代，沃森入主冷泉港实验室。那时的冷泉港实验室运营不佳，财政状况极为紧张。沃森上任后，凭借自己在科学界的卓越影响力、崇高地位和独特的人格魅力，多方筹款，使冷泉港实验室成为世界上获得捐款最多的几个私立研究机构之一。在冷泉港实验室获得经济层面的充分保障后，沃森重新规划了冷泉港实验室的重点研究领域：癌症、神经生物学、生物信息学和植物生物学。

沃森着力提升冷泉港实验室有着悠久历史的学术会议及培训班的影响力，吸引了一大批著名科学家前来工作，慕名到访的科学家更是络绎不绝，并由此成功打造出以高水平和高质量著称的“冷泉港会议”。

自 20 世纪 80 年代起，沃森相继创建了适合不同层级的教育项目：以沃森名字命名的“沃森生物科学研究生院”、为来自世界各地的少数精英学生提供的富于创新的博士教育项目、面向大学生的“大学生研究项目”、面向中学生的“未来合作伙伴项目”，以及面对小学生的“自然研究”夏令营。

沃森还充分认识到书刊在传播最新观念方面的重要性，因此，冷泉港实验室出版社应运而生。该出版社的出版物包括 5 种学术期刊、多种实验室手册和大量书籍。《双螺旋》《分子生物学》《分子克隆实验指南》等名作都出自冷泉港实验室出版社。

快速崛起的中国同样吸引了沃森的目光。沃森对中国具有深厚的感情，他对他的学生季茂业说：“中国要尽可能快地发展科学，超过美国！”在沃森的支持下，冷泉港亚洲顺利落户中国苏州，已成为引导和推动我国生命科学发展的重要基地。

所有这一切，无不凝结着沃森的心血。在沃森将冷泉港实验室主任的接力棒交付给其继任者时，冷泉港实验室已从一个濒临破产的小机构，脱胎成为世界上最有影响力的综合性科研教育中心之一。

你了解 DNA 双螺旋结构的发现历程吗?

扫码鉴别正版图书
获取您的专属福利

你对 DNA 双螺旋结构的
发现历程了解多少?
扫码获取全部测试题及答案

- 构成 DNA 的碱基共有几种? （ ）

  A. 2 种　B. 3 种　C. 4 种　D. 5 种

- 关于 DNA 中碱基的互补配对原则，下列说法正确的是? （ ）

  A. 碱基之间可以任意两两配对

  B. 嘌呤只能与嘧啶配对

  C. 嘌呤只能与嘌呤配对

  D. 嘧啶只能与嘧啶配对

- 关于詹姆斯 · D. 沃森与弗朗西斯 · 克里克发现 DNA 双螺旋结构的过程，下列说法错误的是? （ ）

  A. 他们搭建 DNA 模型使用的材料是金属片或硬纸板

  B. 启发他们发现 DNA 结构的是一张 X 射线衍射照片

  C. 他们发现 DNA 双螺旋是左旋的

  D. 他们发表在《自然》杂志上的相关论文只有约 900 词

扫描左侧二维码查看本书更多测试题

DOUBLE HELIX
赞 誉

如果用了解一个年轻科学家的心态去读这本书的话，这是一本好书，虽然作者对于其他人（特别是异性科学家）的一些猜想并不准确。

饶毅
首都医科大学校长

1953 年的 DNA 双螺旋还未成为公认的核酸结构，而是詹姆斯·D. 沃森与弗朗西斯·克里克从一些极其有限的参数出发，凭借惊人的想象力和创造力预测出的模型。《双螺旋》这本书，展示的不只是关于 DNA 双螺旋结构被发现的历史，更是一段想象力在自然科学中大放光彩的历史。无比悲伤的是，这种科学思维和科学模式已经离我们远去了。拿到此书时，不禁想起我们在发现磁受体蛋白 MagR 时曾经和《自然》杂志的资深主编亨利·吉（Henry Gee）有过的一段印象深刻的对话，他曾经对着我伤心地感叹“The days of Watson and Crick are long over. These days we are much more demanding about mechanism”（沃森与克里克的时代已经离我们远去，而当下的我们对发现方法和途径的要求更多了），但他相信我们能够一起“find a middle way”（找到一个两全之法）。我想，我们最终还是成功了。在这本书的插图注释本中文版面世之际，我想说，如果我们今天因为过度追求烦琐细节和无懈可击的多余数据，而失去了想象力和创造力的翅膀，也许是科学的悲哀。我相信，是想象力和创造力在一次一次地突破人类认知的极限，就如同 1953 年的 DNA 双螺旋结构的发现。

谢灿
北京大学生命科学学院教授
动物磁感应受体基因和“生物指南针”发现者

三年前，我去美国冷泉港实验室开会的时候，在他们的小书店里面看到了新版《双螺旋》，图文并茂，还有包括沃森老先生在内的三个作者的亲笔签名，未曾细想就买了一本带回来，却一直收在书架上，没有翻开细读。前几天在去英国剑桥开会的飞机上，我趁机把这一版本的中译本看完了，确实过瘾，和我十几年前念研究生时第一次读的《双螺旋》大不一样——那时只读到文字，而且当时的我从未想过有朝一日会从事和 DNA 相关的工作，囫囵吞枣、不求甚解。依稀还能记得的，无非是沃森年轻时的张扬与不羁，以及一个伟大发现诞生的戏剧性过程。这次循着精美的图片重读下来，才真正体会到“ his story is history”（他的故事堪称历史）。很多批评者会说，这本书也许只还原了故事的一面，但这一面却是最出彩的一面，怎能错过？

黄岩谊

北京大学教授

DNA 双螺旋结构被发现的时刻可以称得上是整个人类智慧史的尖峰时刻之一。半个多世纪后的今天，双螺旋的标志遍布全世界的学校、公园和图书馆，双螺旋催生的生物技术产业也已经深刻介入了我们习以为常的现代生活。不管你是好奇那段历史的真实面目，关心那些科学英雄的生动形象，还是单纯地希望以科学家的视角重温那段激动人心的历史，沃森的《双螺旋》都值得一读。整个科学史上，可能都难以找到像沃森这样真实、犀利、充满个人情绪地记叙科学发现历程的人了。

王立铭

浙江大学生命科学研究院教授

科普畅销书《上帝的手术刀》《给忙碌者的病毒科学》作者

亦师亦友的詹姆斯·D. 沃森先生

季茂业
冷泉港亚洲 CEO
冷泉港亚洲 DNA 学习中心前主任

2001 年起，我开始在美国冷泉港实验室从事博士后研究，不久因工作关系受到时任实验室主任沃森的关注。2006 年春，我向他首次提出了筹办冷泉港亚洲的建议，从此和沃森先生有了更为频繁和密切的互动，并且建立了良好的私交。

2007 年 11 月，沃森在他办公室同即将担任冷泉港亚洲 CEO 的季茂业博士交谈后合影

1981 年沃森首次访华，在中国科学院上海生物化学研究所同时任所长王应睐合影

湛庐邀我为沃森先生的《双螺旋（插图注释本）》中文版写些文字，对此，我犹豫了一个多星期。我觉得这对我而言，实在是太大的荣耀，深怕承受不起。思量再三，我又觉得这亦不失为一个难得的机会：进可给广大中文版读者了解双螺旋的发现过程提供另一视角，退可与中文版读者分享我同沃森先生在有限的共事机会中对他的点滴印象。因此，我斗胆接受了这一任务。

科学家沃森

DNA 双螺旋结构的发现故事或许是科学史上最富戏剧性的一幕：一个二十出头的博士后（沃森）和一位年近不惑的博士生（克里克）用很原始的方式建模，却得到了奠定当代生物学理论基础的重大发现。很多人关注于这个故事的戏剧性，却对整个事件发展的内涵和脉络缺少认真的梳理和思考。当时，大西洋两岸有数组科学家在竞争 DNA 分子结构的科研工作。但现在回头看，只有沃森和克里克这对搭档在最宽广的学术视野下对这个科学问题的本质和意义有着最深刻的思考。虽然从资历、地位和影响力来看，他们两位在当时完全是无名小卒，然而正是这对搭档互补的学术背景、忘我的探求精神以及契合的个性，在冥冥之中奠定了最终胜出的格局。今天，仍有为数不少的人甚至是科学工作者把解析 DNA 分子结构看作一个单纯的物理或化学问题，他们忽视了 DNA 分子结构问题重大的科学精髓之所在：这是一个在生物学领域占据重要地位的问题，一个与生物信息编码载体有关的生物学问题，甚至包含了与生物大分子复杂拓扑性质相关的问题。其实，“双螺旋”这一称谓至多只点到了其重要意义的三分之一。

在双螺旋结构的外表下，DNA 分子结构模型的科学重要性在于两个方面：第一，它确定了遗传信息编码的碱基配对原理；第二，其氢键“粘连”双链结构开合有度，为其所编码的巨量信息的复制和遗传提供了完美的解决方案 。只有在考虑到这些更宏观、更深刻的因素后，DNA 双螺旋结构这一集生物、物理、化学、信息诸学科万千“宠爱”于一身的分子结构才会脱颖而出！其他几组人员的局限，尤其是在伦敦的罗莎琳德 · 富兰克林（Rosalind Frankin），她一度曾是离揭开 DNA 分子结构之谜最近的科学家，但十分可惜的是，她没有及时意识到 DNA 承载的生物遗传功能。甚至是分子结构大家如鲍林，携其解决蛋白螺旋的余威转战 DNA 分子结构，本该是手到擒来、迎刃而解的，他却遗憾地提出了明显错误的三链结构模型（三链无法如双链那样开合自如，也就无法承担细胞内频繁的复制和遗传功能）！而在沃森和克里克这对搭档中，沃森恰恰是生物学家。更为重要的是，他是当时世界上对“DNA，即核酸，是遗传物质”这一核心问题有着最深刻理解的极少数人之一。他是怀着揭开基因实质的强烈愿望去剑桥大学的。正是在那里，沃森巧遇了虽为物理学家，却对研究 DNA 有同样旺盛热情的克里克。沃森曾多次跟我提到富兰克林让 X 射线衍射照片在她实验室的抽屉里躺了好几个月的事情。时隔 60 多年后，沃森和我每每提及这点，仍然觉得不可思议！克里克根据沃森看到的富兰克林 X 射线衍射照片精确推算出 DNA 双螺旋结构之后，这对搭档并没有停止脚步，而是在 1953 年 2 月 28 日上午，由沃森单独在他剑桥大学简朴的寓所里，用硬纸板这一极为原始的材料惊鸿一瞥地“窥见”了 DNA 双链碱基配对方式，即遗传信息编码方式这一“上帝的秘密”！可以这么说，沃森和克里克胜在他们对 DNA 双螺旋结构的深刻思考，以及他们具备的前瞻性和宽广的学术视野，这两点使他们可以高效地把不同出处的信息创造性地组合起来，最终以更快的速度将人类对生命本质的认识自达尔文后又向前推进了一大步。

60 多年后的一个秋天，在日本九州一次热闹的酒席间，沃森和我聊了很多往事。我突然直接问他，克里克去世后，“Do you feel profoundly lonely now?”（你现在是否在科学上体会到了强烈的孤寂感？）他顿了一下，非常肯定地说：“Yes!”（是的！）当时，沃森的目光深远，充满怀念。这小小一幕折射了科学史上这对传奇搭档深厚的友谊。

沃森与中国

因为工作关系，在过去的 10 多年里，我有幸同沃森先生有许许多多的互动，有时是一起开车离开长岛，有时是陪同他飞去访问或做学术报告，更多时候则是去他坐拥一汪海湾、略带意大利托斯卡纳乡村建筑风格的家中做客，同他和他的太太、儿子闲谈，把酒言欢。因此，我对沃森先生有很多观察和了解，其中有价值的部分，我愿意与中文版读者分享。

1981 年，沃森在上海同 50 年代在剑桥大学结交的好友曹天钦（时任中国科学院学部委员，生物学部副主任，上海生物化学研究所副所长）重逢。中立者为沃森的儿子

在结交的中国科学家中，沃森对 20 世纪 50 年代同在剑桥大学求学的曹天钦印象深刻。沃森结识曹天钦实际上也和本书叙述的故事发生在同一时空里。沃森和克里克在追逐着破解 DNA 结构的梦想时，曹天钦作为当时为数极少的中国留学生之一，师从李约瑟（Joseph Needham）在剑桥大学攻读生物化学博士学位。沃森 1953 年回到哈佛大学任教，而曹天钦从剑桥大学毕业后回到中国科学院上海生物化学研究所。20 世纪 60 年代，曹天钦为中国合成胰岛素工作的主要科学工作者之一，同其他前辈共同奠定了中国生命科学的基础。沃森也常和我提起“天钦”，认为他温文尔雅，谈吐斯文得体，并推断曹必出身于良好的家庭。沃森于 1981 年第一次造访中国，时隔 30 年后与曹天钦重逢于曹位于上海的极为简陋的家中，彼时的中国百废待兴。据沃森回忆，当时曹的家中连件像样的家具都没有。没人知道他俩当时谈了些什么，但沃森不止一次谈到，他的首次中国行最开心的莫过于在曹天钦家的一张小方椅上画着各种分子式。他说，虽然当时中国人民的物质生活极度贫乏，但科学精英仍精神昂扬、充满希望。由此，沃森对中国科学的未来非常乐观。此次中国行开启了沃森对中国科学的长期关注，使他萌发了为中国科学发展做些事的想法。回美国后不久，沃森立即利用他的个人影响力直接去信给当时美国的驻华大使，要求驻华使馆为中国学者赴美提供便利。与此同时，沃森雷厉风行，立即邀请中国学者去冷泉港实验室学习、参加培训或会议，并亲自为此落实具体费用。之后的 30 多年

2006 年 10 月，沃森二度访华，在上海看望住院治疗的复旦大学谈家桢教授

时间里，在沃森的直接或间接帮助下，有大批中国学生学者进入冷泉港或其他机构学习深造。沃森为中国生命科学事业高端人才的培育做出了独特的贡献。中国科学院院士李载平就是直接受益于沃森帮助的最好例子。李载平院士回到中国后科研成绩斐然，也为中国的生物化学事业培养了大批人才。现为美国科学院院士、斯坦福大学教授的骆利群即为李载平学生中的佼佼者之一。此外，沃森长期给在中国科学院上海生物化学研究所和复旦大学工作的谈家桢先生寄去冷泉港出版社的最新书籍和刊物，为期近 10 年之久。

进入“人类基因组计划”时代之后，沃森非常欣赏陈竺、陈赛娟院士夫妇关于三氧化二砷治疗白血病分子机理的研究，夸这是一项“brilliant work!”（了不起的工作！），沃森先生多次和我说希望见到他们夫妇并和他们多聊聊。沃森对华大基因的杨焕明院士也很了解，与之建立了良好的私人关系，并于 2006 年受邀考察了当时位于北京的华大基因。近些年来，随着中国药物研发的日益活跃，清华大学的罗永章教授也引起了沃森的注意。除了沃森亲自飞到清华大学参观罗永章教授的实验室外，他们之间也长期保持着书信来往。

冷泉港亚洲作为美国冷泉港实验室唯一海外机构，它的建立直接说明了沃森对中国科学发展的重视和支持。冷泉港亚洲的出现在冷泉港百年历史上尚属首次，它是沃森给我开的第一盏绿灯。早在 2006 年春，我第一次在沃森先生办公室向他阐述这一想法时，他就表示出极大的兴趣，同年秋天就立即专程到苏州进行实地考察。事实上，他对建立冷泉港亚洲的贡献并不只局限于决策层面，在操作层面也非常关心。立项早期，他和我讨论，面授机宜，具体到科学顾问委员会的候选人提名、开幕会的人选、会议议题的选择、会议期间如何请艺术家现场献艺以便将来可做永久艺术性收藏，以及是否请亚裔音乐家同台助兴等事项。这充分显示了他盼望我们成功的拳拳之心。经过多年耕耘，冷泉港亚洲在亚太地区得到了科学界同行的广泛认可。每年有近 500 名活跃在学术前沿的各国科研精英来苏报告最新成果，近 3 000 名学生学者与会和同行交流互动。2016 年起，面向社会大众开展科普教育的 DNA 学习中心也启动了。沃森又发来贺信以资鼓励并寄予厚望。去年夏天他家的家宴结束后，沃森先生特意送我到车旁，握着我的手说：“You really have done a lot, congratulations!”（你确实做成了很多事，祝贺你！）这是沃森先生对我工作的最直接肯定，使我备受鼓舞。

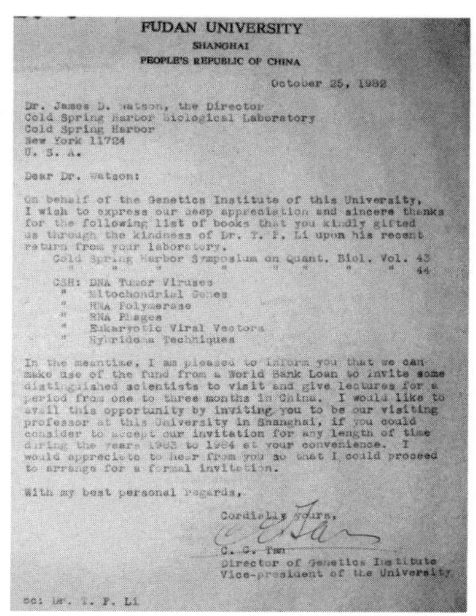

FUDAN UNIVERSITY
SHANGHAI
PEOPLE'S REPUBLIC OF CHINA

October 25, 1982

Dr. James D. Watson, the Director
Cold Spring Harbor Biological Laboratory
Cold Spring Harbor
New York 11724
U. S. A.

Dear Dr. Watson:

On behalf of the Genetics Institute of this University, I wish to express our deep appreciation and sincere thanks for the following list of books that you kindly gifted us through the kindness of Dr. T. F. Li upon his recent return from your laboratory.

Cold Spring Harbor Symposium on Quant. Biol. Vol. 43
" " " " " " " " 44

CSH: DNA Tumor Viruses
" Mitochondrial Genes
" RNA Polymerase
" RNA Phages
" Eukaryotic Viral Vectors
" Hybridoma Techniques

In the meantime, I am pleased to inform you that we can make use of the fund from a World Bank Loan to invite some distinguished scientists to visit and give lectures for a period from one to three months in China. I would like to avail this opportunity by inviting you to be our visiting professor at this University in Shanghai, if you could consider to accept our invitation for any length of time during the years 1983 to 1984 at your convenience. I would appreciate to hear from you so that I could proceed to arrange for a formal invitation.

With my best personal regards,

Cordially yours,

C. C. Tan
Director of Genetics Institute
Vice-president of the University

cc: Dr. T. F. Li

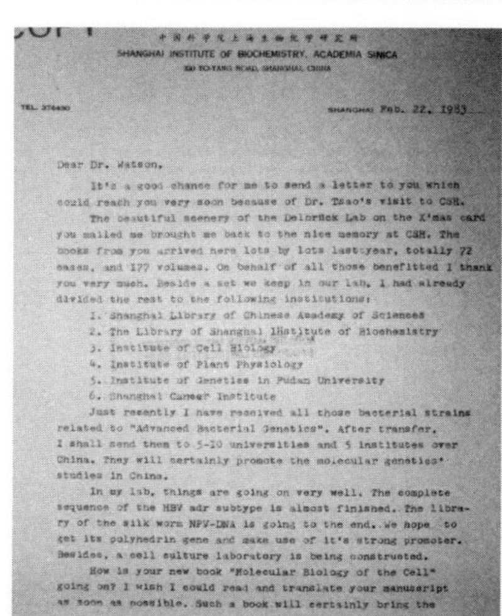

SHANGHAI INSTITUTE OF BIOCHEMISTRY, ACADEMIA SINICA

SHANGHAI Feb. 22, 1983

Dear Dr. Watson,

It's a good chance for me to send a letter to you which could reach you very soon because of Dr. Tsao's visit to CSH.

The beautiful scenery of the Delbrück Lab on the X'mas card you mailed me brought me back to the nice memory at CSH. The books from you arrived here lots by lots last year, totally 72 cases, and 177 volumes. On behalf of all those benefitted I thank you very much. Beside a set we keep in our lab, I had already divided the rest to the following institutions:

1. Shanghai Library of Chinese Academy of Sciences
2. The Library of Shanghai Institute of Biochemistry
3. Institute of Cell Biology
4. Institute of Plant Physiology
5. Institute of Genetics in Fudan University
6. Shanghai Cancer Institute

Just recently I have received all those bacterial strains related to "Advanced Bacterial Genetics". After transfer, I shall send them to 5-10 universities and 5 institutes over China. They will certainly promote the molecular genetics' studies in China.

In my lab, things are going on very well. The complete sequence of the HBV adr subtype is almost finished. The library of the silk worm NPV-DNA is going to the end. We hope to get its polyhedrin gene and make use of it's strong promoter. Besides, a cell culture laboratory is being constructed.

How is your new book "Molecular Biology of the Cell" going on? I wish I could read and translate your manuscript as soon as possible. Such a book will certainly bring the

20 世纪 80 年代，在复旦大学和中国科学院上海生物化学研究所工作的谈家桢回信给沃森，感谢他邮寄来的书刊

生活中的沃森

在世人面前，沃森是一位大科学家，既严肃又权威，有时甚至直言直语。但不为大众所知的是，他实际上也是一位非常出色的管理者。冷泉港实验室正是在沃森的努力下才从一个濒临破产的小小实验室成为今天这样一个融科研、教学、会议、培训和出版为一体的，举世无双、引领科研方向、富有重大国际影响力的综合性科学机构。作为管理者，沃森有自己非常独到又直指人心的管理办法，其中之一就是他用人大胆，而这又是基于他超常的识人直觉。某个人的才干一旦被他认可，沃森就会以超出本人心理预期的速度对其进行提拔。沃森认为，有才之人的岁月是有限的，应该在有限的时间和空间内使人尽其才，如此才可以最大程度地激发人的潜能并使人才得到最有效的利用。自从到哈佛大学工作后，沃森发现并培养的科学家和管理人员不计其数，现任霍华德休斯医学研究所（Howard Hughes Medical Institute）总裁、加州大学伯克利分校教授的华裔科学家钱泽南（Robert Tjian）即为一例。

在私底下，沃森是一个随意又纯粹的人，他记忆力非凡，尤其擅长空间记忆。多年前去过的地方，若再去他会马上回忆起来。有一次我同他开车从纽约长岛去耶鲁大学，全程 400 公里。去程，80 多岁的他非要坚持自己开车，且边开车边与我聊天，以至于错过了高速出口。发现后他自责说："I got to stop talking too much!"（我话太多了！）回程时，我提出由我来开车，他没再坚持。坐在副驾驶座上，触景生情，他回忆起 20 世纪 50 年代在哈佛大学时的一次约会。有一次，沃森载着他当时的女朋友，通过我们开的同一条路从纽约回波士顿。因车老旧又密封性不好，风大天冷，回到波士顿后，他们俩都冻得瑟瑟发抖。沃森说，他已经意识到那女孩认为自己"is not the right guy"（不是合适的对象），从此，也就没了下文。60 年后沃森回忆起此事，语气略带调侃又有些许遗憾。那时的他尚未得诺贝尔奖，处于尚未成名之时。我一边专注着前面的路，一边在心中感叹，他真是那个"Honest Jim"（诚实的吉姆），率性又单纯！

在过去的 10 多年里，沃森先生潜移默化的教导对我影响至深。归纳起来有两句话：1. Think big，即立意要高。2. It is ok to be weird，即心无旁骛去做事，不必太在意他人的看法。我愿同所有中文版读者分享沃森先生这两句朴素又富有哲理的格言，并以此结束散乱不成体的本文。

DOUBLE HELIX
推荐序二

生命的终极奥义

尹烨
华大集团 CEO

如果说起双螺旋，你会想到什么？一段旋转楼梯、一根大麻花……当然，我这里想强调的是，双螺旋是复杂生命设计中最精妙的呈现，即我们 DNA 的结构。

你的空间想象能力如果足够好，请“脑补”一下：把一段铁轨沿着中线扭一下，就得到了一段双螺旋。这两条铁轨，我们称之为“脱氧核糖－磷酸骨架”，而中间的每一条枕木，则是由可配对的两个碱基（腺嘌呤必须与胸腺嘧啶配对，鸟嘌呤必须与胞嘧啶配对）通过氢键连接而成的。不要小看“配对”这个词，正是因为这种匹配的专属特异性，才使得遗传可以高保真发生，才使得生命语言得以高效率传递。

生命的本质是化学，化学的本质是物理。DNA 作为生命的遗传物质，从形成的那一刻开始就呈现双螺旋结构，无比精巧、无比合理、无比美妙，然而这个地球上的生命是在几十亿年后才知道的。“如果说我比别人看得更远些，那是因为我站在了巨人的肩上。”物理大神牛顿讲的这句话同样适用于生命科学。

1859 年，达尔文已经知道了物竞天择，但还远远不知道其物质上的实证；

1865 年，孟德尔已经发现了遗传变异，但还远远不知道其还原论的演绎；

1871 年，米歇尔已经提纯出核酸，但还远远不知道这就是遗传物质的本体；

1909 年，约翰逊已经提出了“基因”一词，但它还仅仅是一个高度凝练的概念；

1911 年，摩尔根已经提出了染色体遗传理论，但还不知道遗传物质是核酸还是蛋白质；

1944 年，薛定谔已开始从物理的角度思考“生命是什么”，并尝试从核酸中找到“第五种力”；

1944 年，埃弗里通过肺炎双球菌实验确证了 DNA 是遗传物质，但还不知道其分子基础；

1952 年，鲍林已经抢先提出了 DNA“三螺旋结构”，然而发表后被证明错误；

……

这一众巨人们的肩膀，都为 1953 年 4 月 2 日关于双螺旋结构的伟大发现奠定了基础。

某些特殊的时间节点，使人们对世界的认知产生了质的变化。1953 年 4 月 1 日，当时人类还不知道 DNA 的结构，但到了第二天，当世界顶级学术刊物《自然》接收由詹姆斯 · D. 沃森（也即本书作者）、弗朗西斯 · 克里克以及莫里斯 · 威尔金斯联合署名，题为“DNA 双螺旋结构”的科研论文投稿后，人类的认知则将被改变。值得一提的是，这篇文章从投稿、审阅到出版仅仅用了 23 天，这个创纪录的效率，从另一个角度证明了这件事情的伟大意义。（必须一提的是，这个发现还必须感谢一位卓越的女性科学家罗莎琳德 · 富兰克林，正是她关于双螺旋的“51 号照片”—— 一张史上最清晰的 DNA X 射线衍射照片才启发上面几位诺贝尔生理学或医学奖的获得者得出了正确结论，而她本人则因卵巢癌英年早逝，无缘诺奖……）那一刻之后的 70 年，围绕着 DNA 基本结构，全世界众多“最聪明的脑子”逐步向生命科学领域汇集，而“生命世纪”的大幕也徐徐拉开。

1958 年，弗朗西斯·克里克提出了中心法则，从而理顺了从 DNA 到 RNA 再到蛋白质的关系；

1970 年，吴瑞发明了引物延伸并将其应用于 DNA 测序，启发了桑格后续研发出测序技术；

1975 年，桑格发明了第一个被广泛应用的 DNA 测序方法——双脱氧终止法，人类基因组解密在技术上有了坚实的依托；

1983 年，穆利斯发明了聚合酶链式反应（PCR），使得微量 DNA 可被大量扩增，使如今耳熟能详的核酸检测成为可能；

1985 年，美国 ABI 公司发明了第一台 DNA 自动测序仪 Prism 310，从而为大规模基因测序做好了工程化的准备；

1990 年，人类基因组计划（HGP）启动，并于 2003 年完成，美、英、日、德、法、中六国参与，花费 38 亿美元，华大基因代表中国完成其中 1% 的测序任务；

2005 年，高通量测序技术横空出世，测序通量指数级增加、成本指数级下降，使得人人基因组得到测序成为可能；

2015 年，中国第一台测序仪 BGISEQ-500 由华大集团研制成功，自此中国测序技术逐步领先世界；

2022 年，华大研究院的时空组学技术首次实现了细胞内 DNA 的空间定位，这一超高分辨率的成像技术使得人们对 DNA 的“工作状态”一览无余；

……

“每览昔人兴感之由，若合一契，未尝不临文嗟悼，不能喻之于怀。”关于 DNA 研究的故事实在太多，原谅本人才疏学浅且笔墨有限，不能一一铺叙。而围绕 DNA 的科学发现、技术发明、产业发展也正如其结构一般螺旋式上升，不断地为人类的生命科学和生物技术产业贡献力量。种种精彩，尚请翻看本书，必然开卷有益。可以确定的是，这些故事还在继续，而且会越来越精彩！

请允许我用这篇发表于 1953 年 4 月 25 日的伟大而精悍的论文中最美妙的一句话结束此篇："It has not escaped our notice that the specific pairing we have postulated immediately suggests a possible copying mechanism for the genetic material."（我们已注意到，我们所提出的特殊配对模式，提供了一种可能的遗传物质的复制机制。）

这就是双螺旋之于生命的终极奥义。

是为序。

推荐序三

20 世纪最重大的科学事件

威廉·劳伦斯·布拉格爵士[①]
剑桥大学卡文迪许实验室前主任

本书叙述的一系列事件，最终促成了基本遗传物质 DNA 双螺旋结构的发现。从各个方面来看，本书描述的内容都有着非常独特的价值，因此当沃森邀请我为它写一篇序时，我立即愉快地答应了。

首先，这本书的科学价值非常值得人们关注。克里克和沃森发现了 DNA 双螺旋结构，这是 20 世纪最重大的科学事件之一，在生物学领域产生了极其深远的影响。DNA 双螺旋结构的发现不但激发了数量惊人的新研究，而且促使生物化学学科发生了一场革命。而生物化学本身就是一门可使科学发展方向发生重大转型的学科。我和其他一些人也一直在敦促沃森，希望他趁着对许多事件仍然记忆犹新，尽快把回忆录写出来。因为我们深知，这些事件在科学史上是何等重要！书稿写成以后，内容大大超出了我的预期。尤其是它的最后几章，沃森把新思想诞生的过程描绘得如此生动，简直就是一部结构严谨的剧本，扣人心弦的情节一个接着一个，紧张气氛不断积聚，直到在最后的高潮中汹涌喷发。我不知道是否还有其他著作能像这本书一样，令读者如此真切地与研究者同呼吸共命运：一起承受奋斗时的压力，一起分担前进中的疑虑，直至最后共同分享胜利的喜悦。

其次，这本书也是一个说明研究者可能陷入两难困境的绝佳范例。假设一个研究者了解到一个同事在某个问题上已经展开研究多年，并且积累了大量难得的资料。这个同事自己也知道成功就在眼前，因此没有公开发表这些资料。

① 威廉·劳伦斯·布拉格爵士（Sir William Lawrence Bragg，1890—1971）在 DNA 的双螺旋结构被发现前后，担任剑桥大学卡文迪许实验室主任。他和他的父亲威廉·亨利·布拉格爵士（Sir William Henry Bragg），因为创立了 X 射线晶体结构分析学而共同获得了 1915 年诺贝尔物理学奖。

在研究者本人看过这些资料，而且有充分的理由相信，利用自己设想出来的突破性方法，或仅仅只是一个新观点，就能使问题迎刃而解的情况下，如果研究者提出与同事合作，就很可能会被认为是想走捷径。那么，这个研究者应该单枪匹马地去干吗？一个重要的新观点的产生到底是一个人苦思冥想的结果，还是在相互交流中不知不觉地吸收借鉴的结果？正是因为意识到了这种困难，所以在科学家的圈子里逐渐形成了一个不成文的规则，即某个同行如果已经在某个研究领域“立桩标明了自己的地界”，那么他就有申明自己所做贡献的权利。当然，这种权利的保有是有一定限度的，那就是当有众多研究者参与竞争时，不能使大家陷入踌躇不前的境地。在发现 DNA 双螺旋结构的过程中，这种进退两难的困境表现得非常突出。在 1962 年，诺贝尔奖委员会既考虑到了伦敦国王学院的威尔金斯长期和耐心的努力，也考虑到了剑桥大学的克里克和沃森在解决 DNA 结构问题中的出色表现，决定让他们三人分享该年的诺贝尔生理学或医学奖，最终让与此有切身关系的所有人皆大欢喜。

最后，这本书中讲述的关于人的故事，同样令读者兴味盎然。在这本书中，读者可以看到欧洲，特别是英国，给沃森这个来自美国的年轻人留下的印象。在写作的时候，沃森采用了佩皮斯式的坦率笔法。书中谈及了很多人，希望他们秉持一种大度宽容的胸怀来阅读本书。值得注意的是，沃森的这本小册子并不是一部历史著作，它只是一本自传性作品。当后人撰写针对这段历史的专著时，这本书会大有助益。正如沃森本人所强调的，与其说这本书是在叙述一段历史，还不如说它是在记录一种印象。事实上，很多事件都比他那时所看到的要复杂得多，而参与到这些事件中的当事者的动机却比他当时所认为的要单纯得多。但是无论如何，我们都必须承认，沃森对人性弱点的直觉洞察确实入木三分。

沃森在这本书中谈到了很多人，在正式出版之前，沃森已经将手稿送给我们中的一些人看过了。关于书中涉及的历史事实，我们提出了不少修改意见。但是从我自己的角度来看，我认为这本书不宜修改太多。因为这本书最令人着迷的根本之处就在于，作者在记录自己当时印象时所用的笔触是如此活泼和坦率。

致中国读者的一封信

亲爱的中国读者：

获悉《双螺旋（插图注释本）》即将在中国出版，我十分欣喜。这本书主要讲述了60多年前我和弗朗西斯·克里克发现DNA双螺旋结构的故事。我希望中国读者在阅读本书的过程中，可以体会到当时我和克里克曾经感受过的那份快乐和兴奋，当然，也包括那份沮丧。

2006年10月，沃森和夫人莉兹（Liz）在苏州狮子林

“人类基因组计划”的成功是继 DNA 双螺旋结构发现之后的又一重大成就。破译人类的全部遗传密码，可谓是号称“本星球上最智慧生物”的人类在文明史上第一次深刻而又精准地理解了生命的本质。如果把生命比作长城，发现 DNA 双螺旋结构就相当于深入理解了构筑起生命奇迹的砖石，而“人类基因组计划”则相当于清点了长城上的每一块砖石。然而，我们并未止步于此。

最重要的是，我们必须解决一些更有趣的问题。例如：生命的整体结构到底是什么样的？生命如何得以运行？生命的砖石如何构建起了生命的长城？我认为，这些问题的答案不仅会对科学界产生重要影响，对于整个人类而言也意义非凡。在解决这些问题之后，未来可能会远远超出我们的想象：癌症将不再是令人闻之色变的绝症；人与人之间的差异将被更好地理解和尊重；而那些颐养天年的长寿者也将不再罕见。

“人类基因组计划”的成功是各国科学家通力合作的结果，其中也包括了中国科学家的倾力协作。与“人类基因组计划”一样，后基因组学时代的研究也需要展开更为广泛的国际合作和更为长期的艰辛探索。而中国近年来涌现出的杰出人才、强大的经济实力和灿烂的文化遗产都使我相信，你们一定能够在这项挑战中发挥出更重要的作用！

James D. Wat

詹姆斯 · D. 沃森博士

COLD SPRING HARBOR LABORATORY

JAMES D. WATSON, PH.D.
Chancellor Emeritus

Oliver R. Grace Professor Emeritus

Dear Chinese readers,

I am very pleased that the latest version of "The Double Helix" is soon going to be published in China. This book was mostly about the stories of how Francis and I discovered the Double Helix more than 60 years ago. I hope Chinese readers will be able to experience the joy and excitement as well as frustration that Francis and I felt while reading this book.

The completion of the Human Genome Project (HGP) is yet another giant step after the discovery of the Double Helix. The deciphering of the entire genetic code is the first time in the history of human civilization that we, namely the most intelligent species on Earth, are able to understand fundamentally and precisely the nature of life. If the discovery of the Double Helix were equivalent to the understanding of a brick, of which millions made the Great Wall, then the HGP would be equal to counting all the bricks that made the Wall. But our job does not stop here.

What is most important for all of us is we will have to figure out profoundly interesting questions such as what is the overall structure of the Wall? How does the entire Wall function? How were the bricks arranged to make the Wall? What is the function of each Wall segment? How do they work together? I believe the answers to these questions will have huge implications not only to the scientific world, but also more importantly to the entire human race. After tackling these questions, the future will be simply beyond our imagination. Cancer will no longer be a lethal disease, the difference within human beings will be better understood and appreciated, and extreme longevity will no longer be rare.

Like the Human Genome Project that was accomplished through close international collaboration, including Chinese scientists, the post-genomic endeavor will require even more international joint efforts and will take much more time. I look forward to China, with its many remarkable talents, great economic ingenuity, and brilliant cultural heritage to assume an even more important role in this challenge.

James D. Watson

James D. Watson, PhD

沃森先生为本书撰写的中文版序（影印版）

DOUBLE HELIX

插图注释本前言

2010年6月的一个晚上，我们一行人相聚在布莱克福德酒吧，西德尼·布伦纳（Sydney Brenner）建议去浏览一下他最近捐献给冷泉港实验室档案馆的一批档案。他说，在这批档案中，除了自己的材料之外，还混进了不少与弗朗西斯·克里克相关的信件，因为在剑桥大学的时候，他们两人曾经共用一个办公室长达20余年。查阅后，我们发现了一个“宝藏”。在这批档案中，我们找到了多封詹姆斯·D. 沃森与克里克的通信。这些信件写作的时期，正是他们发现DNA双螺旋结构的前后。那个时候，沃森和克里克在剑桥大学、莫里斯·威尔金斯和罗莎琳德·富兰克林在伦敦，大家都在争分夺秒地为解开DNA结构之谜工作着。

这些信件在差不多50年前就已经宣告“遗失”了（据克里克回忆，它们是被“一个工作效率过高的秘书丢掉的”）。20世纪60年代中期以来，关注分子生物学这个新领域的科学史专家从来没有机会阅读它们。这些信件提供了很多新的信息，特别重要的是，它们提供了一个全新的角度，使我们得以重新理解发现DNA双螺旋结构过程中各个主角之间的一些逸事。

对于这些故事，最著名的讲述者是沃森本人。他的著作《双螺旋》简直像一部小说——20世纪50年代初，作为一个年仅23岁的美国青年，沃森只身前往剑桥大学，对他来说，在那儿发生的一系列令人眼花缭乱的事件，确实像只会发生在小说中的情节。《双螺旋》一书，既不是正儿八经的个人自传，也不是字斟句酌的历史著作，它的语言灵动跳跃，甚至颇有侦探小说和惊悚小说的味道。这本书于1968年出版之后，许多人对其赞不绝口，但也有不少人嗤之以鼻。

在撰写关于这批新发现的有关“克里克信件”的论文时，我们又重读了沃森的《双螺旋》一书。对照这批新发现的信件，我们发现，沃森对当时的人物和事件描写的生动及准确程度令人震惊——不仅对克里克和威尔金斯等人而言如此，对沃森自己而言也是如此。在《双螺旋》一书中，沃森描述的各种派对、网球赛、法语课、度假以及其他活动，汇合成了一个“社交漩涡”，使这本书的页面弥漫着一股浓厚的“八卦”气息——克里克如此形容。所有这些，沃森在剑桥大学时写给妹妹伊丽莎白·沃森（Elizabeth Watson）的信件中也都有详细记录。而且，沃森在同一时期写给马克斯·德尔布吕克（Max Delbrück）和其他朋友的信件，与他的《双螺旋》一样，涉及的话题都并不仅仅局限于他在探索 DNA 结构方面的研究工作。沃森在许多地方都谈到了他在细菌遗传学和烟草花叶病毒等领域中的研究工作，这些活动在整个故事中也占据着相当突出的位置。在同期写给其他人的信件中，沃森本人的性格表露无遗：他既自信，甚至可以说是相当自傲，同时又很会自嘲。他就是一个年轻人，一个完全“透明”的年轻人，这一点在他的书中和信件中表现得完全一致。这个发现触发了我们更大的好奇心，促使我们决定将所有能够找到的当事人的材料都找出来看一看，这就是说，我们不仅查看了沃森、克里克和威尔金斯等人的信件，还查看了富兰克林、莱纳斯·鲍林（Linus Pauling）以及其他人的信件。

我们还注意到，《双螺旋》一书中还出现了许多其他人物——与“发现 DNA 双螺旋结构”这个核心故事无关的人物。沃森渴望保持叙事的张力和生动性，往往只愿意提供最简短的关于书中出场人物的信息，读者有时甚至无法确定那些次要人物身上最有趣的一面是什么。例如，我们不知道那个在自己诊所墙壁上挂着赛艇用桨的“当地医生”身上到底发生过什么有趣的故事。我们也不知道，那个“热爱文物的建筑大师”，为了保护自己的房子，既不用煤气，也不用电，他到底是什么身份。还有那个名叫伯特兰·富尔卡德（Bertrand Fourcade）的人，读者只知道他被称为剑桥大学里“最帅、最有魅力的男子”，对他其他的逸闻趣事则一无所知……所有这些，我们和读者都有兴趣知道。

这样一来，编辑出版《双螺旋（插图注释本）》的设想就逐渐成形了。我们想要在原有正文的基础上配以适当的注解，加入有关人士的观点和看法，再附上必要的背景信息和插图，从而使整个故事更加丰满，更有立体感。现在呈现在读者面前的就是我们努力的结果。除了加入大量的图片外，我们还刊载了许多书信、传真件、手稿和其他档案材料的全部或部分内容，其中许多都是第一次公开出版。查阅档案材料的一大乐趣就在于，我们能够亲眼看到和亲手翻动原始文件，虽然我们无法直接让读者分享这种乐趣，但在这本书中，读者将会看到许多与收信人当时看到的一模一样的信件和手稿，相信他们肯定会喜欢这一点。

我们在本书注释部分使用的资料来源是多方面的，包括各类已经公开发表或从未发表过的文献材料。就前者而言，我们查阅了许多书刊，包括历史著作和本领域的传记资料。而以前从未公开发表过的资料主要来源于沃森写给他妹妹和父母的信件，他在这些信件中描述了自己在剑桥大学的生活和工作。而这些信件此前并不为人所知。而且，在沃森写给德尔布吕克、萨尔瓦多・卢里亚（Salvador Luria）和其他人的信件中，还包含了许多科学研究方面的内容。在本书中，除了引用沃森的档案材料之外，我们还引用了克里克、威尔金斯、彼得・鲍林（Peter Pauling）和富兰克林等人的档案材料。本书还收录了雷蒙德・戈斯林（Raymond Gosling）专门为这个插图注释本撰写的一段文字。戈斯林在威尔金斯和富兰克林身边工作过一段时间，而且几乎所有最有名和最有影响力的 DNA 衍射照片都是他一手拍摄出来的。

除了插图和注释之外，我们还增加了一些其他内容，比如沃森本人对获得诺贝尔生理学或医学奖经历的回忆，这原本是他在《双螺旋》之后出版的《不要烦人》(*Avoid Boring People*)中的一个章节。在沃森获得诺贝尔奖 50 周年之际，他的这篇回忆录为发现 DNA 双螺旋结构的故事提供了一个完美的结尾。书中还增加了五个附录。附录 1 中包括沃森和克里克在 1953 年发现 DNA 双螺旋结构之后写给家人的相关信件，都是首次公诸世人。附录 2 则是沃森当初撰写的《双螺旋》初稿中的一章，它没有被选录在公开出版的《双螺旋》一书中，这是首次向世人公开。虽然它没有提供新的与 DNA 双螺旋结构发现过程有关的信息，但还是填补了一个空白：1952 年夏天，沃森在阿尔卑斯山度假。

我们还以在必要位置添加注释的方式修正了一些事实性错误，但对沃森的原文仍然一字未动。

很显然，现在这个插图注释本并不是一篇巨细无遗的专题论文。相反，我们侧重于呈现那些有趣的材料。我们希望，无论是新读者还是已经读过原版《双螺旋》的读者，都会觉得这个版本不但有用，而且有趣。

亚历山大 · 江恩
简 · 维特科夫斯基
写于冷泉港实验室

DOUBLE HELIX

初版前言

在本书中，我将从自己的角度介绍发现 DNA 双螺旋结构的整个过程。在叙述这一过程的时候，我将尽我所能，把第二次世界大战结束后不久英国学术界的整体气氛渲染出来，因为与发现 DNA 结构相关的许多重大事件都发生在那里。我希望本书能够向读者说明，科学极少会像旁观者想象的那样，以合乎逻辑的方式一直向前发展；恰恰相反，科学的进步（有时则是倒退）往往体现为一系列的人为事件，在这些事件中，当事人本身以及文化传统发挥着最重要的作用。为了实现这个目标，在这本书中，我将致力于再现我当时对有关事件和人物的最初印象，而不是在通盘考虑 DNA 双螺旋结构发现以后，在了解其他信息的基础上，再做出的某种评价。虽然后者可能更加客观，但这种方法无法真实地向读者传递一种冒险精神。这种冒险精神在于，自信满满地坚信真理必定是简洁和美妙的。因此，本书中的许多评论似乎都比较片面，有些甚至是不公正的，但在决定自己喜欢（或不喜欢）某个新观点或某种新生事物时，我们人类确实经常会在缺乏全面了解的情况下就匆忙得出结论，这其实是真实人性的反映。无论如何，这本书反映了我在那个时期（1951—1953 年）对事物的观察：关于各种各样的思想观点，关于其他当事人，也关于我自己。

当然，我非常清楚，这本书中涉及的其他当事人很可能会以另一种方式讲出一个截然不同的故事。这是因为很多时候我们所有人的记忆绝不可能完全一致。而且对于同一件事情，任何两个人的看法都不会完全相同。从这个意义上说，写出一部天衣无缝的 DNA 双螺旋结构发现史的任务，没有人能够完成。我觉得有必要讲述一下这个故事的部分原因还在于，许多科学界朋友对发现 DNA 双螺旋结构的过程非常好奇，对他们来说，即使本书叙述的内容挂一漏万，也必定聊胜于无。更重要的是，我发现普通公众对于怎样“从事”科学研究这一点仍然十分陌生。当然，我并不是说一切科学研究都是按本书所描述的方式进行的。事实也远非如此。科学研究的类型、风格和方法极其繁杂多变。在这个由争强斗胜之志和公平竞争之心共同拉动，并因它们之间的相互冲突而变得复杂起来的科学世界里，DNA 双螺旋结构的发现绝不是一个例外。

早在发现DNA双螺旋结构的那一刻，我就开始酝酿着要写这本书了。我对与这项工作有关的许多重要事件的记忆，比我在其他人生阶段对事情的记忆要完整得多。在开展研究的过程中，我差不多每个星期都会给父母写一封信，我在写作本书时充分利用了这些信件，它们对我确定许多事件的确切日期有着莫大的帮助。同样重要的是，许多朋友都提出了宝贵意见，他们读了初稿，有的还为我对事件的叙述进行了相当详细的补充。毫无疑问，在某些情况下，我和其他人的回忆肯定会有出入，因此，本书只能看作我对发现DNA双螺旋结构这个事件的个人看法。

本书的前几章是在阿尔伯特·森特-哲尔吉（Albert Szent-Györgyi）、约翰·A.惠勒（John A. Wheeler）和约翰·凯恩斯（John Cairns）的家中写成的。我要感谢他们为我提供了安静的房间，房间里面还有正对着大海的书桌。后几章内容的完成则要感谢古根汉姆基金会（Guggenheim Fellowship），它授予了我学者奖，使我有机会在短期内重返剑桥大学，并受到了伦敦国王学院教务长和教务委员会成员的热情款待。

在本书中，我还尽可能多地收录了当年拍摄的一些照片。为此，我要特别感谢赫伯特·古特弗罗因德（Herbert Gutfreund）、鲍林、休·赫胥黎（Hugh Huxley）和冈瑟·斯腾特（Gunther Stent），他们赠寄给了我很多照片。在本书的编审过程中，我也得到了许多人的帮助。莉比·奥尔德里奇（Libby Aldrich）提出了一些深刻的意见和建议，而这正是我期待从这位拉德克利夫学院的高才生这里得到的。乔伊斯·莱博维茨（Joyce Lebowitz）在语言文字上为我把关，使我不至于误用英语中的修辞，还提出了许多中肯的建议，让我明白了一本好书应该是什么样子的。在此，我向他们深表感谢。最后，我还要向托马斯·J.威尔逊（Thomas J. Wilson）致以谢意，从本书的第一稿起，他就给了我莫大的帮助。要是没有得到他智慧、热情的指点，这本书不可能以现在这个样子呈现在大家面前，而这是我所能想象到的最美好的样子！

詹姆斯·D.沃森

写于马萨诸塞州坎布里奇市哈佛大学

DOUBLE HELIX

目 录

DOUBLE HELIX

楔子

1955年夏天，我准备和几个朋友一起到阿尔卑斯山去。阿尔弗雷德·狄西雷斯（Alfred Tissieres）当时正担任伦敦国王学院的研究员。他说他可以把我带到罗赛恩山（Rothorn）的山顶上去。尽管身处空旷的高处时我会有点惊慌，但在这种时候我可不能认㞞。我决定先热热身，于是在一个向导的带领下登上了阿林宁山（Allinin）。随后，我乘邮政大巴前往琪纳尔（Zinal），在长达两小时的车程中，我一直都在祈祷司机千万不要晕车，因为汽车从头到尾都行驶在一条蜿蜒盘旋于悬崖峭壁上的狭窄山路上。到站下车后，我就看见狄西雷斯正站在旅馆前面，与三一学院一位蓄着大胡子的、战争期间待在印度的学监聊天。

因为狄西雷斯还没有受过登山训练，所以我们决定花一下午的时间步行上山到一个小饭店去。这个小饭店坐落在从奥贝盖贝豪恩峰（Obergabelhorn）倾泻而下的一条巨大冰川的底部。第二天，我们越过了这个小饭店继续攀登。很快，小饭店消失在了我们的视野中，又走了几分钟，我们迎面碰到了一群下山的人。我立刻就认出了这群登山者中的一个——威利·西兹（Willy Seeds）。几年前，他曾在伦敦国王学院与莫里斯·威尔金斯一起研究DNA纤维体的光学性质。西兹也很快就认出了我并放慢了脚步，他似乎想放下背上的帆布背包和我聊聊。但他只问了声："诚实的吉姆（Honest Jim），最近怎么样？"就匆匆忙忙下山去了。[①]

后来，在我奋力登山的过程中，前段时间在伦敦与威尔金斯等人见面的情景一幕幕地闪现在了我的脑海里。那个时候，DNA结构对我们来说仍是一个谜，许多人都想揭开它的谜底，但没有人能够保证谁将取得胜利。而且，如果这个答案真的像我们半信半疑地预料到的那样激动人心的话，也没有人能够保证最终获胜者面对这个荣誉时当之无愧。

现在，竞赛已经结束了，作为获胜者之一，我知道事情并没有那么简单，当然更不可能像报纸、杂志报道的那样。这项工作主要与五个人有关，他们是：

[①] 最初，沃森想用威利·西兹对他的这个称呼"诚实的吉姆"作为他这本书的书名（《双螺旋》是后来定下来的书名），见下一页所示的沃森在早期手稿上留下的手迹及本书附录4。

莫里斯·威尔金斯、罗莎琳德·富兰克林、莱纳斯·鲍林、弗朗西斯·克里克和我本人。因为弗朗西斯·克里克对我的影响最大，所以我将从他切入来叙述这个故事。

HONEST JIM

(A discription of a very great discovery)

by

J.D. Wat—

沃森此书的早期手稿，他曾想用《诚实的吉姆》这个书名。

01 我的好搭档克里克

我从来没有见过克里克表现出谦虚谨慎的态度。也许，在有些人眼里，他就是一个自大傲慢的家伙，但是我并不认为有任何理由可以这样去评价他。这与他现在享有的盛名毫无关系。现在，人们经常谈起他，谈论时通常都颇有敬意。我还相信，总有一天，公众很有可能将克里克与欧内斯特·卢瑟福（Ernest Rutherford）或尼尔斯·玻尔（Niels Bohr）这样的伟大人物相提并论。但在 1951 年秋天，情况却并非如此。当时我刚刚来到剑桥大学，在卡文迪许实验室加入了一个由从事蛋白质三维结构研究的物理学家和化学家组成的研究小组。[①]那一年，克里克 35 岁，在科学界只是一个默默无闻的小人物。虽然他周围的同事都承认，他思考问题时思维敏捷、见解深刻，同事们都常常向他请教，但是从更大的范围来看，他并没有获得足够的赏识，甚至许多人都觉得他有些过于夸夸其谈。

① 卡文迪许实验室（Cavendish Laboratory）建成于 1874 年，由德文郡第七代公爵威廉·卡文迪许（William Cavendish）出资建成。卡文迪许实验室第一位实验物理学教授是鼎鼎大名的詹姆斯·克拉克·麦克斯韦（James Clerk Maxwell），其他著名教授还包括诺贝尔物理学奖获得者瑞利勋爵（Lord Rayleigh）、约瑟夫·约翰·汤姆逊（Joseph John Thomson）、劳伦斯·布拉格和内维尔·莫特（Nevill Mott）以及诺贝尔化学奖获得者卢瑟福勋爵。

卡文迪许实验室，位于剑桥大学，摄于 20 世纪 40 年代

马克斯·佩鲁茨，摄于 20 世纪 50 年代

克里克所在实验室的负责人是马克斯·佩鲁茨（Max Perutz），他是一位出生于奥地利的化学家，于 1936 年来到英国。佩鲁茨从事利用 X 射线衍射分析血红蛋白晶体结构的研究工作已经有 10 多年了，当时刚刚取得一些实质性进展。卡文迪许实验室主任布拉格爵士为他提供了全面的支持。作为一位诺贝尔物理学奖获得者，同时又是 X 射线晶体结构分析学的创立人之一，布拉格爵士在长达 40 年的时间里一直密切关注着 X 射线衍射法在解决日趋复杂的分子结构问题中的作用。这种新方法能阐明的分子结构越复杂，布拉格爵士就越高兴。[②]就这样，在第二次世界大战后的几年时间里，他对解析蛋白质分子结构的各种方法特别着迷，因为蛋白质分子是所有分子中最复杂的。在管理工作允许的情况下，布拉格爵士会跑去佩鲁茨的办公室，与其探讨新近积累起来的 X 射线资料。即使在回家之后，布拉格爵士也仍然沉浸在对这些资料进行解释的思考中。

克里克既不是一个像布拉格爵士那样的理论家，也不是一个像佩鲁茨那样的实干家，他是介于这两种类型之间的科学家。克里克偶尔会做些实验，但更多的时间都在埋头思考解决蛋白质结构的理论问题。他经常会突然冒出一些新想法，然后整个人就变得非常激动，并立刻把自己的想法告诉任何愿意听的人。然而经过一两天的沉淀后，他通常会意识到自己的理论原来站不住脚，于是又回过头去做实验，等到做实验做得厌倦了，他又会陷入沉思，对理论发起新一轮冲击。伴随着克里克层出不穷的新想法，卡文迪许实验室发生了许多戏剧性事件。这大大活跃了整个实验室的气氛。要知道，这个实验室里的许多实验经常会持续几个月甚至几年之久，所以做实验的人保持乐观的心情非常重要。而实验室气氛的活跃部分要归功于克里克的大嗓门。他说话的声音比较大，说话的语速也比其他任何人都快。只要他开怀大笑，大家就知道他身在卡文迪许实验室的哪个地方了。我们几乎每个人都享受过克里克带来的快乐，特别是当我们倾听完

威廉·劳伦斯·布拉格爵士和他的父亲威廉·亨利·布拉格，摄于 20 世纪 30 年代

[②] 威廉·劳伦斯·布拉格及其父亲威廉·亨利·布拉格阐明了利用 X 射线衍射法来分析晶体原子结构的方法，他们两人因此荣获 1915 年诺贝尔物理学奖，这是诺贝尔奖历史上唯一一个“父子档”。获奖那年，小布拉格只有 25 岁，是有史以来最年轻的诺贝尔奖获得者，这个纪录迄今仍未被打破。小布拉格得知自己获得诺贝尔物理学奖时正值第一次世界大战期间，当时的他正身处战壕之中。

他的想法，表示对他说的东西感到新奇但又完全摸不着头脑时。

我们中也有例外，那就是布拉格爵士。克里克的谈笑经常打扰到布拉格爵士，因为他的嗓门实在太大了，布拉格爵士经常不得不躲到更加安静的房间里去。布拉格爵士很少参与卡文迪许实验室的早茶和午茶，因为那意味着必须忍受克里克震耳欲聋的“噪声”轰炸。[③] 当然，即使布拉格爵士不参加，他也无法保证自己是完全“安全”的。有两次，布拉格爵士办公室外的走廊就被从克里克所在的实验室里不断漫出的水给淹没了。原来是克里克完全沉浸在对理论的思考中，竟然忘记了把抽水机龙头上的橡皮管绑紧。

我到卡文迪许实验室时，克里克的理论研究范围已经远远超出了蛋白质晶体学。任何重要的科学问题都能吸引他的注意力，他经常到其他实验室去，目的只是为了了解一下别人都完成了哪些新实验。[④] 一般来说，克里克对待实验室里的其他科学家都表现得彬彬有礼，而对那些并不理解自己实验真正意义的

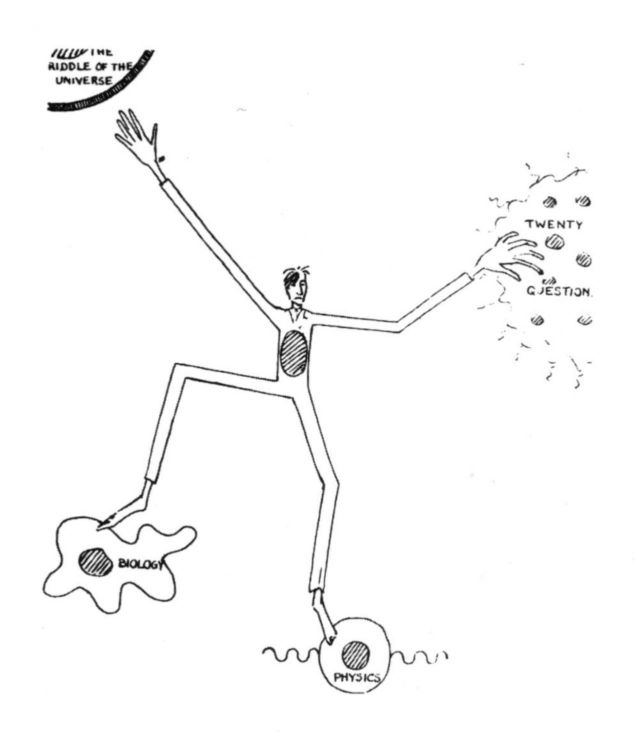

[③] 早茶和午茶是英国学术机构的一个惯例。在早午茶期间，实验室的成员或大学院系的老师可以聚到一起，边喝茶边交谈（运气好的话，还可以吃到点心）。不过，早午茶也可能会固化阶层差异，在某些机构里，只有教授和有正式身份的科学家才能坐在舒适的房间里喝茶，而技术员、秘书和研究生则只能在条件差得多的地方应付一下。

弗朗西斯·克里克站在卡文迪许实验室的一支X射线管旁边，摄于20世纪50年代早期

[④] 克里克的漫画肖像，画中展示出了他广泛的兴趣爱好。这幅漫画出自斯特兰奇韦斯实验室（Strangeways Laboratory）的弗雷德里克·斯皮尔（Frederick Spear）之手。1948年前后，克里克在斯特兰奇韦斯实验室工作。

同事，他也会顾及他们的感受，但是他从来不隐瞒自己的目的。克里克在极短的时间内就可以设计出一系列能够证实自己的解释的新实验。紧接着，他就会开始夸夸其谈：克里克会告诉所有愿意听他讲解的人，他聪明的新想法将会怎样推动科学的进步。

克里克这种做法通常会引发其他科学家对他的一种心照不宣的、真实的恐惧，尤其是在那些尚未成名的同辈人中，这种倾向更明显。克里克掌握别人的资料并将之简化为内在一致性的统一模式的速度之快，常常令他的朋友们倒吸一口凉气。他们担心，不久的将来克里克取得成功后会在全世界面前宣布：剑桥大学各学院给外人留下的谨言慎行、温文尔雅的良好印象只是一种掩饰——掩饰他们头脑的糊涂。

在凯斯学院（Caius College），克里克有每周吃一顿饭的权利，但他仍然不是任何一个学院的在编研究员。这是他自己选择的结果。很显然，他不想让本科生过多地找他，那会加重他的负担。[5]另外，他的大笑也是一个原因，如果每个星期都要忍受他那种雷鸣般的笑声好多次，许多学监肯定会跳起来反对。我确信，这一点偶尔也会使克里克自己感到烦恼。克里克非常清楚地知道，“高桌吃饭的生活”都被那些学究式的中年人把持住了，而这些人既不会使他感到愉快，也不会使他得到任何教益。幸好还有国王学院，它历史悠久、财力雄厚，又素来不受古板传统的羁绊。国王学院接受了克里克，无论是他还是学院本身，都不用放弃自己的风骨或特色，因此这是一件相得益彰的事情。[6]然而，克里克的朋友们却不得不时刻如履薄冰，尽管他们都知道克里克是一个讨人喜欢的午餐伙伴，但他们都无法回避这样一个事实：在酒桌上的每一次失言，都可能给克里克提供机会，从而使自己的生活受到影响。

剑桥大学冈维尔学院与凯斯学院内的四方院子

[5]每个学院的在编研究员都要参与该学院的管理，如果克里克成了一个在编研究员，那么他就可以拥有更多的权利，而不是只能每周吃一顿饭，但是这些权利都是有代价的，例如，在编研究员必须给本科生上辅导课。

[6]国王学院之所以财力雄厚，在很大程度上要归功于约翰·梅纳德·凯恩斯（John Maynard Keynes），他在担任学院总务长时经营有方，并且早早就立下遗嘱，要将遗产捐赠给国王学院。

02 DNA 是什么

在我来到剑桥大学之前，克里克对 DNA 及其在遗传中所起作用的研究较少涉及。这并不是因为他认为这个问题没有什么意思。恰恰相反，克里克放弃物理学，转而对生物学产生兴趣的主要原因就在于，他在 1946 年读了著名理论物理学家埃尔温·薛定谔（Erwin Schrödinger）写的《生命是什么》一书。[①]这本书明确地提出了这样一个观念：基因是活细胞的关键组成部分。要想搞清楚什么是生命，就必须先搞清楚基因是如何发挥作用的。在薛定谔写这本书的时候（1944 年），人们普遍认为基因是一种特殊类型的蛋白质分子。但是，几乎与此同时，细菌学家奥斯瓦尔德·埃弗里（Oswald Avery）正在纽约洛克菲勒研究所（Rockefeller Institute）进行一系列实验，他的实验表明，纯化的 DNA 分子能够将遗传性状从一种细菌传递到另一种细菌。[②]

薛定谔，摄于 1926 年

奥斯瓦尔德·埃弗里，摄于 20 世纪 20 年代

众所周知，DNA 存在于所有细胞的染色体中，因此埃弗里的实验结果给出了一个非常强烈的暗示：将来的实验应该能证明所有的基因都是由 DNA 组成的。克里克由此意识到，如果事实果真如此，那也就意味着蛋白质并不是那块能够解开生命之谜的罗塞塔石碑。相反，DNA 却能提供一把钥匙。有了这把钥匙，我们就能确定基因究竟如何决定了生物的性状。这就是说，基因不仅决定了我们的头发和眼睛的颜色，而且很可能也决定了我们的智力水平，或许还决定了我们是否拥有让他人开怀大笑的能力。

① 《生命是什么》一书是薛定谔于 1944 年在都柏林三一学院举行的系列讲演的基础上写成的。尽管克里克、威尔金斯和沃森本人都深受《生命是什么》一书的影响，但是其他一些生物学家则似乎不为所动。例如，佩鲁茨后来这样写道："悲哀的是……在对这本书及相关的原始文献进行了细致审读之后我发现，这本书中正确的内容都不是原创的，而原创的内容绝大部分都是不正确的—— 甚至在作者写作这本书时，人们就已经知道它们是不正确的了。"1953 年 8 月 12 日，在发现了 DNA 双螺旋结构后，克里克给薛定谔写了一封信，并附上了他们的论文。在信中，克里克提及沃森和他本人都深受《生命是什么》这本书的影响。

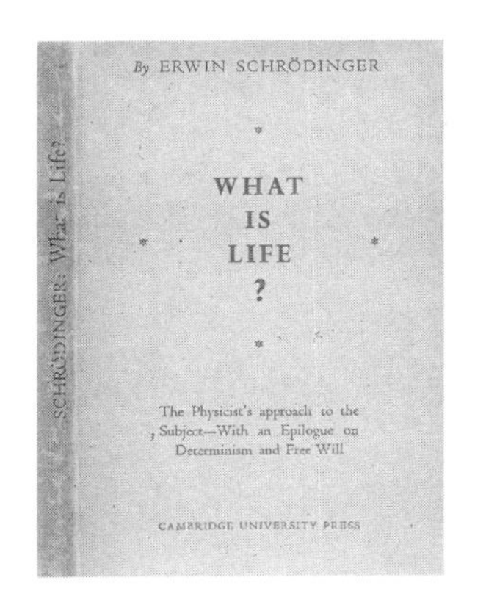

奥斯瓦尔德·埃弗里写给兄弟罗伊的一封信（节选）

“如果我们没有弄错的话——当然，没有任何证据可以证明我们错了，那么这就意味着核酸不仅在结构上是重要的，在功能上也是一种非常重要的活性物质，它能够决定细胞的生物化学活性和特性。这也就意味着，我们通过一种已知的化学物质，就可以诱导细胞发生可预见的遗传变化。这正是遗传学家长久以来梦寐以求的东西……但是里面的具体机制是什么，我暂时还无暇顾及。我们第一步要解决的是转化因子的化学性质问题。解决了这个问题，剩下的其他问题自然会有其他人去解决。这个问题的意义非常重大，它将影响生物化学和遗传学，涉及酶、细胞代谢和碳水化合物的合成等问题。最终我们需要大量有据可查的证据来说服大家，脱氧核糖核酸，这种无蛋白质的钠盐具有生物活性和化学特性。还需要说明的是，我们现在正试图获得更多可靠证据。把泡泡吹大当然很好玩，但最明智的做法是，在别人试图刺破它之前，自己主动去刺破它。”

[2]埃弗里在他发表的论文中措辞谨慎，没有直接宣布 DNA 就是遗传物质。但是在写给兄弟罗伊的一封信中，他却显得自信心十足（该信写于 1943 年 5 月 13 日）。

当然，有些科学家认为支持 DNA 决定遗传性状的证据不能令人信服，他们更愿意相信基因也是蛋白质分子。不过，克里克对这些怀疑并不担忧。科学界的许多人都刚愎自用，他们总是押错赌注。如果不能清醒地认识到下面这一点，那么你就不可能成为一个成功的科学家：与媒体和那些科学家母亲所说的截然不同，相当多的科学家不仅器量狭小，而且反应迟缓，甚至就是愚人一个。

伦敦国王学院，摄于 1950 年

但在那个时候，克里克并没有打算马上冲进 DNA 研究领域。DNA 虽然具有根本上的重要性，但是在当时还不足以促使他离开蛋白质研究领域。那时克里克在蛋白质领域才耕耘了两年，而且刚刚获得一些独到的心得。而他在卡文迪许实验室的同事们对核酸的兴趣也不是很高。即使有最充裕的经费保障，要从头建立一个主要用 X 射线观察 DNA 结构的研究小组也至少需要两三年。

而且，这样的决定还会牵涉复杂的人事关系，造成令人尴尬的局面。当时的英国，出于各种实用目的在分子层面上研究 DNA 的课题有很多，但这些工作完全被威尔金斯一个人垄断了。威尔金斯当时还是一个在伦敦国王学院工作的单身汉。[3]与克里克一样，威尔金斯本来也是一位物理学家，也以 X 射线衍射法作为自己的主要研究手段。从英国科学界当时的惯例来看，如果克里克在威尔金斯已经研究多年的领域里插上一手，似乎很是不妥。而且，情况甚至还可能更糟，因为他们两人年龄相近且彼此相识，克里克再婚以前他们经常见面，常常一起共进午餐或晚餐，借机一起讨论科学问题。

莫里斯·威尔金斯，摄于 1958 年

如果他们生活在不同的国家，事情就会容易处理得多。但英国式的友善似乎织就了一张网——所有重要人物，即使不沾亲带故，也似乎全都相互认识，再加上英国人的“费厄泼赖”（fair play）精神，所有这些都不允许克里克“染指”威尔金斯的研究课题。在法国，这种“费厄泼赖”精神显然并不存在，因此也

[3]请读者不要将伦敦国王学院与剑桥大学国王学院混淆。伦敦国王学院创办于 1829 年，当时创办的目的是提供一个“宗教”的教育场所，这是对 1826 年创办的“伦敦大学”（即后来的伦敦大学学院）的一个回应，因为后者是一个“世俗”的教育场所，招收非圣公会基督徒、犹太人和功利主义者入学。与它的宗教起源相一致，伦敦国王学院的主体建筑还包括大型巴洛克式教堂。

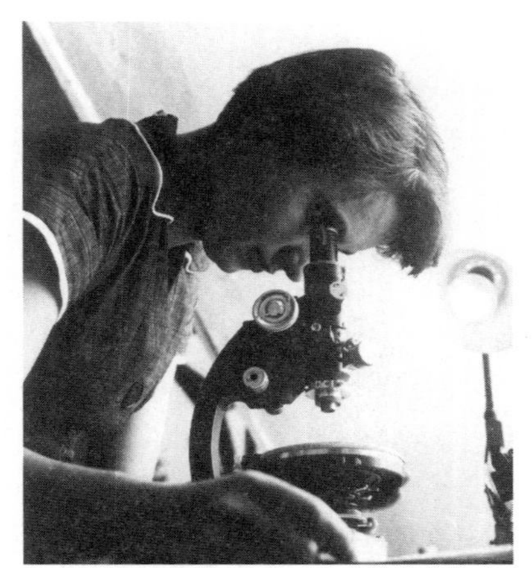
罗莎琳德·富兰克林，摄于 1955 年

就不会出现这类问题。美国学术界也不会形成这种局面：如果出现了一个一流的研究课题，你不可能指望加州大学伯克利分校的研究者仅仅因为加州理工学院已经有人率先展开研究，就将这个课题拱手相让。但是，在英国，这种做法却会被认为是不妥的。

更糟糕的是，威尔金斯似乎从来没有对谈论 DNA 表现出过足够的热情，克里克一直觉得有点灰心。威尔金斯似乎特别喜欢从容不迫地、甚至过分谨慎地阐述重要的论点。当然，这并不是因为威尔金斯缺乏智慧和常识，很明显，他两者兼备。他率先将 DNA 牢牢地抓在了自己手中，这一事实就是明证。令克里克觉得苦恼的是，他无法把这个想法告诉威尔金斯：当手里握着像 DNA 研究资料这样具有革命性的东西时，也就无须谨慎小心了。而威尔金斯当时正在因他的助手富兰克林而感到费心劳神。④

威尔金斯并没有爱上富兰克林，恰恰相反，几乎从富兰克林刚到威尔金斯的实验室时，他们两人就开始闹别扭了。威尔金斯当时还是一个做 X 射线衍射研究的新手，在专业上非常需要他人的帮助，因此他希望富兰克林作为一个久经训练的晶体学家能够帮助自己推进研究工作。但富兰克林却不是这样想的。富兰克林明确表示，她已把 DNA 作为了自己的研究课题，并且认为自己不是威尔金斯的助手。⑤

我猜想，威尔金斯一开始还是希望富兰克林能平静下来。然而，只要稍稍观察一下就可以看出，富兰克林不是会轻易屈服的人。富兰克林丝毫不看重自己作为一名女性的特质。她看上去给人的感觉很健壮，但仍然相当有魅力。事实上，如果她愿意在衣着上稍微花点心思，就足以迷倒一大批人。但是富兰克林并没有这样做。她从来不涂口红，不然的话，她的红唇与满头黑色直发相映衬，也许会相当美艳呢。虽然已经 31 岁了，她的衣着却仍然处处显示着英国青年女学者的特色。总之，富兰克林的外表很容易让人将她想象为一个事事不如意的母亲的女儿。这样的母亲过分强调职业生涯选择的重要性，认为有了好的事业，聪明的女儿便不至于嫁给蠢汉。当然事情并非如此。富兰克林选择这种全身心投入科学研究的、简朴的生活，显然不能这样来解释。事实上，富兰克林是一个博学的银行家的女儿，家境殷实，父母的生活都非常安逸。

④在这本书中，沃森认为富兰克林在威尔金斯实验室中的工作是担任威尔金斯的助理，但是事实上，富兰克林直接受雇于约翰·兰德尔（John Randall），其职责正是主管 DNA 项目。下一页所示的信件清楚地表明了这一点。

UNIVERSITY OF LONDON KING'S COLLEGE.

TEMPLE BAR 5651 (6 LINES).

From The Wheatstone Professor of Physics, J. T. RANDALL, F.R.S.

STRAND. W.C. 2.

Dr. R. Franklin,
12 quai Henri IV,
Paris IV.

4th December, 1950

Dear Dr. Franklin,

I am sorry I have taken so long to reply to your letter of November 24th. The real difficulty has been that the X-ray work here is in a somewhat fluid state and the slant on the research has changed rather since you were last yere.

After very careful consideration and discussion with the senior people concerned, it now seems that it would be a good deal more important for you to investigate the structure of certain biological fibres in which we are interested, both by low and high angle diffraction, rather than to continue with the original project of work on solutions as the major one.

Dr. Stokes, as I have long inferred, really wishes to concern himself almost entirely with theoretical problems in the future and these will not necessarily be confined to X-ray optics. It will probably involve microscopy in general. This means that as far as the experimental X-ray effort is concerned there will be at the moment only yourself and Gosling, together with the temporary assistance of a graduate from Syracuse, Mrs. Heller. Gosling, working in conjunction with Wilkins, has already found that fibres of desoxyribose nucleic acid derived from material provided by Professor Signer of Bern gives remarkably good fibre diagrams. The fibres are strongly negatively birefringent and become positive on stretching, and are reversible in a moist atmosphere. As you no doubt know, nucleic acid is an extremely important constituent of cells and it seems to us that it would be very valuable if this could be followed up in detail. If you are agreeable to this change of plan it would seem that there is no necessity immediately to design a camera for work on solutions. The camera will, however, be extremely valuable in searching for large spacings from such fibres.

I hope you will understand that I am not in this way suggesting that we should give up all thought of work on solutions, but we do feel that the work on fibres would be more immediately profitable and, perhaps, fundamental.

I think I must leave to you the question as to whether you come over here for a day or two to discuss these matters further. It now seems so near to the time when you will actually be working here that it is perhaps hardly necessary for you to make the special journey. On the other hand there may be things which you could organize on the apparatus side in Paris and you could hardly do this without further discussion with us. The change of programme, such as I have suggested, will probably mean that we should obtain the formal consent of the Fellowship Committee; there is no hurry about this and there is no doubt about the answer.

Dr. Price has just heard from Mr. Heins of the Rockefeller Foundation that orders have now been placed for your apparatus.

Yours sincerely,

J T Randall

[5]富兰克林声称，她才是 DNA 项目的负责人，她的老板约翰 · 兰德尔写给她的信有力地证明了这一点。从这封信上面标明的日期（1950 年 12 月 4 日）来看，它是在富兰克林到达伦敦国王学院之前就写好的。正如布伦达 · 马多克斯（Brenda Maddox）所描述的，这封信“……措辞非常巧妙，许多话都说得模棱两可……它被塞入了一大堆半真半假的含义，不久之后，这些含义会在富兰克林面前突然‘爆发’出来……它改变了科学发展的历史进程，这绝非偶然”。

兰德尔告诉富兰克林，她的主攻方向将是 DNA，而不是蛋白质，这种方向的转变正是威尔金斯一再敦促兰德尔的。兰德尔还告诉她，参与 DNA 项目的人，只有她和雷蒙德 · 戈斯林，后者是一个博士生，之前跟随威尔金斯从事研究工作。兰德尔声称自己没有和威尔金斯讨论过这些安排，尽管这封信的内容暗示，他已经这样做了。

威尔金斯则在多年之后才知道这封信的存在。当富兰克林来到伦敦国王学院时，他正在外地度假，因此没有参加将戈斯林正式调配给富兰克林的那个会议。2003 年，威尔金斯的回忆录正式出版，关于这封信，他是这样写的：“我的观点非常明确，兰德尔犯了一个很严重的错误，他在没有和我们沟通的情况下，就给富兰克林写了这封信，告诉她，斯托克和我打算中止利用 X 射线研究 DNA 的项目。但事实上，当戈斯林和我发现了一个明确的晶体 X 射线图谱后，我们非常渴望继续这项研究工作。而且我在度假期间就已经决定，接下来我将停止其他所有的研究，全身心地投入对 DNA 的研究中去。如果说，兰德尔真的认为我不想继续利用 X 射线对 DNA 进行研究，那么他就是在欺骗自己，这也许是因为他太想参与到 DNA 研究中来了。

当时的情形很清楚，富兰克林要么离开，要么服从威尔金斯的领导。当然，考虑到她的倔脾气，离开可能更合适。但是，如果富兰克林离开了，威尔金斯要想继续在DNA研究中保持主导地位就会变得非常困难。但只有保持这种主导地位，威尔金斯才能放开手脚研究有关问题。当然，富兰克林觉得不满的其中一个原因，威尔金斯心知肚明。伦敦国王学院有两间餐后休息室，一间男用，另一间女用。女休息室一直简陋失修，而男休息室则装修考究，这种安排显然大大落后于时代。[6]虽然威尔金斯本人并不需要对这种情况负责，但他还是觉得不舒服，时有芒刺在背的感觉。

不幸的是，威尔金斯找不到任何体面的办法解雇富兰克林。在一开始洽谈时，她就被聘请在实验室工作几年。而且，不能否认的是，富兰克林确实拥有一个聪明的头脑。假如她愿意与威尔金斯合作，那么她应该可以给威尔金斯提供很大的帮助。但希望通过改善关系来促进合作研究的愿望，说到底只不过是威尔金斯的一厢情愿而已，因为加州理工学院杰出的化学家鲍林已经决定参与到竞赛中来了，而他并不受英国式“费厄泼赖”观念的束缚。那时的鲍林年富力强，他注定要尝试夺取所有科学奖项中最重要的这顶王冠——诺贝尔奖。毫无疑问，鲍林对此非常感兴趣。

事实上，鲍林如果没有认识到DNA是所有分子中最重要的王牌，他就不配被称为最伟大的化学家。现有的确切证据证明，当时的鲍林确实已经认识到了这一点。鲍林曾经给威尔金斯写过一封信，向他索取DNA晶体X射线衍射照片的副本。在犹豫了一阵以后，威尔金斯回信说，在他发表这些照片以前，还需要更仔细地研究一下相关资料。[7]

莱纳斯·鲍林在观察晶体，摄于1947年

对于威尔金斯来说，富兰克林无疑是最令他心烦的。物理学研究导致了原子弹这样的大规模杀伤性

[6]虽然伦敦国王学院的休息室被分隔成了装修程度不同的男用和女用两间，但是在兰德尔所在的系，这种“性别歧视”的情况并不存在。雷蒙德·戈斯林在2010年的一个电台节目中也提道：“兰德尔的实验里有许多女性。”另据霍勒斯·弗里兰·贾德森（Horace Freeland Judson）的统计，1952年12月生物物理学部在册的31位科学家中，女性科学家就占了8位，而且其中的霍诺尔·费尔（Honor Fell）还是一名资深的生物学导师。

当然，伦敦国王学院的这种情况并不是令当时的富兰克林觉得不如意的唯一原因。她刚刚从法国巴黎回到英国，与巴黎相比，英国似乎在很多方面都显得阴郁沉闷，无论是天气还是战后单调的建筑，又或是整个社会氛围。在1952年3月1日写给朋友安妮·塞尔（Anne Sayre）的一封信中，富兰克林曾经这样写道：“到底是什么原因使得我的祖国，在我这样一个从国外归来的人眼中显得如此可怕……坦率地说，我觉得我更喜欢自己成为一个有趣的人，但那是在法国，不是在英国……”

武器的出现，[8]这引起了威尔金斯的反感，为此他转而研究生物学，结果又发现生物学研究也会带来烦恼。现在，鲍林和克里克两人组成的联合阵线紧紧地盯在他身后，经常使他夜不能寐。这还不是最糟糕的。鲍林远在 9 000 多公里之外的美国，克里克离他也有两小时的火车路程，最紧迫的问题是富兰克林。威尔金斯无法抑制这样的想法：像富兰克林这样的女权主义者，最好还是打发她另谋高就。

[7]布鲁克林理工学院（后更名为纽约大学理工学院）的杰拉尔德·奥斯特（Gerald Oster）曾经在 1951 年 8 月 9 日告诉鲍林："我希望你给伦敦国王学院的兰德尔教授写一封信（地址是河岸街）。兰德尔的同事威尔金斯博士告诉我，他已经得到了一些质量很高的核酸的纤维照片。"威尔金斯把鲍林的信转给了兰德尔，然后由兰德尔亲自于 1951 年 8 月 28 日写了一封信回绝了鲍林。在给兰德尔的回信中，鲍林这样写道："很显然，奥斯特博士得到了错误的信息。在与我讨论时，他告诉我，威尔金斯绝对没有对那些 X 射线衍射照片进行进一步解释的计划。对此，我当然有些吃惊，但在吃惊之余，我认为他的建议还是值得一听的，因此我就给你写信了。"

UNIVERSITY OF LONDON KING'S COLLEGE.

From The Wheatstone Professor of Physics,
J. T. RANDALL, F.R.S.

TEMPLE BAR 5651
(6 LINES).

STRAND. W.C. 2.

Professor Linus Pauling,
California Institute of Technology,
Gates and Crellin Laboratories of Chemistry,
Pasadena 4.

28th August, 1951

Dear Professor Pauling,

It was nice to hear from you on returning from holiday yesterday.

I am sorry that Oster is rather misinformed about our intentions with regard to nucleic acid. Wilkins and others are busily engaged in working out the interpretation of the desoxyribosenucleic acid X-ray photographs and it would not be fair to them, or to the efforts of the laboratory as a whole, to hand these over to you. Wilkins has, of course, obtained a good deal of information already from his optical studies and it is natural that he should wish to carry through the X-ray investigations.

I was not able to attend the Gordon Conference which opened at New Hampton yesterday but Wilkins is attending and will be talking about his optical work.

With very best wishes,

Yours sincerely,

JTRandall

兰德尔写给鲍林的信，写于 1951 年 8 月 28 日

[8] 威尔金斯对物理学的厌恶与他参与“曼哈顿计划”的经历有关。在 1942 年至 1946 年间，“曼哈顿计划”雇用了数百位科学家（包括物理学家、数学家和其他学科领域的专家）。威尔金斯当时在加州大学伯克利分校工作，具体的任务是利用天然铀制备铀 235（用于生产原子弹）。像利奥 · 西拉德（Leo Szilard）等科学家一样，面对科学知识被用来生产大规模杀伤性武器的现实，威尔金斯觉得在道德上无法接受，他毅然决定离开物理学领域，转而从事生物学研究。

“曼哈顿计划”中，负责铀分离项目的是澳大利亚物理学家哈里 · 马西（Harrie Massey），他建议威尔金斯读一下薛定谔的《生命是什么》一书。克里克也认识马西，那还是在马西前往伯克利之前，当时马西是矿山设计部的主管。根据沃森的说法，克里克阅读《生命是什么》一书，也是缘于马西的介绍。

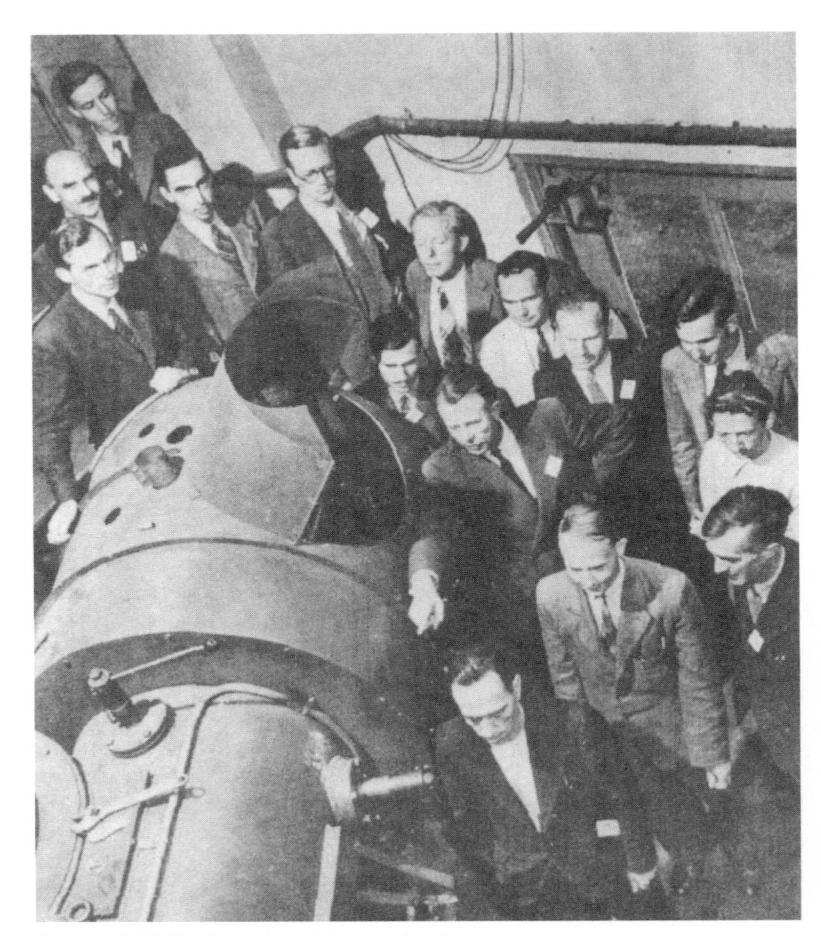

威尔金斯（左起第五）在伯克利，摄于 1945 年 8 月

03 拜师卡尔卡

威尔金斯是第一个激发我利用X射线对DNA展开研究的人。这源于一个在那不勒斯举行的以活细胞大分子结构为主题的小型国际学术研讨会。[①]那是1951年的春天，当时我还根本没有听说过克里克。我对DNA的兴趣则要早得多。事实上，自从我来到欧洲，以博士后研究人员的身份学习生物化学之后，就多次参与了DNA的研究工作。我对DNA的兴趣源于大学时期萌发的一个愿望，我想搞清楚基因到底是什么。后来，在印第安纳大学读研究生时，我希望不必学习任何化学知识就能解决基因问题。[②]当然，这种想法部分是因为我的懒惰。在芝加哥大学读本科时，我的兴趣主要在于研究鸟类，并且想方设法免修任何化学或物理学课程——即使它们只是中等难度。总体上说，印第安纳大学的生物化学家是鼓励我学习有机化学的，但在我用煤气灯直接去加热苯之后，化学就与我彻底绝缘了。辞退一个无知的博士，无疑要比面临另一次爆炸的危险更加安全一些。

在印第安纳大学读研究生时的沃森，摄于20世纪40年代末

[①]这个小型国际学术研讨会是1951年5月22日至25日在那不勒斯举行的“原生质的亚显微形态国际研讨会”，在会议上发表演讲的学者包括W. T. 阿斯特伯里（W. T. Astbury）、赫尔曼·卡尔卡（Herman Kalckar）、威尔金斯和R. D. 普雷斯顿（R. D. Preston）。

[②]沃森之所以被印第安纳大学吸引，主要是因为赫尔曼·穆勒（Hermann Muller）在那里。穆勒因发现X射线能够加快基因突变速度而获得了1946年诺贝尔生理学或医学奖。

沃森（左起第三）与他的观鸟伙伴在一起，摄于1946年

③沃森认为，赫尔曼·穆勒对果蝇遗传学的研究已经过时了，因此他决定转投萨尔瓦多·卢里亚门下攻读博士学位，这样他就能进入最前沿的研究领域了。

直至我到哥本哈根，在生物化学家赫尔曼·卡尔卡的指导下进行博士后研究之前，我再也没有学习过化学。最初看来，出国留学可以圆满地帮助我逃避对化学几乎一无所知的问题。我的博士论文导师是在意大利接受教育的微生物学家萨尔瓦多·卢里亚，他对我不愿意学习化学的态度很纵容。③确实，卢里亚明确表示自己厌恶大部分化学家，尤其是生活在纽约这样的都市丛林中的那些争强好胜的家伙。但是，与这类化学家不同，卡尔卡是一位非常有教养的人。卢里亚希望我能够从卡尔卡那里学习掌握从事化学研究必不可少的各种工具，同时也不必提防那些唯利是图的化学家。

THE BIOLOGICAL PROPERTIES OF X-RAY
INACTIVATED BACTERIOPHAGE

BY
JAMES DEWEY WATSON

Submitted to the Faculty of the
Graduate School in partial fulfillment of
the requirements for the degree
Doctor of Philosophy
in the
Department of Zoology
Indiana University
1950

Zool.

沃森的博士论文的封面，当时，沃森认为这一博士论文研究课题很沉闷

当时，卢里亚的大部分实验都在研究噬菌体的繁殖。很多年以来，在一些富有灵感的遗传学家中一直流传着这样一个猜测：病毒是裸基因的一种形式。倘若真的如此，那么对病毒的研究就将变成解释什么是基因以及基因如何进行复制等问题的途径。由于最简单的病毒就是噬菌体，所以在 1940 年至 1950 年之间涌现出一大批科学家（他们被称为噬菌体研究小组），他们希望通过研究噬菌体，最终搞清楚基因是怎样控制细胞遗传的。

领导这个小组的正是卢里亚和他的朋友——出生在德国的理论物理学家马克斯·德尔布吕克。[④]德尔布吕克当时是加州理工学院的教授，他希望只用遗传学方法就能彻底解决这个问题，而卢里亚则在考虑是否只有在把病毒（基因）的化学结构完全搞清楚以后，才能得到真正的答案。卢里亚非常强调这一点——当我们还不知道某个事物的本质是什么的时候，就不可能细致地描述这个事物的行为。卢里亚知道，他不可能重新去学习化学了，因此他觉得最明智的办法是把我——他的第一个治学严谨的学生，送到一个化学家那里去。

[④] 1940 年 12 月，卢里亚和德尔布吕克在费城初次相遇就一见如故。他们从 1941 年夏天开始在冷泉港实验室合作研究噬菌体。次年，他们又在冷泉港实验室合作开设了课程，讲授研究噬菌体的技术。他们带有批判性思考的研究风格，成了该噬菌体研究小组最主要的特征。

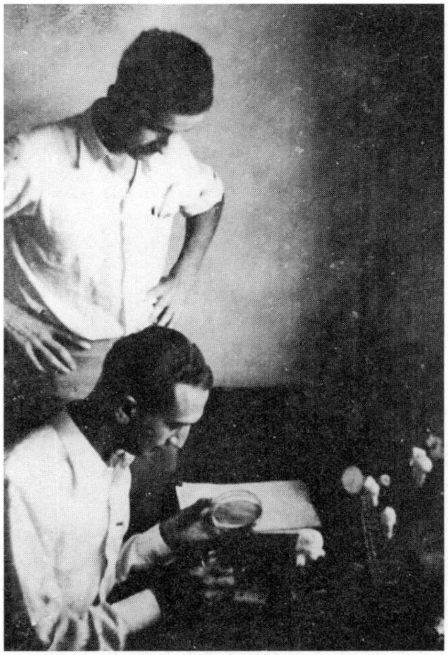

马克斯·德尔布吕克（站立者）与萨尔瓦多·卢里亚在冷泉港实验室观察噬菌体，摄于 1941 年

而关于究竟是把我送到研究蛋白质的化学家那里去，还是研究核酸的化学家那里去，卢里亚很快就做出了决定。虽然 DNA 只占细菌质量的一部分（另一部分是蛋白质），但埃弗里的实验说明似乎只有 DNA 才是基本的遗传物质。因此，搞清楚 DNA 的化学结构可能是了解基因复制的关键步骤。然而与蛋白质相比，当时关于 DNA 化学性质的可靠知识还非常少，只有极少数的几位化学家在做这

[5] 沃森初到冷泉港实验室时，那里有两个研究机构，生物学研究所（创办于 1890 年）和华盛顿卡内基研究院的遗传学研究所（创办于 1912 年，作为实验演化研究的工作站）。这两个研究机构的主任都是米罗斯拉夫·德梅雷茨（Milislav Demerec）。诺贝尔生理学或医学奖获得者阿尔弗雷德·赫尔希（Alfred Hershey）和芭芭拉·麦克林托克（Barbara McClintock）都在遗传学研究所工作。

方面的研究。除了知道核酸是一种由较小的构件——核苷酸——组成的大分子之外，遗传学家们掌握的有关 DNA 的其他化学知识微乎其微。而且，在 DNA 领域探索的化学家多为有机化学家，他们对遗传学没有兴趣。但卡尔卡显然是一个例外，1945 年夏天，他曾在纽约冷泉港实验室听过德尔布吕克的噬菌体课程。[5]因此，卢里亚和德尔布吕克两人都认为，哥本哈根实验室是一个适合我学习化学的地方，在那里，我能够将化学和遗传学的技术融合，因此很可能最终会结出真正意义上的生物学硕果。

然而，他们的计划完全落空了。卡尔卡完全无法激发出我对化学的兴趣。我发现，即使置身于他的实验室里，我对核酸的化学性质依然不感兴趣，就像我身处美国时一样。之所以如此，部分原因是我看不出卡尔卡当时的研究课题（核苷酸代谢）与遗传学的直接联系，其他原因则包括卡尔卡虽然很有教养，但他的英文实在是很难理解。

无论如何，我还是听得懂卡尔卡的好朋友奥莱·马勒（Ole Maaløe）的英语。马勒刚从美国加州理工学院回来。在美国时，他对我在写博士学位论文时研究过的噬菌体很感兴趣。他回来以后就放弃了自己原先的研究课题，把全部时间

赫尔曼·卡尔卡在冷泉港实验室听噬菌体课程，照片上的注释是曼妮·德尔布吕克（Manny Delbrük）加的，摄于 1945 年

冷泉港实验室

1951 年 3 月，微生物遗传学会议在哥本哈根理论物理研究所举行。上图是会议期间部分与会者的合影。在此次会议上，像 20 世纪物理学巨匠尼尔斯·玻尔这样的学界前辈与像沃森这样初出茅庐的后起之秀都发了言。第一排：奥莱·马勒、R. 拉塔捷特（R. Latarjet）、E. 沃尔曼（E. Wollman）；第二排：尼尔斯·玻尔、N. 维斯康蒂（N. Visconti）、G. 埃伦斯瓦尔德（G. Ehrensvaard）、沃尔夫·韦德尔（Wolf Weidel）、H. 海登（H. Hyden）、V. 博尼法斯（V. Bonifas）、冈瑟·斯腾特、赫尔曼·卡尔卡、芭芭拉·赖特（Barbara Wright）、詹姆斯·D. 沃森和 M. 韦斯特加德（M. Westergaard）

都投入到对噬菌体的研究中去了。当时，他是研究噬菌体的唯一一个丹麦人。对于我和冈瑟·斯腾特到哥本哈根与卡尔卡一起从事研究这件事，马勒觉得非常高兴。斯腾特也是研究噬菌体的，而且也是从德尔布吕克实验室来的。不久之后，斯腾特和我就都注意到了，我们两人都会定期到马勒的实验室去。马勒所在的实验室离卡尔卡的实验室只有几公里远。有好几个星期，我们两人都积极地与马勒一起做实验。

一开始，我偶尔会觉得与马勒一起做常规的噬菌体研究有点不大自在，因为我的奖学金资助条款明确规定我是来跟卡尔卡学习生物化学的。从严格的字面意义上说，我正在做的事情已经违反了这些条款。而且，我来哥本哈根还不到三个月，有关方面就要求我提交下一年的研究计划。这可不是一件简单的事情，因为我当时并没有什么计划。唯一妥善的解决办法是申请奖学金再跟卡尔卡学习一年。如果直接说我不愿学习生物化学，那肯定行不通。另外，我也看不出有关方面有什么理由在同意我延期后又不允许我改变研究方向。于是，我写信给华盛顿方面，说我希望留在哥本哈根这个非常能催人奋进的环境中。最终，我如愿以偿，有关方面批准了我的奖学金延期申请。看来，有关方面认为让卡尔卡去培养一个生物化学家是比较合适的（在奖学金评委当中，有好几个人都很了解卡尔卡）。⑥

⑥沃森向美国国家研究委员会（NRC）申请的是由默克公司提供赞助的博士后奖学金，默克奖学金委员会于 1950 年 3 月 18 日批准其申请，沃森因此获得了 3 000 美元的研究津贴和 500 美元的差旅费津贴。此后，沃森的奖学金又获批准延期，但是如本书附录 3 所述，他最终还是违背了默克奖学金委员会的规则。

这里还有一个问题，即卡尔卡本人对这件事的态度。也许他会介意我很少出现在他的实验室。事实上，从表面上看来，卡尔卡对很多事情的态度都是模棱两可的，也有可能他根本没有注意到我经常不在实验室。不过幸运的是，这方面的担忧在变得沉重起来之前就烟消云散了。一个完全意料之外的事件的发生，使我在道德层面觉得问心无愧。10 月初的一天，我骑自行车去实验室准备找卡尔卡谈话，因为语言问题，我原以为这必定又是一次难以理解的“迷人的”交谈。但是事实不然，卡尔卡的话很容易理解。他透露了一个重要的事情：他的婚姻触礁了，正准备离婚。很快，这件事就不再是一个秘密了，实验室中的其他人也都知道了。几天之后，情况越发清楚了：很长一段时间以来，卡尔卡的心思都没有放在科学研究上，这段时间也许与我待在哥本哈根的时间一样长。因此很显然，他不必教我核酸方面的生物化学知识正是上帝安排的一件大好事！于是，我就可以堂而皇之地每天骑自行车到马勒的实验室去了。相对于勉强卡尔卡与我讨论生物化学，对奖学金评委隐瞒我的实际工作地点无疑更好一些。⑦

⑦卡尔卡与妻子维贝克（Vibeke）分开后，与自己实验室的博士后研究人员芭芭拉·赖特相恋并结婚。1949 年，沃森在加州理工学院时见过赖特。沃森、赖特、冈瑟·斯腾特和沃尔夫·韦德尔还曾经一起去野营，沃森和赖特还因此被卡特琳娜岛的警察短期羁押。

沃森给德尔布吕克写了一封长信（写于 1951 年 3 月 22 日），谈到了卡尔卡的婚姻问题和这个事件给实验室的整体气氛造成的影响，他写道：“在此期间，卡尔卡的实验室弥漫着一种近乎病态的氛围，但是我很难向您描述清楚。”

此外，我对我当时从事的噬菌体研究实验有时也是相当满意的。在短短三个月内，马勒和我就完成了一系列实验，揭示出了一个噬菌体颗粒在细菌体内繁殖为几百个新的病毒颗粒的过程。我已经拥有了足够的数据，可以发表一篇相当不错的论文。按照常规标准衡量，即使我在这一年剩下的时间里什么研究也不做，我也不会被人认为毫无成果了。但我所有的工作都没有说明基因是什么，也没能说明它们是怎样复制的。除非我能够成为一个化学家，否则我根本无法知道怎样才能完成这方面的研究。

VOL. 37, 1951 *BACTERIOLOGY: MAALØE AND WATSON* 507

THE TRANSFER OF RADIOACTIVE PHOSPHORUS FROM PARENTAL TO PROGENY PHAGE

BY O. MAALØE AND J. D. WATSON*

STATE SERUM INSTITUTE AND INSTITUTE OF CYTOPHYSIOLOGY, COPENHAGEN, DENMARK

Communicated by M. Delbrück, June 25, 1951

Introduction.—Reproduction is perhaps the most basic and characteristic feature of life. From the chemical point of view it is also the most obscure feature: atoms do not reproduce. When a living organism reproduces, there are now two atoms in the system for each one of the parent system. The additional atoms, of course, have not been "generated" by reproduction of the parent's atoms, but have been assimilated from the environment. Although the two progeny organisms may be biologically identical we should consider that their atoms can be classified into two classes: parental atoms and assimilated atoms. How are these atoms distributed between the two progeny organisms? Is one of the progeny all parental, the other all assimilated, or each half and half? Or perhaps both assimilated and the parental atoms dissimilated and passed into the environment? Are there specific macromolecular structures (genes?) that are preserved and passed on intact to the progeny? To answer questions of this kind we must be able to distinguish between parental and assimilated atoms and, in principle, this can be accomplished by the use of tracers.

马勒和沃森联合发表在《美国国家科学院院刊》上的论文

当卡尔卡建议我和他在春天一起到那不勒斯动物研究所开会时，我立即欣然接受了。他想要在那里度过整个 4 月和 5 月。[8]到那不勒斯去确实是一个很好的主意。哥本哈根是一个没有春天的城市，那不勒斯灿烂的阳光可能有助于我学习与海洋动物胚胎发育有关的生物化学知识。我也能静下心来在那里阅读一些遗传学著作。如果对遗传学厌倦了，或许我还可以拿起一本生物化学教科书随便翻两下。因此，我毫不犹豫地写信给美国有关方面，请求批准我随同卡尔

[8]那不勒斯动物研究所是厄恩斯特 · 黑克尔（Ernst Haeckel）的学生安东 · 多恩（Anton Dohrn）于 1872 年创办的，它为来自世界各地的从胚胎入手探索进化关系的研究人员提供了很好的条件，一到春夏两季，许多学者都会到那里租用“桌子”（实验台），这其中包括了 T. H. 摩根（T. H. Morgan）、汉斯 · 德里施（Hans Driesch）、爱德华 · 威尔逊（Edward Wilson）和 R. G. 哈里森（R. G. Harrison）。

卡一起去那不勒斯的计划。华盛顿方面很快就批准了，回信的措辞令人愉快，信中还祝愿我一路顺风。更棒的是，信中还附了一张 200 美元的支票作为我的差旅费。出发前往阳光明媚的那不勒斯时，这张支票使我对自己的不诚实心生歉疚。

那不勒斯动物研究所

04 初识威尔金斯

莫里斯·威尔金斯并不是出于严肃的科学目的而去那不勒斯的。这次旅行是他的上司兰德尔教授送给他的一个意外礼物。兰德尔本已安排好了行程，打算去参加这个关于生物大分子结构的会议，并向会议提交了一篇论文，描述自己新创办的生物物理实验室完成的一些研究工作。后来，兰德尔发现自己实在分身乏术，只好决定派威尔金斯代替他去。如果一个人都不去，对兰德尔教授所在的伦敦国王学院实验室来说并不光彩，因为他的生物物理实验室得到了相当可观的资助，而且动用的是稀缺的国库资金。当时有不少人质疑，这种做法劳民伤财。[①]

兰德尔参加物理系一年一度的板球赛，摄于20世纪50年代

[①] 1938年，约翰·兰德尔在伯明翰大学任教时，威尔金斯成为他的博士研究生。在第二次世界大战期间，兰德尔连同哈利一起开发了多腔磁控管，这是雷达的重要组成部分之一。战争结束后，兰德尔于1944年去了圣安德鲁斯大学，然后又于1946年成为伦敦国王学院的物理学惠斯通讲席教授。与此同时，威尔金斯随兰德尔一起来到圣安德鲁斯大学，后来又来到国王学院。兰德尔是一个成就非凡的管理者，根据威尔金斯的描述，兰德尔“拥有杰出的企业家才能”，他推动其麾下的科学家取得了巨大的成功，即便这些科学家的研究领域他本人并不感兴趣。兰德尔简直太成功了，以至于国王学院的校长有一次甚至公开抱怨，兰德尔得到的来自英国医学研究理事会（MRC）的资助太多了，而且他的生物物理研究所的成果甚至改变了学院的整体研究方案。

在国王学院，英国医学研究理事会资助的生物物理实验室是物理系实验室的一部分，而兰德尔兼任这两个实验室的主任。在第二次世界大战期间，一枚大型德国炸弹命中了国王学院的院子，摧毁了物理系的各个实验室。战后，这些实验室得到重建，并于1952年重新启用。

工人们在清理伦敦国王学院的四方形院子里的弹坑

在意大利召开的这类国际会议上，与会者发言通常不需要长篇大论。一般而言，这种会议通常会有一些不懂意大利语的来宾参会，所以会议的通用

那不勒斯街景，沃森说自己“大部分时间都用在了满大街闲逛和阅读上”

语言是英语，而意大利本国参与者则很多，其英语通常都不会太好，当有人说英语说得很快时，会议中的大多数人都听不懂。而每次会议的高潮部分照例是到某个景色秀丽的景区或寺院进行一日游。因此，参加这些会议，除了听别人说一些陈词滥调之外，与会者很少有机会真正受益。

当威尔金斯到达那不勒斯时，我已经在那里待了好长一段时间了。任何明眼人都可以看出来，我有些坐立不安，并且急于回到北方（哥本哈根）去。在那不勒斯的前 6 个星期里，我一直觉得非常冷。官方气象台公布的温度没有什么实际意义，重要的是那里没有集中供暖设备。无论是在动物学研究所还是在我居住的寓所里（一间位于一栋 19 世纪建筑楼顶的破房间），都没有任何取暖设备。如果我对海洋动物有那么一丁点儿兴趣，我就会去做实验。因为做实验时可以四处走动，总比坐在图书馆里把脚搁在桌子上要暖和一点。有时候，卡尔卡会摆出一副生物化学家的架势大发宏论，而我则紧张不安地站在一边；有几次我甚至能听得懂他讲的是什么。然而，不管我是否能听懂，在卡尔卡的头脑中，基因从来未曾占据过主导地位，甚至连边儿也沾不上。

我的大部分时间都用在了满大街闲逛和阅读早期发表的关于遗传问题的期刊论文上。有时候，我会做些白日梦，想象着自己发现基因奥秘时的情景，但是我从来没有提出过任何一个值得重视的想法。因此，我开始担心自己会一事无成，这种忧虑很难排解。尽管我知道自己并不是到那不勒斯来找工作的，但这根本不能使我感到一丝宽慰。

我仍然保留了一线希望：在这个即将召开的生物大分子结构会议上，我也许能够获得某种启发。虽然我对结构分析领域中处于支配地位的 X 射线衍射技术一窍不通，但我还是很乐观地认为，口头讨论肯定会比期刊论文更加容易理解（那些文章我总是读过就忘）。我特别有兴趣的是兰德尔将在会议上发表的关于核酸方面的报告。那时，讨论核酸分子三维构型可能性的论文还几乎没有公开发表过。不可否认，这个事实也是我在学习化学知识时三天打鱼、两天晒网的态度的部分原因。既然连化学家们自己也讲不透核酸的结构，我又何苦强打精神去学习那些枯燥乏味的化学知识呢？

当然，这也是时势使然，当时确实还无法真正揭开核酸结构的奥秘。[②]那

[②]沃森这种悲观的态度不是没有理由的，因为与会的学者们所报告的大多是这样一些课题：“交叉横纹肌的流变学及其显微结构解释”“橡碗的细胞壁－细胞质关系”……

时关于蛋白质和核酸的三维结构的许多说法都是夸夸其谈。尽管这个领域的研究工作已经进行了 15 年之久，但是大部分论据仍然软弱无力。很多人信心百倍地提出了诸多想法，但它们看上去都是异想天开的晶体学家们的“杰作”，这些人喜欢在一个自己的想法很难被他人证伪的领域里工作。也正因为如此，包括卡尔卡在内的所有与会的生物化学家实际上都没有真正理解 X 射线工作者的思想，但也没有人感到不自在。这也使得为了迎合这些荒谬的想法而去学习复杂的数学方法变得毫无意义。因此，我的导师中没有一个人曾经设想过这种可能：我在获得博士学位之后，竟然会与一位 X 射线晶体学家一起进行研究。

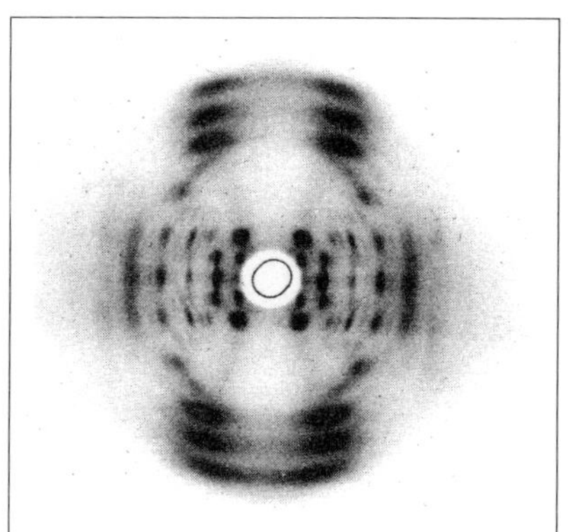

威尔金斯和戈斯林拍摄的 DNA X 射线衍射图，在那不勒斯会议上，威尔金斯给与会者展示的正是这张照片，摄于 1950 年

无论如何，威尔金斯没有令我失望。他是兰德尔的替身也好，他报告的是自己的研究成果也好，对我而言都一样。反正在此之前，他们两个人我都不了解。威尔金斯的演讲远非空洞无物，与其他人的发言相比，他的演讲是非常突出的（其他人的发言当中，有几个与这次会议的主题甚至毫不相干）。幸运的是，那些发言都是用意大利语讲的，因此，来自国外的与会者溢于言表的厌烦情绪并不算太失礼。其中有几个发言人是动物研究所的访问学者，他们都是来自欧洲大陆的生物学家，这几个人的发言都只简短地提了一下生物大分子。对比之下，威尔金斯报告的 DNA X 射线衍射图则恰好切中会议主题。这张衍射图是在他的演讲接近尾声时才被放映在屏幕上的。威尔金斯说，这张图给出的细节比前面几张图更多，他还说，事实上已经可以认定这张图源于一种能够结晶的物质。这个结论非常重要，但是他干巴巴的英语却使他无法表现出足够的热情。一旦搞清楚了 DNA 的结构，我们就能够更好地理解基因的作用机理了。[③]

[③]半个多世纪之后（2012 年），戈斯林回忆起自己第一次看到这张照片时的情景，仍然十分感慨：“当我第一次看到那些离散的衍射斑点时，心灵确实受到了震撼。威尔金斯和我喝了几杯雪利酒，那原本是他藏在档案柜底层，专门为贵宾留的！我意识到，如果 DNA 是遗传物质，那么我们刚刚证明了这种遗传物质可以结晶！”

（左图）戈斯林将 DNA 链缠绕在一只折弯了的回形针上，他在拍摄如上图所示的那张照片时，使用的是伦敦国王学院化学系的 RayMax 密封型 X 射线管

（右图）威尔金斯用来拍摄 X 射线衍射照片的 X 射线管

突然之间，我对化学产生了非常浓厚的兴趣。在听到威尔金斯的演讲以前，我一直在担心：基因的结构可能是极度不规则的。现在，我终于知道它能够结晶，既然如此，它一定具有规则结构，这种结构只需要用某种简单的方法就可以测定。于是我立即开始设想与威尔金斯一起研究 DNA 的可能性。我想在他讲演结束后找他聊聊，也许他知道的东西比他讲演的内容还要更多些。一般而言，如果一个科学家不是绝对肯定自己是正确的，就不会公开自己的发现。可是，我没有机会和威尔金斯交谈，讲演一结束他就不知去向了。

直到第二天，会议主办方组织所有与会者到帕埃斯图姆（Paestum）的古希腊神庙去游览，我才获得了结识威尔金斯的机会。在等公共汽车时，我和威尔金斯搭上了话，并且告诉他我对 DNA 非常感兴趣。但还没等到从威尔金斯那里打听出什么，我们就不得不上车了。我只好陪着刚从美国到这里的妹妹伊丽莎白游览。在神庙里，所有人都散开了。在我再次找到机会与威尔金斯说话以前，我发现自己很可能已经交上了好运：威尔金斯显然已经注意到我妹妹了，因为她非常漂亮。吃午餐时，他们坐在了一起。对此，我感到非常高兴。很多年以来，我一直闷闷不乐地看着伊丽莎白被一个又一个傻瓜追求着。现在，改变她生活方式的机会终于出现了。也许，我不必眼睁睁地看着她嫁给一个智力低下的家伙了。而且，如果威尔金斯真的爱上了我的妹妹，那么，我也就有机会与他一起利用 X 射线衍射对 DNA 结构展开合作研究了。

帕埃斯图姆有三座古希腊神庙，均建于公元前 530 年至公元前 460 年之间，其中有两座献给女神赫拉，另一座献给女神雅典娜

伊丽莎白·沃森，当时她正乘船横渡大西洋，摄于1951年

当时，看到我走上前去，威尔金斯说了声抱歉就独自走开坐到了一旁，但是这并没有让我感到失望。显然威尔金斯是一个很懂礼节的人，他可能只是觉得我和伊丽莎白有话要说。

但一回到那不勒斯，我想跟威尔金斯合作的美梦就化为了泡影。他只是漫不经心地点了一下头就回旅馆去了。无论是我妹妹的美貌，又或是我对DNA结构的浓厚兴趣，都没有使他“落入圈套”。看来，我和他未来在伦敦进行合作的可能性并不存在。因此，我动身回到了哥本哈根，并且不再多想我在生物化学领域的发展前景。[4]

[4]沃森并不是唯一一个认为“未来在伦敦进行合作的可能性并不存在”的人。结束那不勒斯会议回到伦敦国王学院后，威尔金斯对戈斯林说了沃森的事情（威尔金斯把沃森描述为一个身材瘦长的美国年轻人）。他对戈斯林说，如果沃森到伦敦国王学院找他，就告诉沃森“威尔金斯先生在国外”。

卡尔卡在哥本哈根的生物化学实验室。前排从左到右依次为：赫尔曼·卡尔卡、奥德利·雅图（Audrey Jarnum）、雅特·海泽尔（Jytte Heisel）、尤金·戈德瓦瑟（Eugene Goldwasser）、沃尔特·麦克纳特（Walter McNutt）和E. 霍夫－约根森（E. Hoff-Jorgensen）；后排：冈瑟·斯腾特、尼尔斯·奥利·克耶尔加德（Niels Ole Kjeldgaard）、汉斯·克列诺（Hans Klenow）、詹姆斯·D. 沃森和温森特·普赖斯（Vincent Price）

05 转投剑桥

后来，我放弃了想要与威尔金斯合作研究的想法，但他的 DNA 照片却一直留存在我的脑海中。那是一把有可能解开生命奥秘的钥匙，我绝不会将它从我的头脑中剔除出去。我还不能解释它，但我并不因此感到烦恼。设想自己成为一个著名科学家，要比设想自己成为一个从来不敢冒险提出独创性观点的、受压抑的学究要好得多。我也曾因鲍林部分地解析了蛋白质结构的传闻而深受鼓舞。那时，我正在日内瓦与瑞士噬菌体学家琼·韦格尔（Jean Weigle）讨论问题。他刚刚结束了长达一个冬季的访问研究，从加州理工学院回到了瑞士。在离开加州理工学院之前，韦格尔参加了鲍林宣布那个消息的报告会。

琼·韦格尔，摄于 1951 年

鲍林在报告会中采用了他惯常的舞台表演式的讲演方法，他在讲演时就像一个终生从事演艺事业的表演艺术家。在那次讲演过程中，他的模型一直被一块帷幕掩盖着，直到讲演即将结束时，他才骄傲地向观众展示了他的最新成果。然后，鲍林目光炯炯地向大家解释了他的模型—— α－螺旋模型——的各种特征，这些特征使他的模型美得无与伦比。[1]

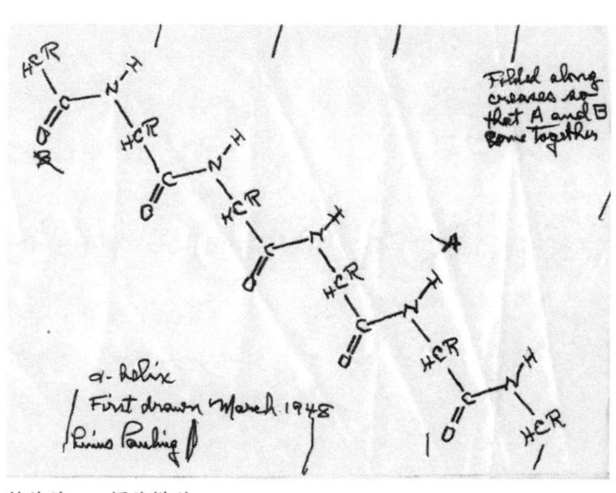

鲍林的 α－螺旋模型

[1] 1948 年，鲍林在牛津大学任客座教授期间病倒了，不得不卧床休息，为了消磨时间，他决定想办法解决 α－角蛋白的结构问题。利用关于键长和键角的已知化学原理，他在一张纸上画出了一条多肽链，然后将纸折叠起来，使相应的组排列好形成氢键。不过，一直到 1951 年，鲍林才公开发表 α－螺旋模型，在此之前，他的研究小组已经完成了对 α－螺旋模型的精炼和细化工作—— 他们已经精确地确定了氨基酸的结构和小肽的结构。

那是一场表演，就像他以往所有的精彩报告一样，鲍林的讲演吸引了许多青年大学生前来参加。像鲍林那样能紧紧抓住听众的人，全世界都不可能再找出第二个了。他把不可思议的聪明头脑和极具感染力的露齿微笑完美地结合起来，魅力之大，几乎没有人可以抵挡。鲍林的许多教授同事也怀着复杂的心情观看了他的讲演。鲍林在演示台上不断地跳上跳下，同时挥舞着自己的手臂，就像一个随时都可能从靴子里掏出一只兔子来的魔术师。这场景使得他的同事们相形见绌。如果鲍林表现得稍微谦虚一点，那么他的观点也许会更容易被人接受。由于他表现出了极其坚定的自信心，所以即使他是在胡说八道，那些着了迷的大学生也不会了解。而他的许多同事则在冷眼旁观，静静地等待着他在重要问题上栽个大跟头，摔得头破血流的那一天。

莱纳斯·鲍林与他的原子模型

那个时候，韦格尔并不能告诉我鲍林的 α－螺旋模型是否正确。韦格尔不是 X 射线晶体学家，无法从专业角度对这个模型进行评价。然而，他的一些比他更年轻、在结构化学方面训练有素的朋友却认为，α－螺旋模型看起来相当不错。因此，韦格尔的朋友们给出的结论是，鲍林是正确的。如果真是这样的话，那就意味着鲍林又取得了一项非常重要的成就。在生物学中极其重要的大分子结构领域，他可能是揭示出正确模型的第一人。因此，我们有理由想象，鲍林在此过程中也许找到了一个非常好的新方法，可以推广适用于核酸结构研究。然而，韦格尔却根本不记得鲍林的方法有什么了不起的。他所能告诉我的，无非是有一篇描述 α－螺旋结构的论文不久之后就会发表。

当我回到哥本哈根时，载有鲍林论文的那一期《美国国家科学院院刊》已经从美国寄到。我很快地浏览一遍，然后又立即重读了一遍。对于论文中的大部分内容，我都觉得有些摸不着头脑，只是对他的论点有一个大致印象。当然，我无法判断鲍林在这篇论文中说的东西是否成立，敢肯定的只有一点，他的文章写得非常优雅。几天以后，又一期刊载了鲍林的 7 篇论文的杂志寄到了！这

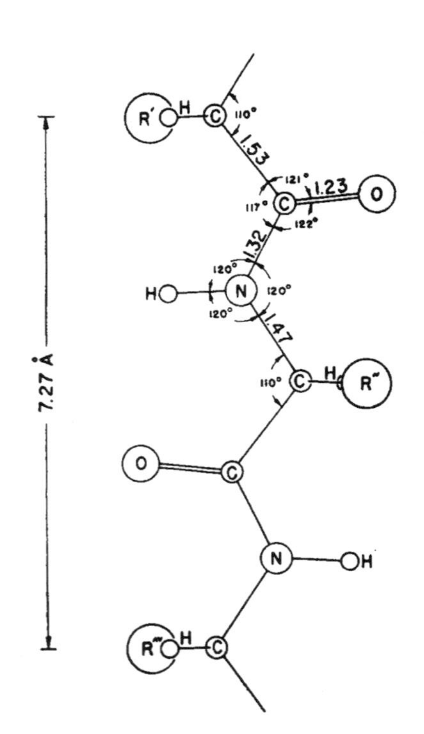

鲍林、罗伯特·科里（Robert Corey）和布兰森在 1951 年 4 月 15 日出版的《美国国家科学院院刊》上发表一篇论文，介绍了 α－螺旋模型

些论文所用的语言华丽得令人眼花缭乱，而且同样充斥着修辞技巧。其中一篇论文的开头是这样写的："胶原是一种很有趣的蛋白质。"这种写法启发了我。我开始构思，如果我解决了 DNA 的结构问题，在撰写关于 DNA 的论文时应该怎样开头。我想，如果我的论文的起首句是"遗传学家对基因很感兴趣"，那么就可以将我的思路与鲍林的思路清晰地区别开来了。[②]

CONTENTS

Page

CHEMISTRY.—ATOMIC COORDINATES AND STRUCTURE FACTORS FOR TWO HELICAL CONFIGURATIONS OF POLYPEPTIDE CHAINS . . . . *By Linus Pauling and Robert B. Corey* 235

CHEMISTRY.—THE STRUCTURE OF SYNTHETIC POLYPEPTIDES . . . . . . *By Linus Pauling and Robert B. Corey* 241

CHEMISTRY.—THE PLEATED SHEET, A NEW LAYER CONFIGURATION OF POLYPEPTIDE CHAINS . . . . *By Linus Pauling and Robert B. Corey* 251

CHEMISTRY.—THE STRUCTURE OF FEATHER RACHIS KERATIN . . . . . . *By Linus Pauling and Robert B. Corey* 256

CHEMISTRY.—THE STRUCTURE OF HAIR, MUSCLE, AND RELATED PROTEINS . . *By Linus Pauling and Robert B. Corey* 261

CHEMISTRY.—THE STRUCTURE OF FIBROUS PROTEINS OF THE COLLAGEN-GELATIN GROUP . . . . *By Linus Pauling and Robert B. Corey* 272

CHEMISTRY.—THE POLYPEPTIDE-CHAIN CONFIGURATION IN HEMOGLOBIN AND OTHER GLOBULAR PROTEINS . . *By Linus Pauling and Robert B. Corey* 282

BIOCHEMISTRY.—THE INTERACTION OF MUCOPROTEIN WITH SOLUBLE COLLAGEN; AN ELECTRON MICROSCOPE STUDY . . . . *By John H. Highberger, Jerome Gross and Francis O. Schmitt* 286

CHEMISTRY.—AN HYPOTHESIS OF PROTEIN SYNTHESIS POTENTIATED BY CITRIC ACID . . . . *By Sidney W. Fox* 291

GENETICS.—AN ADENINE REQUIREMENT IN A STRAIN OF DROSOPHILA . . . . *By Taylor Hinton, John Ellis, and D. T. Noyes* 293

GENETICS.—ABSENCE OF CYTOSINE IN BACTERIOPHAGE T_2 . *By Alfred Marshak* 299

MATHEMATICS.—ON THE GENERATING FUNCTIONS OF TOTALLY POSITIVE SEQUENCES . . . . *By Michael Aissen, Albert Edrei, I. J. Schoenberg, and Anne Whitney* 303

MATHEMATICS.—COHOMOLOGY THEORY OF ABELIAN GROUPS AND HOMOTOPY THEORY III . . . . . . *By Samuel Eilenberg and Saunders MacLane* 307

MATHEMATICS.—GENERALIZED RIEMANN SPACES . . . *By Luther P. Eisenhart* 311

MATHEMATICS.—WEIERSTRASS TRANSFORMS OF POSITIVE FUNCTIONS . . . . *By D. V. Widder* 315

PSYCHOLOGY.—THE INTERCONVERSION OF AUDIBLE AND VISIBLE PATTERNS AS A BASIS FOR RESEARCH IN THE PERCEPTION OF SPEECH . . . . *By Franklin S. Cooper, Alvin M. Liberman and John M. Borst* 318

1951 年 5 月出版的《美国国家科学院院刊》的目录。注意，前 7 篇论文的作者都是鲍林和科里

我开始为下一个问题忧虑起来：到什么地方去学习分析 X 射线衍射技术呢？到加州理工学院去恐怕不合适，因为鲍林太伟大了，他不可能浪费自己的时间去

② 鲍林的写作风格对沃森的影响，或许可以从沃森和克里克发表的第二篇关于 DNA 的论文中看出来，该论文 1953 年 6 月发表于《自然》杂志，其起首句为"活细胞中的 DNA 的重要性无可争议"。

教一个缺乏数学训练的生物学家。另一方面，我又不愿意再次用热脸去贴威尔金斯的冷屁股。这样一来，我就只能去英国剑桥大学了，我了解到剑桥大学有一个名叫佩鲁茨的科学家，他对生物大分子尤其是血红蛋白的结构非常感兴趣。于是，我给卢里亚写信，告诉他我最近涌现出了研究 DNA 的激情，问他能不能想办法把我安排到剑桥大学佩鲁茨的实验室去学习。令我喜出望外的是，这件事竟然完全不是问题。收到我的信之后不久，卢里亚就参加了一个在安阿伯（Ann Arbor）召开的小型会议，在那里他遇到了佩鲁茨的合作者约翰·肯德鲁（John Kendrew）。当时肯德鲁正在美国长期旅行。更加幸运的是，卢里亚对肯德鲁的印象非常好。像卡尔卡一样，肯德鲁很有教养，而且也支持工党。更巧合的是，当时剑桥大学实验室刚好缺人，肯德鲁正在物色能够与他一起研究肌红蛋白的合适人选。卢里亚便向他举荐，说我是一个很合适的人选，并立即把这个好消息告诉了我。[3]

约翰·肯德鲁

那时已经到了 8 月初，距离我原来的奖学金到期的日子刚好只剩一个月。这意味着我不能再拖下去了，必须立即动手给华盛顿有关方面写信，告诉他们我改变学习计划的事。但我仍然决定再拖一下，等到剑桥大学实验室正式接受我前往时再写这封信。事与愿违的可能性永远无法排除，因此出于慎重考虑，我认为在与佩鲁茨讨论过之后再来写这封很难下笔的信为好。与佩鲁茨讨论过之后，我就能更加详尽地说明我渴望在英国实现的目标了。我并没有立即离开哥本哈根，[4]相反，我暂时又回到了实验室，做了一些以“第二等”的标准来看还算有意思的实验。决定先留在哥本哈根的更重要的原因是，脊髓灰质炎国际会议即将在这里召开，很多研究噬菌体的学者都会到哥本哈根参加会议，当然，其中也包括德尔布吕克。他是加州理工学院的教授，关于鲍林最近进行的研究，他应该会带来更多的消息。[5]

然而，德尔布吕克并没有带给我更多的新消息。他认为，即使 α-螺旋模型是正确的，在生物学上也算不上什么深刻见解。看起来，对于这个模型，他似乎根本不想多谈。甚至当我对他说，有人确实拍出了一张非常出色的 DNA 的 X 射线衍射照片时，他也没有什么反应。

[3] 在一封写于 1951 年 8 月 9 日的信中，卢里亚告诉沃森，他已经与前来印第安纳大学访问的肯德鲁谈过了，他说，肯德鲁“急于找到一个像你这样的人，而且他有职位空缺，资金也很充裕”。肯德鲁告诉佩鲁茨，沃森将会与他取得联系。卢里亚认为，与其他人，例如阿斯特伯里（利兹大学）和 J. D. 伯纳尔（J. D. Bernal，伦敦大学伯贝克学院）相比，佩鲁茨和肯德鲁显然“更加可靠”。更重要的是，“剑桥大学的化学和物理学专业都很强，那里也有很多遗传学家，其中罗伊·马卡姆（Roy Makham）是个大好人”。

[4] 沃森在 1951 年 7 月 14 日给他妹妹的一封信中写道：“我现在更加肯定了，我明年会去剑桥大学。”沃森决定先到剑桥大学，再理清与美国科学研究委员会默克奖学金委员会之间的纠葛，这个决定导致他在到剑桥大学后的前 6 个月的日子相当难熬。

在脊髓灰质炎国际会议召开期间，尼尔斯·杰尼在家里举行的一个派对，摄于1952年9月

[5] 脊髓灰质炎国际会议于1952年9月在哥本哈根举行。在会议期间，尼尔斯·杰尼（Niels Jerne）在家中举行派对。沃森坐在地板上，他身边是弗洛伦斯·戈德瓦瑟（Florence Goldwasser）。在沃森的左边，尼尔斯·杰尼手里举着一杯啤酒。在后面的沙发上，坐着奥莱·马勒，他的手臂环抱着伊丽莎白·沃森。从同一个派对的其他一些照片上（拍自不同的角度）可以了解到，赫尔曼·卡尔卡和芭芭拉·赖特落到了镜头的左侧之外。尼尔斯·杰尼后来成了一位著名的免疫学家，并于1984年获得了诺贝尔生理学或医学奖。

不过，德尔布吕克直率的性格并没有令我觉得特别沮丧，因为脊髓灰质炎国际会议空前成功。大会组织者为了消除或减轻各国代表之间的隔阂，在参加会议的几百名代表抵达后，让我们享用了无限量供应的免费香槟（部分由美国出资赞助）。

整整一个星期，主办方每晚都安排了招待会、宴会以及海滨酒吧狂欢的午夜之旅等活动。这是我生平第一次享受奢侈的生活，在此之前我一直将这种生活与腐朽的欧洲贵族阶层联系在一起。正是在这次会议期间，一个重要的想法逐渐在我的头脑中扎下了根：科学家也完全可以过上丰富多彩的生活——不仅在知识探索方面，在社交活动方面也如此。就这样，带着美好的心情，我精神饱满地动身到英国去了。

哥本哈根蒂沃利公园中的一个酒吧，摄于1952年

06 费尽周折的转学

有一天午饭后，我来到马克斯·佩鲁茨的办公室，他已经在那里等我了。当时约翰·肯德鲁还在美国，但是我的到来对他们来说并不意外。肯德鲁事先已经给佩鲁茨寄回了一封短信，说明年将有一位美国生物学家来与他一起工作。我对佩鲁茨解释说，我是来学习X射线衍射技术的，因为我对此一无所知。佩鲁茨向我保证，学习这门技术并不需要高深的数学知识，而且他和肯德鲁在大学里都学过化学，这使我放下心来。我需要做的无非是读一本X射线晶体学教科书，从中学到足够的理论去做X射线衍射相关的工作。佩鲁茨还以自己的工作为例向我说明，在鲍林的α-螺旋模型问世之后，他产生了一个验证该模型的简单想法，他花了一天时间就拍到了关键性照片，证实了鲍林的预见。当时的我其实完全听不懂佩鲁茨的话，甚至连晶体学最基本的布拉格定律也一无所知。[①]

随后，我和佩鲁茨出去散步，借机讨论我在来年可以做些什么工作。当他知道我是从火车站直奔实验室，还没有参观过剑桥大学的任何一个学院时，他带我穿过国王学院后院，来到三一学院巨大的中庭（Great Court）。我还从来没有看见过如此美丽的建筑。如果说之前我也许还犹豫过要不要放弃作为一名生物学家的生活，见到此景，我的这种想法已经不复存在了。[②]

① 佩鲁茨发现，如果α-螺旋模型是正确的，那么这种螺旋就应该会在0.15纳米处产生一种特有的反射，这种反射应该出现在沿多肽链重复的氨基酸上。为此，佩鲁茨在镜头上加装了合适的圆筒状薄膜，并以马毛为样本，发现了可以证实鲍林模型的反射。佩鲁茨在1951年6月30日出版的《自然》杂志上发表论文，报告了这个结果。

国王学院礼拜堂（从后院看）

② 沃森对剑桥大学的第一印象在他于 1951 年 9 月写给妹妹伊丽莎白的一封信中有着生动的描述。写这封信时，他已经与佩鲁茨见过面，正在回哥本哈根的路上。很明显，沃森在第一眼看到剑桥大学时就被它迷住了："剑桥大学的各个学院都是最好的，这也是我从未见过的最美丽的城市⋯⋯我相信，我肯定会非常喜欢英国。"

三一学院巨大的中庭

克莱尔学院

也正因为如此，当我看到学校里那些作为学生宿舍的阴暗潮湿的房屋时，也只是稍微有点沮丧。我读过狄更斯的小说，也不愿遭受连英国人自己都不肯受的那份罪。不过当我后来在基督草坪（Jesus Green）的一座二层楼房中找到一个房间时，我觉得自己还是很幸运的，宿舍的位置非常好，到实验室只需步行不到 10 分钟的时间。

第二天一早，我又来到卡文迪许实验室，因为佩鲁茨让我见见布拉格爵士。佩鲁茨给楼上布拉格爵士的办公室打了个电话，说我已经到了。布拉格爵士下来后让我用几句话简单介绍一下自己，接着，他和佩鲁茨避开我交谈了一会儿。几分钟之后，他们回到了实验室，布拉格爵士正式通知我，说他已经同意我在他指导下开展工作了。这次见面是百分之百英国式的。在这次会面中，我觉得布拉格爵士早就成了一个偶像，现在的他应该每天都安稳地坐在伦敦某个俱乐部里（比如雅典娜神庙俱乐部），消磨掉自己的大部分时间。[3]

伦敦雅典娜神庙俱乐部的咖啡室，摄于 20 世纪 50 年代

那时我根本没想到，日后我还会不时与这个“老古董”接触。布拉格爵士似乎是过去时代的一个奇迹，早在第一次世界大战爆发前夕，布拉格爵士就提出了以他的名字命名的定律，一直以来都享有崇高的声誉。我猜想他必定已经

[3] 沃森在 1951 年 9 月写给他妹妹的一封信中对布拉格爵士的描述比本书中更加细致：“布拉格是一位身材矮小，有点发胖的人，看到他，你也许会想起毕林普上校的形象。”

雅典娜神庙俱乐部是 1824 年创立于伦敦的一个绅士俱乐部，初创会员都是专业人士，特别是科学家、工程师和医生，后来又进一步扩展到牧师、作家、艺术家和律师。达尔文和狄更斯等人都是其中的会员。佩鲁茨曾经说过，他自己和肯德鲁的工作，就是在雅典娜神庙俱乐部里面定下来的：

“按照传统的方式，布拉格爵士与皇家护理院（NCR）的主席爱德华·梅兰比爵士（Sir Edward Mellanby）在雅典娜神庙俱乐部共赴午宴。布拉格爵士对梅兰比爵士解释说：‘肯德鲁和我的工作相当于探险寻宝，成功的机会非常渺茫；但是，一旦成功了，我们的研究结果就意味着，人类可以在分子的尺度上洞察生命的奥秘。虽然即使我们真的成功了，这个成果要想产生实际的收益（例如，研制出新的药物）仍需要很长的时间。’但梅兰比爵士表示，他愿意承担这个风险。”

处于实际退休的状态，应该不会再来关注基因了。我对布拉格爵士接受我在他这里工作表示了感谢，并对佩鲁茨说，我要先回哥本哈根一趟，在三个星期后赶回来。回到哥本哈根后，我收拾好了仅有的那点衣物，并告诉了卡尔卡这个好消息：我终于能成为一名 X 射线晶体学家了。

卡尔卡非常支持我，他立即给华盛顿奖学金办公室写了一封信，说他强烈赞同我改变学习计划。同时，我也给华盛顿方面写了一封信，向他们解释我那时在哥本哈根做的病毒增殖生化实验其实意义不大。我打算放弃学习传统的生物化学，因为我深信它无法揭示基因的作用机理，而 X 射线晶体学才是遗传学研究的关键。因此，我请求改变我的学习计划：我要到剑桥大学去，在佩鲁茨的实验室工作并学习如何从事 X 射线晶体学方面的研究。[④]

按理说，我应该留在哥本哈根等华盛顿方面的批准，但我认为这没有任何意义。留在哥本哈根只能浪费时间，这种荒唐的事情我不能做。一个星期以前，马勒已经动身到加州理工学院工作去了，他将在那里停留整整一年，而我对卡尔卡式的生物化学也从来没有感兴趣过。虽然依照正式程序，我不能提前离开哥本哈根。但华盛顿方面也无法拒绝我的要求，因为大家都知道卡尔卡那时正处于一种非常不稳定的状态。华盛顿方面必定一直在担心我究竟愿意留在哥本哈根多长时间。而我如果直截了当地说卡尔卡经常不在他的实验室，不但有失风度，而且也不必要。我根本没有考虑过华盛顿方面不同意我到剑桥大学去的可能性。然而，当我回到剑桥大学 10 天后，却收到了卡尔卡转过来的一封令我非常沮丧的信（这封信被寄到了我在哥本哈根的住处）。默克奖学金委员会不同意我转到一个 X 射线晶体学实验室去，理由是我完全没有这方面的知识储备。他们认为我不能胜任晶体学研究工作，因此要我重新考虑学习计划。不过，奖学金委员会却愿意资助我转到位于斯德哥尔摩的卡斯皮森细胞生理学实验室去。

I should like to write in behalf of Dr. Watson and his decision to study physics of high-molecular compounds. Dr. Watson and I have discussed various alternatives for some time and I have contributed towards encouraging him to use the second year of his fellowship to study at another laboratory.

卡尔卡写给美国国家研究委员会拉普博士的信件中的一个片段，该信写于 1951 年 10 月 5 日

④ 卡尔卡表示强烈支持沃森改变计划的这封信是写给美国国家研究委员会默克奖学金委员会的 C. J. 拉普（C. J. Lapp）博士的，标明的日期是 1951 年 10 月 5 日。在信中，卡尔卡这样写道："事实证明，沃森博士拥有良好的判断力，能够选择最适合自己的研究项目，因此，对于他提出去剑桥大学在佩鲁茨博士的指导下学习的申请，应该予以全力支持，我对这一点确信无疑。"同时，沃森也向奖学金委员会递交了申请。这件事情的后果在几个月后才显示出来。

引起麻烦的根源很明显。奖学金委员会的负责人已经不再是汉斯·克拉克（Hans Clarke），而他是卡尔卡在生物化学界的好朋友。当时，克拉克正准备从哥伦比亚大学退休。我的信因此落到了新任主席的手中，而这位新主席更加热衷于指导年轻人。我在否认生物化学能带给我的好处时，话说得有些过头，对此这位新主席相当不快。于是我写信向卢里亚求救，他和新主席算得上熟识。我希望通过卢里亚把我的决定以更恰当的方式解释给新主席听，这样也许能改变当前的决定。[⑤]

⑤ 沃森在写给他妹妹的一封信中说（1951年10月16日）："他们不明白我为什么要离开哥本哈根，所以不批准我前往剑桥大学的计划……我已经给卢里亚写了一封信，请他来帮我解决这个问题……因为他希望我与佩鲁茨一起工作，所以我知道他一定会为我出力的。我已经不再担心这个问题了。"在稍后写给他妹妹的另一封信中（1951年11月28日），沃森说他已经搞清楚了，这个新任主席就是保罗·韦斯（Paul Weiss），一名在芝加哥大学任教的奥地利细胞生物学家。沃森还说，韦斯对他的计谋非常不满。

起先，种种迹象表明，卢里亚的介入可能会促进事情朝合理的方向演变。我收到了卢里亚寄来的一封信，信中说，如果我们愿意做出承认错误的姿态，问题就可以顺利解决。这封信令我精神为之一振。我打算写信给华盛顿方面，向他们解释我来剑桥大学的一个主要原因是研究植物病毒的英国生物化学家罗伊·马卡姆也在这里。随后，我走进马卡姆的办公室对他说，我这个挂名学生将会成为一名模范学生，不会给他带来任何麻烦，因为我的实验仪器不会塞进他的实验室。马卡姆对我的这个计谋很不以为然。他把我这个计谋看成了美国佬不懂得如何正确行事的一个典型例子。不过幸运的是，马卡姆还是答应帮我演完这出无聊的戏。[⑥]

在确信马卡姆不会走漏风声后，我以非常谦卑的语气给华盛顿方面写了一封长信，详细列举了与佩鲁茨和马卡姆一起工作能带给我的所有好处。除此之外，在这封信的末尾，我开诚布公地申明，我已经到了剑桥大学，并且打算一直留在这里直到华盛顿方面做出决定为止。但是，华盛顿奖学金委员会的新任主席迟迟没有回复。直到有一封回信寄到了卡尔卡的实验室，这事才算有了点眉目。信中说奖学金委员会正在考虑我的申请，如果做出了决定，他们马上就会通知我，奖学金支票则继续在每个月的月初寄到哥本哈根。在这种情况下，把支票兑成现金似乎不是一种谨慎的做法。

罗伊·马卡姆在冷泉港实验室参加定量生物学国际研讨会，摄于1953年

不过幸运的是，尽管他们可能不愿意资助我来年研究DNA，但是这种可能性最多只能令我烦恼一阵，从根本上看并不致命。我在哥本哈根时的奖学金津贴是3 000美元，这个数字相当于富裕的丹麦大学生生活费用的三倍。这使我即使在支付了我妹妹新买的两套巴黎时装以后，还可以剩下1 000美元。

⑥ 卢里亚在这封信中列出了韦斯和美国国家科学研究会默克奖学金委员会所需要做的所有事情。对于沃森写给美国国家科学研究会默克奖学金委员会的信，卢里亚很不以为然：“你真是个混蛋！看你写了封什么信！实在愚不可及。”卢里亚还特别指出，沃森的字写得实在太糟糕了，他以这样一段发自肺腑的话结束了这封信：“从现在开始，我不会再读你的信了，除非你是用打字机写的，明白了吗！”

October 20

Dear Jim,

I got your letter on Thursday just before leaving for Washington, and acted swiftly. I spoke with Weiss and with Lapp and told them (note, please!):

1. I suggested you go to Cambridge and arranged with Kendrew for your program there, including chemistry of nucleoprotein with Markham.

2. I promised you I'd write the Committee in August and failed to do so. Therefore, I am to blame (you goddam bastard, you wrote the silliest letter to the Committee about it!).

3. I would write to Weiss a letter asking the Committee to reconsider. The letter goes today. Copy is enclosed. Copies go to Max and to Lapp.

4. There are a variety of places that are interested in getting you after you come back.

Next move in your part: as soon as this letter gets to you, rush to Markham and with tact, without pressuring him, try to formulate an arrangement. Kendrew, in my opinion, is the man to talk to for planning all this in the best way. Remember that we are being somewhat unethical in working all this out a posteriori and that Englishmen are even more puritan than American on such matters. The problem will be not to let the Committee know you are already in England. You see to it yourself. If things go well, you may hear the Committee's OK without more ado. If not, there will be some finesse required. Please write me as soon as you have some plan set.

Your paper has been accepted in J. Bact.

Maaløe will visit here tomorrow. Yours, Lu

P.S. From now on I won't read any more letter from you unless typed. Understand?

My best regards to Kendrew. I'll be in England in April for one week.

卢里亚写给沃森的信，写于 1951 年 10 月 20 日这笔钱足够我在剑桥大学一年的开销了。我的女房东也"帮了我一个忙"。我住了不到一个月，她就把我赶了出来。我的主要"罪状"是在晚上 9 点以后回家时没有脱掉鞋子，因此会产生声响，而那是她丈夫的睡觉时间；我偶尔会忘掉在这个时间不能放水冲洗厕所的禁令；当然，更加"恶劣"的是，我在晚上 10 点以后还要外出。在她看来，这个时间剑桥大学所有机构都关门了，我出去的动机很值得怀疑。这时候，肯德鲁和他的妻子伊丽莎白·肯德鲁（Elizabeth Kendrew）帮了我一个大忙，他们把位于网球场路的一个小房间让给我住，几乎不收取任何租金。[7]虽然这个房间潮湿得令人难以相信，它仅有的取暖设备也只是一个老掉牙的电热炉，但我很乐意住在这里。尽管在这里可能会染上肺结核，但与朋友住在一起无论如何都比找其他地方住要好得多。就这样，我决定开开心心地住在网球场路的这个房子里，直到我的经济状况好转为止。[8]

[7] 对于在剑桥大学的第一个住处，沃森一开始就怀疑自己住不长久。他在 1951 年 10 月 9 日写给他妹妹的信中说："我住的房间虽然没有什么特别，但好在足够大。然而我怀疑，我可能住不了多长时间，因为房东似乎希望保持绝对安静，她对我经常在晚上 10 点 30 分以后回家相当不满。一旦找到更好的住处，我将毫不犹豫地搬离这里。"

后来，在给他妹妹的另一封信中（写于 1952 年 1 月 28 日，但沃森误记为 1951 年 1 月 28 日），沃森表示，住的方面已经有所改观了："我的住所虽然有些不稳定，但比以前好。我现在与约翰·肯德鲁住在一起，虽然这是一栋几乎没有装修过的房子，但是这里的气氛很愉快，与以前每天听苛刻的女房东唠叨的日子相比，现在的日子好过多了。"

[8] 尽管居住的环境比较恶劣，但是沃森很快就发现，自己非常享受在剑桥大学的文化生活，正如他于 1951 年 11 月 4 日写给妹妹的一封信中所说："表面上剑桥大学非常安静，这是你可以想象到的。一到晚上，所有的商店都早早关门，这里也根本不存在像皇家咖啡馆这样的酒吧。然而，这里的生活并不平淡（或不一定平淡）……上星期四晚上，我到当地剧院看了 T. S. 艾略特（T. S. Elliott）的《鸡尾酒会》（*Cocktail Party*）。我必须承认，我并不是很喜欢这个戏剧，但是这个晚上我确实过得很开心。艾略特用来解决生活中的问题的方法，我觉得难以令我满意，尤其是我没有成为一名圣徒的想法。也许，该剧更适合阅读而不是观看现场演出。从看电影的角度来说，剑桥大学也相当不错，因为这里差不多有 8 家电影院，其中至少有两家是专门放映国外有影响力的"知识分子"类影片的，我发现自己没有太多时间去看。明天晚上，迈拉·赫斯（Myra Hess）将举行奏鸣曲独奏音乐会。下个星期，田纳西·威廉斯（Tennessee Williams）的《夏日烟云》（*Summer and Smoke*）也将在艺术剧院上演。"

07 与克里克的第一次相见

从走进卡文迪许实验室的第一天起，我就知道自己在一个相当长的时期内都不会离开剑桥大学了，因为我很快就发现和克里克交谈真是乐趣无穷，离开剑桥真的太愚蠢了。[①]在佩鲁茨的实验室里，居然可以找到一个同样认为 DNA 比蛋白质更加重要的人，我真是太幸运了。而且，还有一件事也使我如释重负：我不用再花很多时间去学习蛋白质 X 射线衍射分析技术了。午餐时，我和克里克的交谈很快就集中到了一个问题上，即基因是如何组合在一起的。在我刚到剑桥大学后的几天之内，就和克里克明确了我们的研究方向——模仿鲍林并以其之矛攻其之盾。

鲍林在多肽链研究方面取得的成功提醒了克里克，用同样的方法或许可以解决 DNA 的结构问题。但是，只要克里克身边的人没有认识到 DNA 是万物之本，那么与国王学院实验室在人事方面潜藏的矛盾就会使他无法真正开始研究 DNA。而即使血红蛋白的结构分析算不上剑桥大学最重要的研究课题，克里克在卡文迪许实验室待的两年时间也并非毫无作为。当时蛋白质研究领域冒出了无数新问题，迫切需要有人从理论角度进行解释。

[①] 沃森在写给德尔布吕克的一封信中（1951 年 12 月 9 日）热情地称赞了克里克：“研究小组中最有意思的成员是一个名叫弗朗西斯 · 克里克的研究生……无疑，他是我曾经合作过的最聪明的人，也是最接近鲍林那类人的一个人……他无时无刻不在思考和讨论。我的大部分业余时间都是在他的房子里度过的（他有一个非常迷人的法国妻子，是一个出色的厨师）。我发现，只要和克里克在一起，我的思维就会大大活跃起来。”

克里克也明确指出了与沃森不断讨论的重要性：“我有充分的理由相信，如果沃森被一只网球打死了，我自己一个人是不可能解决 DNA 结构问题的。”

沃森、克里克与卡文迪许实验室同事的合影，摄于 1952 年

沃森和克里克在国王学院的后院散步，背景是国王学院教堂和克莱尔学院，摄于 1952 年

约翰·肯德鲁正在制作肌红蛋白模型，摄于1958年

但在我到达卡文迪许实验室后，克里克就只想着与我讨论基因问题，他再也不想把有关DNA的想法束之高阁了。当然，他也不打算放弃对实验室内其他问题的兴趣。而他每个星期花几个小时思考DNA，并帮助我解决一两个重要问题，应该也不会有人介意。

不久之后，肯德鲁就看出我不大可能帮助他解决肌红蛋白的结构问题了。由于他无法制备肌红蛋白的大晶体，一开始他还希望我能在这方面助他一臂之力。但是，任何人都能看出来，我的实验技术还比不上实验室里的那位瑞士化学家。在到剑桥大学大约两星期后的某一天，为了制备新的肌红蛋白晶体，我们到一家屠宰场去取马的心脏。如果我们运气好，把马的心脏立即冷冻起来使其免遭破坏，就有可能避免肌红蛋白不能结晶的问题。后来，我们费了九牛二虎之力试图得到结晶，但最终的结果并不比肯德鲁成功。从某种意义上说，这个结果倒是使我解脱了。因为如果结晶成功的话，肯德鲁可能会要求我继续从事蛋白质X射线衍射研究。[②]

[②] 肯德鲁是从1947年开始研究肌红蛋白的，肌红蛋白的大小相当于血红蛋白的1/4。一直到1952年，在检测了海豹、企鹅和儒艮等无数动物的肌红蛋白后，肯德鲁终于发现，抹香鲸肌红蛋白的结晶体可以进行X射线衍射分析。1958年，肯德鲁发表论文，公开了（低分辨率的）肌红蛋白结构。1962年，肯德鲁与马克斯·佩鲁茨一起获得了诺贝尔化学奖。

制备晶体的失败为我和克里克每天进行几个小时的交谈消除了障碍。当然，一天到晚光是空谈是不行的，这样做连克里克也吃不消。于是，当他在推导公式过程中碰到困难时，他就会问我一些噬菌体方面的问题；而在其他时间，克里克就努力教我晶体学知识，这些知识通常只能通过耐心阅读专业期刊上刊载的论文才能获得。最重要的是，我们认真讨论了鲍林的思路，以便搞清楚他究竟是怎样发现 α-螺旋的。

不久之后，我就明白了，鲍林的成功其实是建立在常识基础之上的，并不是复杂数学推导的结果。虽然在他的论证过程中不时会出现一些公式，但是在大多数情况下，用自然语言进行阐述也就足够了。鲍林成功的关键在于运用了结构化学的简单定律。鲍林之所以能够发现 α-螺旋，不是靠盯着X射线衍射图谱看的；恰恰相反，他的主要方法是探讨原子之间的相互关系。不用纸和笔，他的主要工具就是一组分子模型。从表面上看，这些模型与学龄前儿童的玩具非常相似。

因此，我们为什么不用同样的方法去解决DNA的结构问题呢！我找不到任何反对的理由。我们所要做的，无非是先制作一系列的分子模型，然后把玩它们。如果我们运气足够好的话，也许会发现 DNA 的结构也是螺旋形的。任何其他类型的结构都要比这种结构复杂得多。在没有排除存在简单答案的可能性之前就去考虑复杂答案，无疑非常愚蠢。如果一味地探寻复杂的结构，鲍林也不可能取得任何成果。在我与克里克第一次讨论时，我们假定 DNA 分子包含了大量核苷酸，这些核苷酸按直线排列的方式有规律地联结在一起。我们这样推理是基于简洁性的考虑。

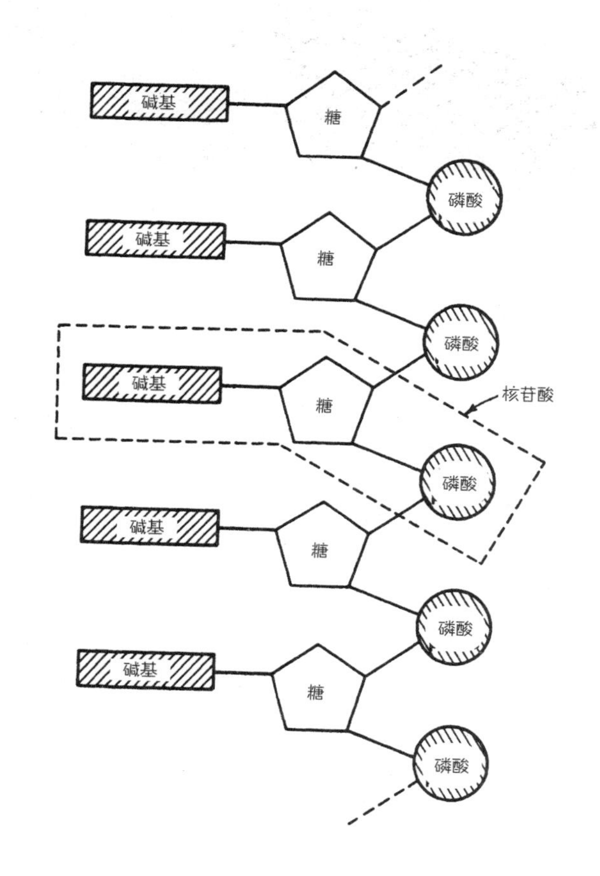

亚历山大·托德（Alexander Todd）的研究小组在 1951 年时设想的 DNA 结构中的“一小段”。他们认为，所有核苷酸之间的联系都是通过磷酸二酯键实现的，这种键将一个核糖上的 5 号碳原子联结到相邻核糖的 3 号碳原子上。这个研究小组的成员都是有机化学家，他们关心的是原子如何联结在一起，而没有考虑晶体学家关心的原子的三维排列问题

亚历山大·托德和莱纳斯·鲍林在康河划船，摄于 1948 年

虽然亚历山大·托德实验室的那些有机化学家认为，这就是核酸的基本排列方式，但他们还不能用化学方法证明所有核苷酸之间的键都是相同的，他们离这一步还远着呢。③

③ 亚历山大·托德是剑桥大学的有机化学教授。托德以合成维生素 B_1 和 B_{12} 而出名，并在 1957 年荣获诺贝尔化学奖。20 世纪 50 年代初，托德致力于研究核苷酸问题，他说明了核苷酸是如何联结成多核苷酸链的。对比一下第 48 页弗洛伦丝·贝尔（Florence Bell）与威尔金斯和戈斯林拍摄的照片，就可以发现两者之间的分辨率差距十分明显。

如果 DNA 分子中的核苷酸不是规律性排列的，我们就无法理解 DNA 分子怎么能像威尔金斯和富兰克林指出的那样，堆积在一起形成结晶聚合体。因此，假定今后在这方面没有新见解问世，那么把 DNA 的糖－磷酸骨架看成是规律性排列的，并试图找到一种三维螺旋构型（其中所有的主干基团都处于相同的化学环境之中），就可能是解释 DNA 分子结构的最佳方法，除非最后发现，在这个方向上的探索不可能有任何新进展。

很快我们就发现，解决 DNA 结构比解决蛋白质的 α－螺旋结构更加困难。在 α－螺旋中，单一的多肽链（即许多氨基酸的集合）是通过自身基团之间的氢键聚拢起来后折叠成螺旋形的。但威尔金斯曾经对克里克提及，DNA 分子的直径比一条单独的多核苷酸链（许多核苷酸的集合）的直径要大些。因此，威尔金斯认为 DNA 是一个复杂的螺旋，包含了几条相互缠绕在一起的多核苷酸链。如果事实果真如此，那么在开始认真构建模型以前，必须先搞清楚这些多核苷酸链之间究竟是通过氢键联结在一起的，还是通过与带负电荷的磷酸基有关的盐键联结在一起的。

再者，人们已经发现 DNA 含有四种不同的核苷酸，这个事实使问题更加复杂化了。在这个意义上，DNA 其实并不是一种有规律的分子，而是一种高度无规律的分子。但这四种核苷酸并不是完全不同的。每种核苷酸都含有相同的糖和磷酸成分，将它们区别开来的是各自的含氮碱基成分。这种含氮碱基要么是嘌呤（腺嘌呤和鸟嘌呤），要么是嘧啶（胞嘧啶和胸腺嘧啶）。

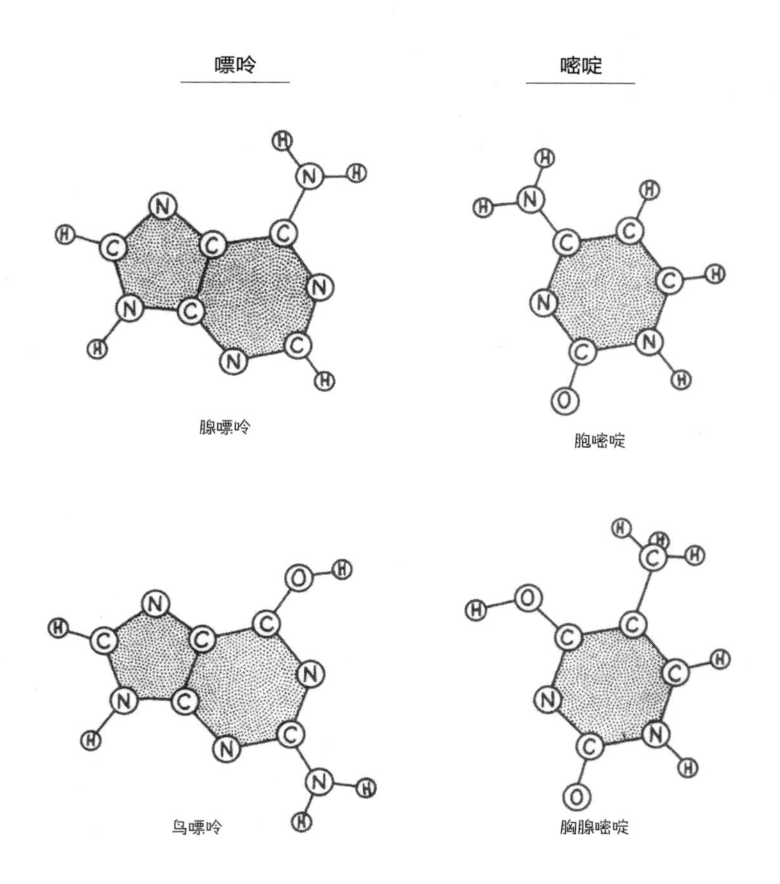

1951 年前后，人们通常用上面这种方法来表示 DNA 的四种碱基的化学结构式，其中鸟嘌呤及胸腺嘧啶皆以烯醇式构型呈现，但实际上这种方式存在争议，本书第 26 章也对此进行了讨论。此外，因为没有标出位于五元环和六元环的电子，所以每个碱基都呈现为平面，厚度为 0.34 纳米

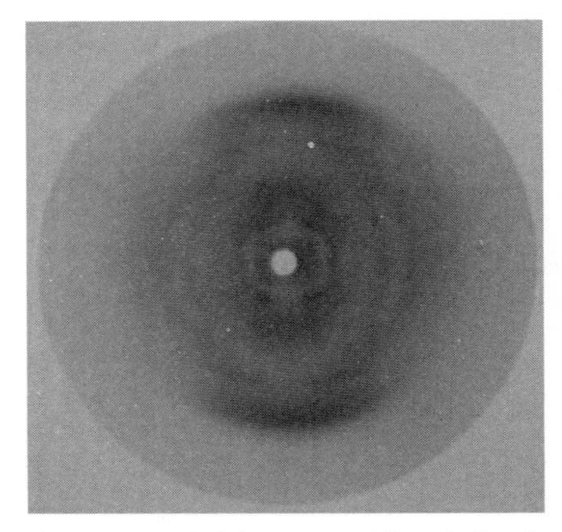

弗洛伦丝·贝尔拍摄的DNA结构X射线衍射照片（取自她的博士论文），摄于1938年

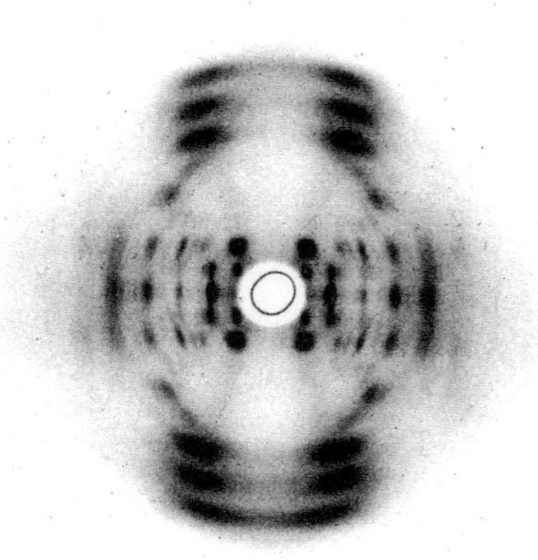

威尔金斯和戈斯林拍摄的X射线衍射照片，分辨率的改善显而易见

阿斯特伯里，摄于20世纪50年代

由于核苷酸之间的联结只与糖和磷酸有关，因此我们的假设——相同的化学键联结了所有核苷酸——不受任何影响。于是，在构建分子模型的过程中，我们假定糖-磷酸主干是非常有规则的，而其中的碱基序列则是非常不规则的。如果碱基序列相同的话，那么所有的DNA分子就全部相同了，将不同基因区分开来的多样性也就不复存在了。

虽然鲍林在几乎没有任何X射线衍射资料的条件下解决了α-螺旋结构问题，但是他还是了解那些X射线衍射资料的，并且也在一定程度上将它们考虑进去了。根据X射线衍射资料，我们就可以很快地淘汰掉一大部分可能的多肽链的三维构型。如果我们有机会利用精确的X射线衍射资料，就能更快地提出更加精确的DNA结构模型。事实上，只需要浏览一下DNA的X射线衍射图片，就能避免在开始时走上弯路了。幸运的是，在已经发表的文献中，我们找到了一张不怎么清晰的DNA图片。它是英国晶体学家阿斯特伯里在5年前拍摄的。在我们开始构建模型的初期，它派上了不小的用场。[4]

[4] 20世纪20年代，阿斯特伯里与威廉·亨利·布拉格爵士一起在皇家研究院工作。1928年，阿斯特伯里来到了利兹大学，对各种自然物质（例如，煤炭、毛发和豪猪刺）的结构进行了开创性的研究。

弗洛伦丝·贝尔于1937年加入阿斯特伯里的研究团队，她也在卡文迪许实验室和曼彻斯特大学物理学系工作过。1939年，她因在DNA领域的研究被授予博士学位。

阿斯特伯里和弗洛伦丝·贝尔，摄于 1939 年

如果在一开始时就能够得到威尔金斯所拥有的更加清晰的 DNA 晶体 X 射线衍射图片，我们也许可以节省六个月到一年的时间。但威尔金斯是图片的所有者，这个事实令我们既苦恼又无奈。

要想拿到威尔金斯的照片，除了和他商量以外别无他法。不过令我们又惊又喜的是，克里克竟然毫不费力地说服了威尔金斯，后者答应在某个周末到剑桥大学来。威尔金斯很快就接受了 DNA 结构是螺旋形的观点。这不仅是因为螺旋形结构这种猜测显而易见，而且威尔金斯自己在剑桥大学举行的一个夏季讨论会上也已经使用过“螺旋”一词。事实上，在我第一次来到剑桥大学的六周之前，威尔金斯曾经把那张 DNA 结构 X 射线衍射图谱拿出来展示过，那张图谱的一个引人注目之处在于，在子午线上看不到任何反射迹象。威尔金斯的同事、理论家亚历克斯·斯托克斯（Alex Stokes）告诉他，这个现象与螺旋结构相符。据此，威尔金斯猜想 DNA 的螺旋结构是由三条多核苷酸链构成的。[⑤]

然而，在一个关键问题上，威尔金斯并不同意我们的看法。我们认为，利用鲍林构建模型的方法，即使没有更多的 X 射线衍射结果，也能很快解决

[⑤] 在写给妹妹的一封信中（1951 年 11 月 14 日），沃森这样描述威尔金斯：“……他看上去挺快乐的，有时又显得有点搞笑，因为他所走的每一步，都必须踏准‘中间立场’。”

莫里斯·威尔金斯，摄于 20 世纪 50 年代

DNA 的结构问题。我们平时闲谈时也总是会涉及富兰克林。她引发的麻烦正在与日俱增。她现在甚至坚持认为，即便是威尔金斯本人，也不应该继续拍更多的 DNA 的 X 射线衍射照片了。威尔金斯想方设法地试图说服富兰克林，但他显然是一个非常糟糕的谈判者。威尔金斯把自己刚开始进行这方面研究时所用的全部的高质量 DNA 晶体都拱手让给了富兰克林，并让步说自己仅研究其他 DNA，结果到了后来他才发现留下来的 DNA 无法结晶。[6]

[6] “质量较高的 DNA 晶体”是由瑞士科学家鲁道夫·塞纳（Rudolph Signer）为威尔金斯准备的。在富兰克林将这些 DNA 晶体占为己有后，威尔金斯转而使用由埃尔文·查加夫（Erwin Chargaff）制备的 DNA，但他发现这些样品根本不能产生结晶纤维，这令他非常沮丧。

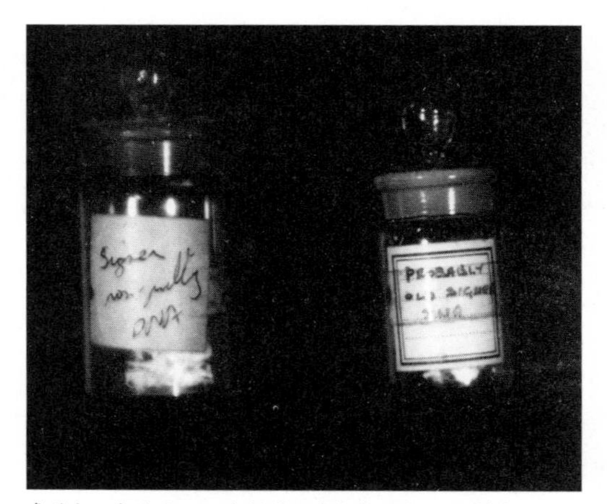

鲁道夫·塞纳于 1950 年提供给威尔金斯的 DNA 样本

事态还在进一步恶化，最后发展到了富兰克林甚至不肯把自己得到的最新结果告诉威尔金斯的地步。威尔金斯一直被蒙在鼓里，他了解事情真相的最早时间很可能是在三个星期之后，那是在 11 月中旬，当时富兰克林已经准备好了要开一个讨论会，总结她过去 6 个月来的研究工作。威尔金斯说，欢迎我去参加富兰克林的讨论会，对此我当然非常高兴。这使我有生以来第一次真正有了学好 X 射线晶体学的动力，我希望自己不会听不懂富兰克林要讲的内容。

08 克里克与布拉格爵士的恩怨

令我深感意外的是，还不到一个星期，克里克对DNA的兴趣突然降到了冰点。这源于他决定对无视（不尊重）他学术观点的一位同事提出指控，而且这位被指控的人不是别人，正是布拉格爵士。这件事发生在我到达剑桥大学还未满一个月的时候。一个星期六的上午，马克斯·佩鲁茨把布拉格爵士和他自己在前一天写好的阐述血红蛋白分子形状的一篇论文的草稿交给了克里克。克里克在快速浏览后开始大发雷霆，因为他发现这篇论文在论证时依据的理论观点是他在大约9个月之前提出来的。更糟糕的是，克里克记得他当时曾兴高采烈地将这些观点解释给了实验室里所有的人听，但是这篇论文中对他的贡献丝毫没有提及。[①]克里克立即跑到佩鲁茨和肯德鲁那里告诉他们，他对这种做法感到非常愤怒。然后，他又急匆匆地赶到了布拉格爵士的办公室，希望布拉格爵士向他道歉，或者至少也要给他一个解释。但当时布拉格爵士不在办公室，克里克只得等到第二天上午再说。而在耽搁了一个晚上之后，克里克就更加难以在这种对抗中占据上风了。

劳伦斯·布拉格爵士坐在卡文迪许实验室的个人办公室里

① 马克斯·佩鲁茨和布拉格爵士的这项研究后来于1952年分为三篇论文公开发表。唯一一处对克里克的帮助表示感谢的地方出现在其中一篇论文中："我们感谢……克里克先生和赫胥黎先生的帮助，后者拍摄了一些本文所需的照片。"

布拉格爵士断然否认他以前曾经听说过克里克的相关观点，并且说克里克指责他偷偷挪用了其他科学家的观点，使他觉得受到了莫大的侮辱。而另一方面，克里克则认为，他绝对无法相信布拉格爵士竟然会如此迟钝，以至于忽视了他常常提起的观点。这种当面对峙使得克里克无法再与布拉格爵士交谈下去，不到10分钟他就气冲冲地离开了。

在布拉格爵士看来，这次见面简直成了压倒骆驼的最后一根稻草。他与克里克的关系本来就非常糟糕。布拉格爵士解释说，几个星期前的一天晚上，他

老鹰酒吧的庭院，它位于贝内特大街，距离卡文迪许实验室不足百米，摄于 1937 年

忽然想到了一个非常好的想法，后来他和佩鲁茨一起写论文时就把这个想法写了进去。而在他向佩鲁茨和肯德鲁说明这个想法时，刚好克里克也在那里。令布拉格爵士火冒三丈的是，克里克不但没有立刻接受这种解释，反而宣称要去检验一下布拉格的观点究竟是对是错。见到此景，布拉格爵士再也无法忍耐下去了，他的血压急剧升高，不得不回家去了，而他很可能已经把克里克这个“问题儿童”所干的蠢事告诉了他的妻子。

这次激烈的争吵对克里克来说简直是一场灾难。回到实验室后，他满脸的尴尬表情大家都了然于心。布拉格爵士在打发克里克离开他的办公室时，生气地告诉克里克，等克里克的博士课程完成以后，他需要慎重考虑是否要继续让克里克留在实验室工作。克里克则变得提心吊胆，因为他担心自己不久之后也许不得不另找一个新工作了。那天午饭我们去了克里克常去的老鹰酒吧，平日里的笑声不见了，气氛很是压抑。

克里克在剑桥大学的房顶上小憩

克里克的担忧不无道理。虽然他清楚自己聪颖过人，而且能够经常提出新的、与众不同的想法，但是他还没有取得突出的学术成就，也还没有获得博士学位。克里克出身于一个殷实的中产阶级家庭，中学时就读于米尔希尔

学校，后来又到伦敦大学学院学习物理。第二次世界大战爆发时，克里克已经开始攻读博士学位了。但与当时所有其他英国的科学家一样，克里克也选择了投笔从戎，加入了军队。他在所属英国海军的科学机构服务，在那里他工作起来干劲十足。虽然许多人对他滔滔不绝的议论感到不满，但为了赢得战争，也因为克里克在生产精密的磁性水雷中的突出贡献，大家选择了忍耐。[②]但是，战争一结束，他的许多同事就觉得没有理由继续将他留下来了。有一段时期，他们甚至使克里克一度深信自己在那个科学机构中不会有任何前途。

再者，克里克对物理学已经心灰意冷，于是决定转而研究生物学。在生理学家 A. V. 希尔（A. V. Hill）的帮助下，他申请到了一笔数目微薄的奖学金，并于 1947 年秋天来到剑桥大学。[③]一开始，克里克在斯特兰奇韦斯实验室准备从事真正意义上的生物学研究，但是他只接触了一些无关紧要的工作。

两年后，克里克来到了卡文迪许实验室，与佩鲁茨和肯德鲁一起工作。[④][⑤]在这里，克里克再次激发起了自己对科学的兴趣，并下定决心一定要获得博士

剑桥大学斯特兰奇韦斯实验室

[②] 伦敦大学学院的物理学实验室在第二次世界大战期间停用，当时它必须与北威尔士学院（即现在的班戈大学）物理学系共用研究设施。克里克被征召入伍，进入了海军研究实验室，并被分配到了水雷设计部门，专门负责设计地雷的导管，他在这个方面取得了很大的成就。

A. V. 希尔，著名生理学家

[③] A. V. 希尔是著名生理学家，1922 年诺贝尔生理学或医学奖获得者，是他建议克里克研究生物学的。

[④] 托马斯·皮格·斯特兰奇韦斯（Thomas Pigg Strangeways）于 1905 年创办了一家研究型医院，并于 1912 年创办了斯特兰奇韦斯实验室。这个实验室的建筑被有意地设计为住宅的形式，以便在实验室陷入资金困境时转为住宅出售。

⑤ 在阿瑟·休斯（Arthur Hughes）担任主任的斯特兰奇韦斯实验室，克里克研究过细胞质的黏度。他发现在组织培养液中的细胞会捕获铁颗粒，而用磁体可以使这些铁颗粒在细胞质里面移动。克里克在《实验细胞研究》上发表了两篇论文，一篇是与休斯合作的实验研究，另一篇是他本人的理论研究。

Watson

with the author's compliments

Reprinted from Experimental Cell Research, Vol. 1 No. 1, 1950.

THE PHYSICAL PROPERTIES OF CYTOPLASM

A STUDY BY MEANS OF THE MAGNETIC PARTICLE METHOD

Part I. Experimental

F. H. C. CRICK and A. F. W. HUGHES

Strangeways Research Laboratory, Cambridge, England

Received October 5, 1949

A. INTRODUCTION

THIS PAPER has two aims: first to describe our experimental work on the physical properties of the cytoplasm of chick fibroblasts in tissue culture, with a short discussion of its implications and secondly to present such details of the magnetic particle method as to enable other workers to use it.

A second part will be devoted to the theory underlying these methods.

Watson

Reprinted from Experimental Cell Research, Vol. I, No. 4, 1950.

THE PHYSICAL PROPERTIES OF CYTOPLASM. A STUDY BY MEANS OF THE MAGNETIC PARTICLE METHOD. PART II. THEORETICAL TREATMENT

F. H. C. CRICK

Strangeways Research Laboratory, Cambridge

Received February 9, 1950

A. INTRODUCTION

IN Part I (1) a method was described for measuring some of the physical properties of the cytoplasm of chick cells in tissue culture by means of magnetic particles. The cells were allowed to phagocytose these particles, which were then acted on by magnetic fields, their movements being observed simultaneously under high magnification.

In this paper the theoretical basis for the experimental methods used has been set out. The results are mainly standard pieces of magnetism and hydrodynamics, but as they are scattered about in the literature it was thought worth while to bring them all together in one place.

沃森复印的克里克的第一篇生物学论文

Biophysics Research Unit
UNIVERSITY COLLEGE LONDON
GOWER STREET, W.C.1.
EUSTON 4400

AVH/JVF 11th March, 1949.

Dear Crick,

Thank you for letting me know about your decision. I expect you are quite right. If the X-ray diffraction studies of protein are what interest you most, in spite of any deterrent I may have exerted, you can be reasonably sure that your decision is the best one.

希尔写给克里克的信

学位。最后，克里克被凯厄斯学院录取为研究生，导师是佩鲁茨。[⑥]从某种意义上说，对于像克里克这样头脑灵活、手脚麻利且不满足于博士论文研究主题的人来说，攻读博士学位其实是一种负担。但另一方面，这个决定也给他带来了未曾预料到的好处：他与布拉格爵士闹翻时还没有获得博士学位，因此，布拉格爵士很难马上把他扫地出门。

到了这个地步，佩鲁茨和肯德鲁连忙赶来救场。他们帮克里克向布拉格爵士说情。最后，肯德鲁证明克里克以前曾写下过那个想法，而布拉格爵士则让步称，是两人各自独立地提出了那个想法。布拉格爵士冷静下来后，要克里克离开的这件事被悄悄搁置了起来。但是，留下克里克对布拉格爵士来说并不容易。一天，失望情绪涌上心头后，布拉格爵士又说克里克使他伤透了脑筋。他也确实怀疑是否真的有必要继续留下克里克。毕竟克里克已经35岁了，这么多年来一直在无休无止地夸夸其谈，几乎没有完成过任何有根本性价值的工作。[⑦]

⑥ 在听说克里克将会从事蛋白质结构研究后，希尔给他写了一封信。在信中，希尔安慰自己说："……与确实知道生命物质的性质是什么的人在一起是一件好事。"克里克在佩鲁茨的指导下进行的研究，是试图对含水量不同的各种血红蛋白结晶体用X射线衍射技术进行分析，以此来搞清楚血红蛋白的结构。他的博士论文的题目是《X射线衍射：多肽和蛋白质》。

⑦ 布拉格爵士将克里克视为希尔的"门生"。在一封写给希尔的信中（日期为1952年1月18日），布拉格爵士表达了他对克里克的担忧："我很担心他（克里克）……我担心的是，我们几乎不可能让他定下心来安安静静地完成任何工作。我怀疑他是否已经准备了足够的材料去申请博士学位……他本来应该在今年获得博士学位……我想采取一些措施，帮助他走上正轨。"

09 理论与模型

幸运的是，不久之后出现了一个从事理论工作的新机会，它使得克里克重新振作了起来。就在与布拉格爵士闹翻几天后，晶体学家弗拉基米尔·范德（Vladimir Vand）给佩鲁茨写了一封信，信中讨论了关于螺旋分子的 X 射线衍射理论。当时，整个卡文迪许实验室的研究兴趣几乎都集中在螺旋结构上（很大程度上是因为鲍林提出了 α－螺旋模型），但还没有出现一个普遍适用的理论，可以用来检验各种模型，同时证实 α－螺旋模型的各种细节。范德希望他提出的这个理论能做到这些。

克里克很快发现范德的理论存在严重的错误，摩拳擦掌地想要提出一个正确的理论。他立即跑到楼上，与比尔·科克伦（Bill Cochran）讨论起来。科克伦是一位身材矮小、斯文沉静的苏格兰人，时任卡文迪许实验室的晶体学讲师。在剑桥大学所有从事 X 射线衍射工作的年轻一代学者当中，科克伦是最聪明能干的。尽管他没有直接参与生物大分子的研究工作，但他总能敏锐地提出独到而合理的看法，为克里克不断探索理论提供试金石。每次当科克伦告诉克里克，他的某个观点不够完善甚至不可能成立时，克里克都相信科克伦是出于好心，而不是怀着职业上的妒忌心理。不过这一次，科克伦没有怀疑克里克的观点，因为科克伦自己也发现了范德论文中的错误，而且已经开始思考正确答案究竟是什么。几个月来，佩鲁茨和布拉格一直在敦促科克伦建立一个螺旋理论，但是他还没有付诸行动。现在，克里克也对科克伦施加了压力，所以他开始认真考虑怎样把自己的理论用公式表示出来。[①]

比尔·科克伦

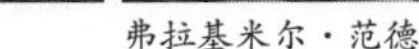

弗拉基米尔·范德

那一天上午的其余时间里，克里克沉浸在数学公式里，因而异乎寻常地沉默。

[①] 弗拉基米尔·范德是一位捷克的晶体学家，他后来到了宾夕法尼亚大学，研究月球物质样本。

比尔·科克伦之所以不愿提出螺旋理论，是因为他“……确信不可能用 X 射线衍射的方法确定蛋白质的结构”。

克里克和奥迪尔在他们的婚礼上，摄于1949年8月13日。与克里克邂逅时，奥迪尔是一个皇家海军女子服务队队员。他们伉俪情深，一起携手过了长达55年的婚姻生活

在老鹰酒吧吃午饭时，克里克突然感到一阵剧烈的头痛，因此不得不放弃返回实验室的想法回到了家里。在家里，他坐在煤气炉前，感到百无聊赖，于是又开始埋头钻研数学公式，不一会儿就找到了答案。他和妻子奥迪尔·克里克（Odile Crick）已经接受了剑桥一家较好的葡萄酒商的邀请，要去一家名为马修斯父子公司的酒行那里品酒。在那些天，这个邀请大大提振了克里克的“士气”，因为这意味着他已经被剑桥大学那些时尚风趣的人接受了，这使他忘记了那些道貌岸然的学者对他的排斥。

克里克和奥迪尔把自己住的房子称为“翠扉”（Green Door），那是一个面积不大、房租便宜的套间，位于一幢有着百年历史的建筑顶楼。从这幢建筑出发走过大桥街，就是圣约翰学院（St. John’s College)。克里克住的地方说到底只有两个房间，一间是起居室，一间是卧室，其他房间则小到可以忽略不计，例如盥洗室就非常小，放在里面的洗澡盆相较之下显得特别大，特别引人注目。房子虽然很小，但是由于奥迪尔的巧妙布置，显得非常精致，给人一种心情愉悦的感觉（如果不能用童心未泯来形容的话）。

马修父子公司，剑桥较好的酒商之一

克里克和奥迪尔的爱巢"翠扉"，图中左边的房子遮掉了一个通往顶楼的克里克家的楼梯

正是在克里克家里，我第一次体验到了英国知识分子家庭的日常生活气息。相比之下，我刚来剑桥大学时居住的那幢维多利亚式的住宅里，没有一丝一毫的这种气息，尽管它离基督草坪不过区区几百米远。

当时，克里克与奥迪尔已经结婚三年了。这是克里克的第二次婚姻，他的第一次婚姻没能维持多久。克里克和前妻生了一个男孩，叫迈克尔（Michael），由克里克的母亲和姑妈照顾着。[②]奥迪尔比克里克小 5 岁，在她来到剑桥大学之前，克里克已经过了几年单身生活。她的到来使克里克更加厌恶英国中产阶级的生活方式，那些人表面上以划船和打网球等"有益运动"为乐，实际上却过着墨守成规的生活。像克里克这种个性鲜明的人实在无法接受那样的生活方式。克里克既不关心政治，也不关心宗教。他认为宗教作为历代相传的一种错误，完全没有任何理由继续传承下去。但对于克里克和奥迪尔是否真的对政治没有丝毫热情，我不是很确定。或许是因为他们都见识过战争的可怕，只希望忘掉战争给人们带来的不幸。他们吃早餐时从来不看《泰晤士报》，只看《时尚》（*Vogue*，一本时尚杂志），这是他们订阅的唯一一份杂志，克里克经常就其中的内容发表长篇大论。[③]

[②] 克里克和前妻多琳·多德（Dorren Dodd）1940 年 2 月 18 日结婚，当年 12 月，他们的儿子迈克尔出生。在第二次世界大战期间，克里克大多数时间都留在哈文特的军方机构里，与家人分隔两地。

[③] 后来，在评论沃森的《双螺旋》手稿时，克里克这样写道："我一直认为政治这件事很无趣，当然，对那些消息灵通的局内人来说是另一回事。因此，我们从未订过任何一种日报，你在早餐时当然也就看不到《泰晤士报》了。"（摘自 1966 年 3 月 31 日克里克写给沃森的信）

在那段时间里，我经常到“翠扉”吃饭。在餐桌上，克里克总是急于继续我们的讨论，而我则趁机大快朵颐。这是难得的机会，英国饭菜很令我倒胃口，以至于我经常担心自己会不会得胃溃疡。奥迪尔的母亲是法国人，她幼承庭训，对那些在吃住方面完全没有想象力的所谓英国中产阶级非常不以为然。也正因为如此，克里克根本不羡慕那些“高桌吃饭”的老学究。不可否认，这些学究所吃的“高桌饭菜”比他们的妻子准备的食物要好得多，因为他们的妻子只会准备一些味道寡淡、色彩单调的肉食、土豆和蔬菜，再把它们和普通的糕点混在一起，烹饪出不知所云的大杂烩。与此相反，克里克家却有着真正的美味，在他家就餐令人心情振奋，特别是酒过三巡，话题转到剑桥大学里的那些“宝贝”身上时，气氛就更加轻松愉快了。[④]

克里克从来不掩饰他对年轻女子品头论足的兴致，这些女子或者年轻貌美，或者在某个方面有值得谈论的突出之处，又或有着让人取乐逗趣的奇异之处。在年轻时，克里克对女人根本不以为意，是后来才发现她们可以给生活带来很大乐趣的。奥迪尔对克里克的这个“癖好”不但毫不介意，反而加以鼓励，她可能认为这能够帮助克里克这个来自北安普顿的科学家摆脱枯燥乏味的生活习惯。[⑤]他们还经常谈论剑桥大学里颇有些附庸风雅的社交圈子，奥迪尔虽然涉足未久，但是他们夫妇还是不时会收到邀请。至于我和克里克的谈话内容就更是海阔天空了，克里克还喜欢自嘲，经常说起自己偶尔犯下的错误。他讲起一次在一个化装舞会上，他粘上红胡子打扮成了年轻时的萧伯纳，然而，他一走进舞池就发现自己犯了一个莫大的错误，因为当他走近年轻女性，试图去吻她们的脸颊时，没有一个人愿意接受。因为她们都不喜欢他那团潮湿的乱蓬蓬的胡子。

不过，克里克夫妇出席的那个品酒会上没有任何年轻女子出席，这使克里克和奥迪尔觉得很失望。一起参加这个品酒会的都是剑桥大学各个学院搞行政管理工作的头头脑脑，这些人滔滔不绝地谈论的都是他们承担的繁重的行政事务，而克里克和奥迪尔对这些事情毫无兴趣。因此，他们提早退席返回家中。意想不到的是，回到家后克里克变得非常清醒，于是又继续埋头思索起来。

[④] 根据《牛津英语词典》，“宝贝”（popsy）是对年轻女孩的昵称，它最早出现于1862年出版的一本童书《可爱少女与馅饼》（*Pippins & Pies*）中。

[⑤] 对一个漂亮女子会对克里克产生的影响，奥迪尔曾经这样描述过：“她一出现，就令克里克语无伦次。他竭尽全力想引起她的注意，这个想法压倒了一切。”

第二天早晨，克里克早早地来到实验室，告诉佩鲁茨和肯德鲁他获得了成功。几分钟后，在科克伦走进他的办公室后，克里克又对科克伦重复了一遍。但还没等克里克讲完，科克伦说自己也已经获得了成功。于是，他们两人马上拿起笔把各自的证明过程列了出来，结果发现科克伦用的推理方式比克里克的更加简练，不过值得高兴的是，他们得到的最终答案是相同的。后来，他们又用佩鲁茨的血红蛋白X射线衍射图检验了 α-螺旋模型，得到的结果与他们的理论推导完全一致。这些材料作为有力的证据，验证了鲍林的模型和他们自己的理论的正确性。⑥

短短几天之后，他们就完成了论文撰写和润色工作，并把稿子以快件形式寄给了《自然》杂志，同时还寄了一份复印件给鲍林鉴赏。对于克里克来说，这是他第一次无可置疑地获得了成功，这是一场非常有意义的胜利。想想也真有意思，一旦没有女人掺和，他就好运相随了。⑦

卡文迪许实验室全体成员的合影。前排右起第二位是比尔·科克伦，第二排最左边是约翰·肯德鲁，右起第二位是弗朗西斯·克里克，右起第一位是马克斯·佩鲁茨，后排右起第二位是休·赫胥黎，摄于1949年

⑥ 后来，科克伦写道："实验证据并非来自佩鲁茨的血红蛋白照片。"事实是，在那之前，布拉格爵士曾经给过科克伦一些聚谷氨酸甲酯晶体，科克伦利用它们拍摄了一些照片，得出了可以检验自己和克里克计算结果的实验数据。

⑦ 后来，克里克给沃森写过一封信，否定了《双螺旋》里提到的这个细节，他说，那天晚上没有女人出席品酒会这一事实根本无关宏旨："我清楚地记得，我是在完成了基本计算之后才去参加那个品酒会的。因此，你说女人不在场我就会有好运，这个结论根本没有事实根据。"（摘自克里克于 1966 年 3 月 31 日写给沃森的信）

234 NATURE February 9, 1952 VOL. 169

LETTERS TO THE EDITORS

The Editors do not hold themselves responsible for opinions expressed by their correspondents. No notice is taken of anonymous communications

Evidence for the Pauling–Corey α-Helix in Synthetic Polypeptides

WE have calculated, in collaboration with Dr. V. Vand[1], the Fourier transform (or continuous structure factor) of an atom repeated at regular intervals on an infinite helix. The properties of the transform are such that it will usually be possible to predict the general character of X-ray scattering by any structure based on a regular succession of similar groups of atoms arranged in a helical manner. In particular, the type of X-ray diffraction picture given by the synthetic polypeptide poly-γ-methyl-L-glutamate, which has been prepared in a highly crystalline form by Dr. C. H. Bamford and his colleagues in the Research Laboratories, Courtaulds, Ltd., Maidenhead, is so readily explained on this basis as to leave little doubt that the Pauling–Corey α-helix[2], or some close approximation to it, exists in this polypeptide. Pauling and Corey[2] have already shown this correspondence in the equatorial plane; it is shown here that the correspondence extends over the whole of the diffraction pattern.

We quote here the value of the transform which applies when the axial distance between successive turns of the helix is P, the axial distance between the successive atoms lying on the helix is p, and the structure so formed is repeated exactly in an axial distance c. (For the latter condition to be possible, P/p must be expressible as the ratio of whole numbers.) In this case, the transform is restricted to planes in reciprocal space which are perpendicular to the axis of the helix, and occur at heights $\zeta = l/c$, where l is an integer. In crystallographic nomenclature, these are the layer lines corresponding to a unit cell of length c. On the lth such plane the transform has the value:

$$F\left(R,\psi,\frac{l}{c}\right) = f \sum_{n} J_n(2\pi Rr) \exp\left[in\left(\psi + \frac{\pi}{2}\right)\right]. \quad (1)$$

(R,ψ,ζ) are the cylindrical co-ordinates of a point in reciprocal space, f is the atomic scattering factor, and J_n is the Bessel function of order n; r is the radius of the helix on which the set of atoms lies, the axes in real space being chosen so that one atom lies at $(r,0,0)$. For a given value of l, the sum in equation (1) is to be taken over all integer values of n which are solutions of the equation,

$$\frac{n}{P} + \frac{m}{p} = \frac{l}{c}, \quad (2)$$

m being any integer[1].

Thus only certain Bessel functions contribute to a particular layer line. This is illustrated in the accompanying table for the case of poly-γ-methyl-L-glutamate, for which Pauling and Corey[2] suggested $P = 5 \cdot 4$ A., $p = 1 \cdot 5$ A. and $c = 27$ A. The first column lists the number, l, of the layer line, while the second gives the orders (n) of the Bessel functions which contribute to it (for simplicity only the lowest two values of n are given for each layer line).

Now there is, of course, more than one set of atoms in the polypeptide, but for all of them, P, p and c are the same, although r is different. The basis of our prediction is that a reflexion will be absent if the contribution of all sets of atoms to it is very small, and that on the average it will be strong if all sets of atoms make a large contribution.

Value of l for the layer line	Lowest two values of n allowed by theory		Observed average strength of layer line (ref. 4)
0	**0**	± 18	strong
1	− 7	+ 11	
2	+ **4**	− 14	*weak
3	− **3**	+ 15	very weak
4	+ 8	− 10	
5	+ **1**	− 17	medium
6	− 6	+ 12	
7	+ 5	− 13	
8	− **2**	+ 16	weak
9	± 9		
10	+ **2**	− 16	weak
11	− 5	+ 13	
12	+ 6	− 12	
13	− **1**	+ 17	very weak
14	− 8	+ 10	
15	+ 3	− 15	
16	− 4	+ 14	
17	+ 7	− 11	
18	**0**	+ 18	medium
19	− 7	+ 11	
20	+ 4	− 14	
21	− 3	+ 15	
22	+ 8	− 10	
23	+ **1**	− 17	trace
24	− 6	+ 12	
25	+ 5	− 13	
26	− **2**	+ 16	trace
27	± 9		
28	+ **2**	− 16	trace

Layers not described are absent.

* (10$\bar{1}$2), the reflexion having the smallest value of R, is absent.

It is a property of Bessel functions of higher order, illustrated in the graph, that they remain very small until a certain value of $2\pi Rr$ is reached, and that this point recedes from the origin as the order increases. Now, whatever the precise form of the chain, the value of r for any atom cannot be greater than about 8 A. because of the packing of the chains. This sets a limit to the value of $2\pi Rr$ within the part of the transform covered by the observed diffraction picture ($R < 0 \cdot 3$ A.$^{-1}$ for $l \neq 0$). No set of atoms can make an appreciable contribution to the amplitude of a reflexion occurring on a layer line with which only high-order Bessel functions are associated, because $2\pi Rr$ comes within the very low part of the curve in the graph.

We should therefore predict that layer lines to which only high-order Bessel functions contribute would be weak or absent, and that those to which very low orders contribute would be strong.

These predictions are strikingly borne out by the experimental data[4] summarized in the last column of the table. The significant Bessel functions involved in the first twenty-eight layer lines are shown in the second column, and, as will be seen, only layer lines associated with a function of order **4** or less

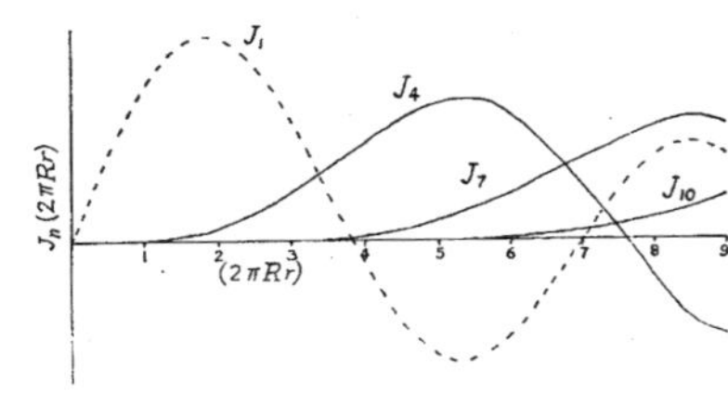

The march of higher-order Bessel functions (with J_1 added dashed)

科克伦和克里克发表在1952年2月9日出版的《自然》杂志上的关于α-螺旋模型的傅立叶变换的论文首页

10 富兰克林向左，威尔金斯向右

到11月中旬，我已学到了足够的晶体学知识，因此当富兰克林滔滔不绝地说着与DNA晶体X射线衍射图谱有关的东西时，我已经能听得懂她讲的大部分内容了。当然，最重要的是，我已经搞清楚关注的焦点应该放在哪里。6个星期以来，与克里克的讨论使我认识到，问题的关键在于，富兰克林的新X射线衍射图并不支持DNA螺旋结构模型，只有那些有可能为构建分子模型提供线索的实验细节才是真正重要的，是我们最需要搞清楚的。因而，在富兰克林的讲演开始几分钟后，我就知道她已经走上了一条完全不同的道路。①

① 富兰克林讲演的前一天，沃森在写给他父母的一封信中，谈到了他那个时期的时间安排，其中也包括参加富兰克林的研讨会这件事：“星期六晚上，我到三一学院参加了一个相当出色的派对，直到星期日我才完全摆脱了参加派对的那种感觉。昨天晚上，我到布拉格爵士家里参加聚会，喝了一些雪利酒；后来又到国王学院听了一个人类遗传学讲座。明天我会去伦敦，听伦敦国王学院的一个研究者讲核酸。星期四，我还打算听两个不同的生物化学方面的讲座。下星期一，我可能会与我们实验室的其他人一起去牛津大学。”

那天，我们——大约15位听众——坐在一间没有任何装饰的、陈旧的大教室里听富兰克林讲演，她语速很快，略显紧张。她的语调冷冰冰的，感觉不到任何热情或轻松的气息。不过，我并不认为她的讲演内容也同样沉闷乏味。在听讲演的过程中，我偶尔会走神，想到如果她摘下眼镜，换一个时髦的发型，会不会变得更有女人味一些？

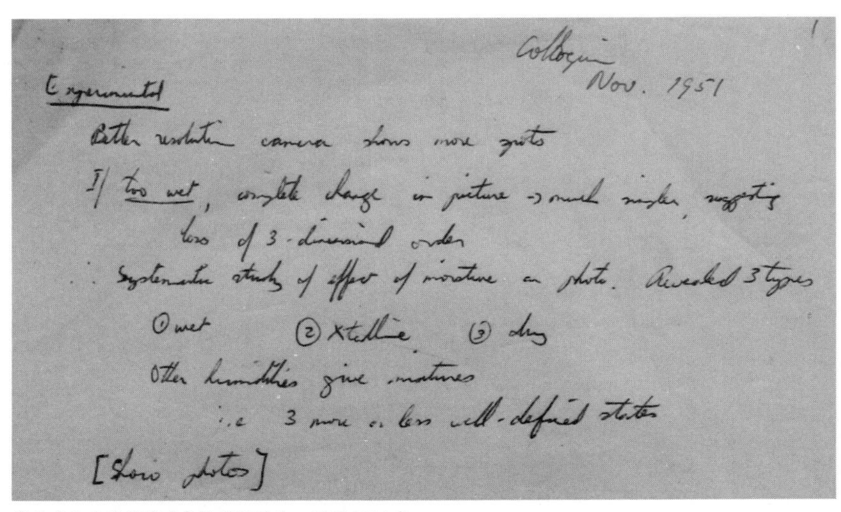

1

Colloquium
Nov. 1951

Experimental

Better resolution camera shows more spots

If too wet, complete change in picture -> much simpler, suggesting loss of 3-dimensional order

Systematic study of effect of moisture on photo. Revealed 3 types

① wet ② Xtalline ③ dry

Other humidities give mixtures

i.e. 3 more or less well-defined states

[Show photos]

富兰克林为其讲演准备的讲稿开头，写于1951年

[2] 虽然罗莎琳德·富兰克林给沃森留下了非常糟糕的第一印象，但是其他证据表明，她绝非总是如此。从照片来看，她在法国时显然要快乐得多。即便是到了伦敦国王学院之后，其他人也能够看到她除了好斗和不快乐之外的另一面：她是一个成熟稳重、衣着得体的同事。2010 年，当年正在伦敦国王学院攻读博士学位的雷蒙德·戈斯林在接受 BBC 四频道《今天》（*Today*）节目的采访时说道："他（沃森）从未看到过富兰克林与交响乐团的首席小提琴手出去约会的情景。富兰克林其实有着非常丰富的社交活动，而且比我们其他人都高出一个层次。"

罗莎琳德·富兰克林在法国时显然要开心得多。左图：富兰克林与雅克·梅灵（Jacques Mering）在一起，摄于 20 世纪 40 年代末。右图：富兰克林与维托里奥·鲁扎蒂（Vittorio Luzzati）在一起，摄于 1951 年

当然，我的兴趣还是在于她对 DNA 晶体的 X 射线衍射图谱的描述。[2]

从事 X 射线晶体学工作要求研究者必须小心谨慎、不受情绪干扰，多年的训练在富兰克林身上留下了深深的烙印。当然，作为一名在剑桥大学接受教育的学者，她并没有因为严格的教育而变得愚笨木讷、不懂得灵活应用自己学到的知识。对富兰克林来说，一切都非常明确：要搞清楚 DNA 结构，唯一的途径就是运用纯晶体学方法。富兰克林对构建模型完全不感兴趣，因此也就从来没有提到过鲍林在 α－螺旋模型上取得的成就。她认为，用玩具似的模型去解析生物大分子结构的办法，显然是有些人在万不得已时不得不采用的手段而已。富兰克林当然知道鲍林已经取得了成功，但是她认为，没有充分的理由表明在研究 DNA 结构时必须复制鲍林的方法。至于鲍林，由于他过去取得的辉煌成就，使他采用与众不同的方法来进行研究显得顺理成章：只有像鲍林这样有才华的人，才有可能把工作变得像一个十来岁的孩子玩游戏一样，而且仍然能够得到正确的答案。

富兰克林认为，自己报告的成果非常初级，它本身还不能说明与 DNA 有关的任何实质性问题。她认为只有进一步积累资料，进一步完善晶体学分析，才能得到可靠的证据，解决 DNA 的结构问题。[3]她还认为，在短期内解决这个

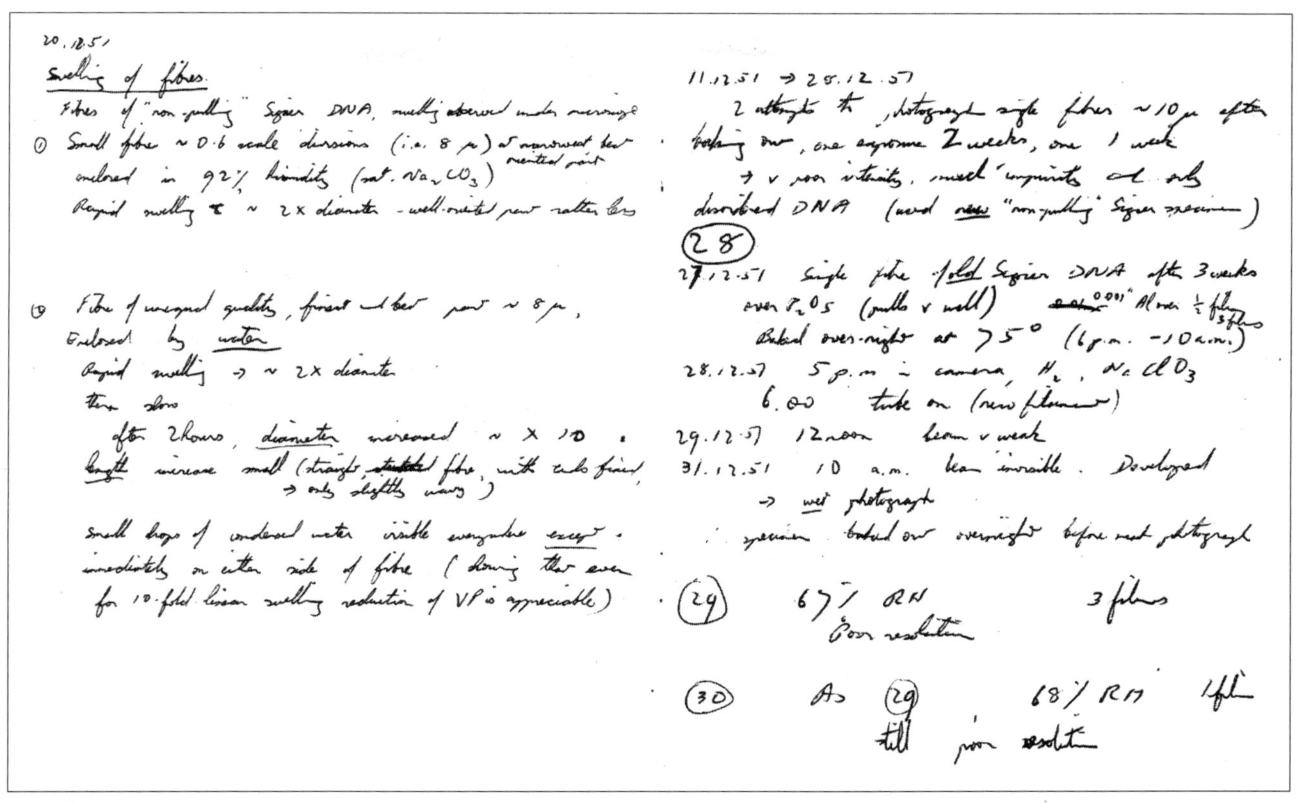

20.12.51

Swelling of fibres.

Fibres of "non-pulling" Signer DNA, swelling observed under microscope

① Small fibre ~ 0.6 scale divisions (i.e. 8 μ) at narrowest best oriented part enclosed in 92% humidity (sat. Na_2CO_3)

Rapid swelling to ~ 2x diameter - well-oriented part rather less

② Fibre of unequal quality, finest and best part ~ 8 μ,

Enclosed by water

Rapid swelling → ~ 2x diameter

then slow

after 2 hours, diameter increased ~ x 10.

length increase small (straight, stretched fibre, with ends fixed, → only slightly wavy)

Small drops of condensed water visible everywhere except immediately on either side of fibre (showing that even for 10-fold linear swelling reduction of VP is appreciable)

11.12.51 → 28.12.51

2 attempts to photograph single fibres ~10 μ after baking over, one exposure 2 weeks, one 1 week

→ v. poor intensity, much impurity and only disordered DNA (used new "non-pulling" Signer specimen)

(28)

27.12.51 Single fibre old Signer DNA after 3 weeks over P_2O_5 (pulls v. well) 0.001" Al over ½ film, 3 films

Baked over-night at 75° (6 p.m. - 10 a.m.)

28.12.51 5 p.m. camera, H_2, $NaClO_3$

6.00 tube on (new filament)

29.12.51 12 noon beam v. weak

31.12.51 10 a.m. beam invisible. Developed

→ wet photograph

∴ specimen baked out overnight before next photograph

(29) 67% RH 3 films

Poor resolution

(30) As (29), 68% RH 1 film

still poor resolution

罗莎琳德·富兰克林的实验记录的一部分

问题的前景并不乐观，她这种情绪也影响了前来参加研讨会的其他实验研究人员。在这次研讨会上，没有任何人提出利用分子模型解决DNA结构问题的设想。威尔金斯本人也只问了几个技术性问题。研讨会很快就结束了，因为从听众的面部表情就可以看出，他们都没有什么要补充的，或者说要讲的话以前都已经讲过了，再讲也“多说无益”。他们甚至根本不愿提及分子模型，因为他们担心遭到富兰克林的驳斥。试想一下，在伦敦11月寒冷的冬夜里，雾锁全城，你却一个人在室外忍受寒风吹袭的滋味；同样，当你对自己没有受过良好训练的领域大胆提出见解时，却遭到了呵斥，这种感觉也是如此。毫无疑问，这样的遭遇会使你回忆起在中小学时发生的一些令人不快的往事。[4]

[3] 上图是罗莎琳德·富兰克林实验记录的一部分。她当时正在做关于“发胀”的DNA的实验。在1951年12月完成的类似实验中，她分析了各种不同湿度的DNA，发现DNA有两种形式，一种是“干的”（A型），另一种是“湿的”（B型），这一区分有着极其重要的意义。

④ 罗莎琳德·富兰克林对自己在伦敦国王学院的同事确实没有太大热情。她在1952年3月1日写给朋友安妮·塞尔的一封信中直言不讳地写道："这些年轻人大多都是相当不错的，但是他们没有一个是特别突出的。在比较资深的研究人员中，有一两个人也挺好，与他们相处非常愉快，但是仅限于研究工作上，他们只是希望别人不会觉得不舒服。其他中层和高层都明显表现出了排斥的态度，而决定这里的总基调的正是这些人。我有自己的计划，所以我几乎不与他们打什么交道，这样有些事情会好办一些，但是我在这里的日子就变得特别乏味了。还有一个严重的问题是，在这里找不出一个拥有一流头脑的人，甚至连头脑较好的人也找不到，因此我找不到可以讨论问题的人，无论是科学研究还是其他方面。我非常希望能够为一个值得我尊重，并能够给我适当激励的人工作。"

"伦敦11月寒冷的冬夜里，雾锁全城"，摄于20世纪50年代

威尔金斯也只与富兰克林进行了简短的谈话（正如我后来经常观察到的那样，他见到富兰克林时常显得局促不安），然后就和我一起离开了。我们沿着斯特兰大街走了一会，然后穿过马路到位于索霍区的蔡氏饭馆吃饭。威尔金斯的情绪很高涨。他慢条斯理、力求精确地告诉了我一些内情：富兰克林来到国王学院后，虽然在晶体学分析方面做了许多努力，但几乎没有获得任何有价值的结果。富兰克林的X射线衍射照片只比他的稍微清晰一点点，但是关于其中的原理，富兰克林却说不出任何超出威尔金斯的研究结果的内容。富兰克林在测定DNA样品的含水量方面确实做了一些更加细致的工作，但是威尔金斯怀疑，她是否真的像她自己声称的那样准确测定了DNA的含水量。

使我感到惊奇的是，似乎因为我的出现，威尔金斯也振作起来了。我们先前在那不勒斯见面时那种冷淡的情形早就消失得无影无踪了。我是一个研究噬菌体的科学家，我确信威尔金斯所做的工作极其重要，这对他而言是莫大的安慰和鼓励。

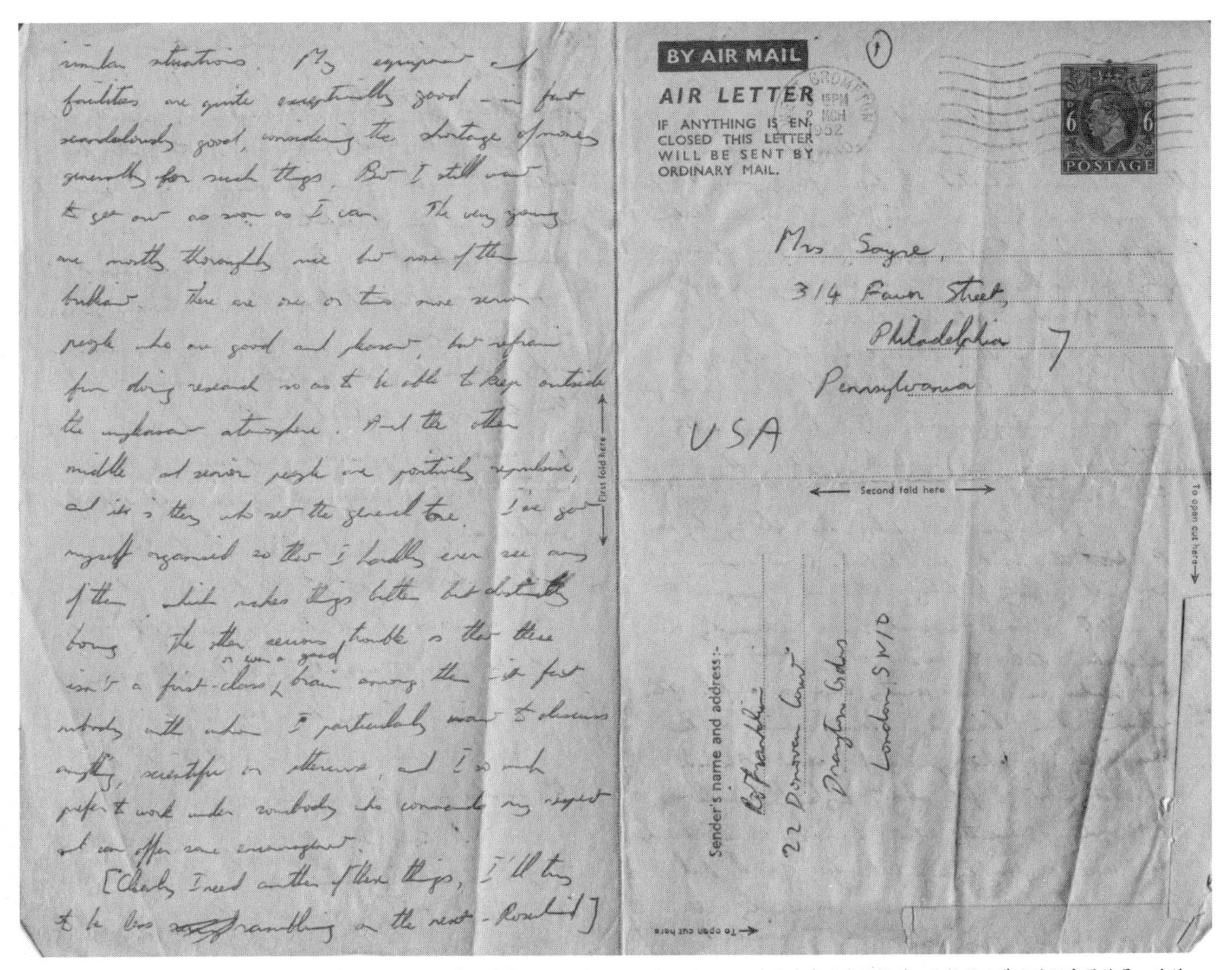

similar situations. My equipment and facilities are quite exceptionally good – in fact scandalously good, considering the shortage of money generally for such things. But I still want to get out as soon as I can. The very young are mostly thoroughly nice but none of them brilliant. There are one or two more senior people who are good and pleasant, but refrain from doing research so as to be able to keep outside the unpleasant atmosphere. And the other middle and senior people are positively repulsive, and it's they who set the general tone. I've got myself organised so that I hardly ever see any of them, which makes things better but distinctly boring. The other serious trouble is that there isn't a first-class, or even a good, brain among them – in fact nobody with whom I particularly want to discuss anything, scientific or otherwise, and I so much prefer to work under somebody who commands my respect and can offer some encouragement.

[Clearly I need another of these things, I'll try to be less scrambling in the next – Rosalind]

BY AIR MAIL

AIR LETTER

IF ANYTHING IS ENCLOSED THIS LETTER WILL BE SENT BY ORDINARY MAIL.

POSTAGE

Mrs Sayre,
314 Fawn Street,
Philadelphia 7
Pennsylvania
USA

Second fold here

First fold here

To open cut here

Sender's name and address:- R. Franklin
22 Donovan Court
Drayton Gdns
London SW10

罗莎琳德·富兰克林写给她的朋友安妮·塞尔的一封信的部分内容，该信写于 1952 年 3 月 1 日。在信中富兰克林提到，伦敦国王学院的研究设施是一流的，但同事却令她感到失望如果威尔金斯是从一个物理学家伙伴那里得到的鼓励，那么对他不会产生任何帮助。即便那些人认为他决定从事生物学研究是走对了路子，他也不敢相信他们的判断，因为那些人根本不懂生物学。所以，对于像威尔金斯这样一个对战后竞争激烈的物理学界持不同见解的人来说，最好把他们的话看作客套甚至恭维。

在伦敦国王学院举行的一个聚会。照片中，左起第三位是威尔金斯，最右边是兰德尔

当然，威尔金斯确实得到了很多生物化学家积极和必要的帮助。否则，他永远不可能参与到这场竞赛中来。好几位生物化学家无比慷慨地为他提供了纯度极高的 DNA 样品，这对他的研究至关重要。学习晶体学，如果不能掌握生物化学家魔术般的技术，那就太糟糕了。但大多数生物化学家的能力和干劲却远远比不上那些曾经和他一起制造原子弹的同事们。这些生物化学家在很多时候似乎连 DNA 的重要性都无法理解。

然而，就算这样，生物化学家的知识面也比大多数生物学家要宽广得多。如果不能说“天下乌鸦一般黑”的话，那么至少在英国，大多数植物学家和动物学家都是糊涂虫。甚至连有些在大学中占据了教授席位的知名学者，也没有扎扎实实地从事纯粹的科学研究。还有些人简直是在浪费精力，他们要么无关痛痒地争论着生命的起源，要么无从事事地谈论着如何才能知道某个科学事实确定无疑。更加糟糕的是，许多没有学过任何遗传学知识的人竟然也能在大学里获得生物学学位。当然，这并不意味着光凭遗传学家的名头就能代表拥有多少真知灼见。你也许会认为，这些人既然已经对基因问题谈论得这么多了，他们应该会急于搞清楚基因究竟是什么吧！但事实上，他们当中几乎没有一个人认真考虑过“基因是由 DNA 组成的”这个事实。这个事实并不一定是化学领域的问题。[5]他们大多数人生活在世上的唯一目的，似乎就是让他们的学生去钻研那些难以解释的染色体的细节，要不然就是在无线电

[5] 直到 1955 年，著名遗传学家 C. D. 达林顿（C. D. Darlington）仍然这样写道：“根据沃森和克里克的研究，DNA 通常是以双链核苷酸序列的形式存在于染色体内，如果将每一条链与另一条链分开的话，其中一条链能够作为另一条链组装时的模板。从这一点来看，DNA 似乎是一个自给自足的遗传结构，而蛋白质至少从机制上看处于下级结构。但是很明显，我们并不需要采取这样一种极端的观点：平等和对等是可以想象到的。”

《智囊》节目录制时的一个场景，参与回答听众提出的问题的学者包括：朱利安·赫胥黎（Julian Huxley）、康芒德·坎贝尔（Commander Campbell）、罗伯特·格雷夫斯（Robert Graves）、C. E. M. 乔德（C. E. M. Joad）以及 W. D. H. 麦卡洛（W. D. H. McCullough）

广播上，用一些优雅动听又令人摸不着头脑的词句大发宏论。[6]

因此，当威尔金斯知道卡文迪许实验室噬菌体小组也在研究 DNA 时，他觉得形势将会有所改变。至少他不必在每次参加学术研讨会时，都不得不费力地解释他的实验室为什么老是抓着 DNA 问题不放。在我们的晚餐快要结束时，威尔金斯更加兴奋了，他似乎准备大干一场。但当谈到富兰克林时，我们才意识到调动威尔金斯所在实验室中的其他人的可能性早已慢慢消失了。用餐完毕，我们付钱后离开了饭馆，走入了茫茫夜色中。

[6] 许多著名科学家都会定期参加电台和报纸组织的讨论会，探讨社会、政治和思想问题。例如，朱利安·赫胥黎就是 BBC 电台（以及后来的 BBC 电视台）《智囊》节目的常客。在这个节目中，学者们组成一个小组，就听众（观众）提出的问题展开辩论。又如，约翰·伯顿·桑德森·霍尔丹（John Burdon Sanderson Haldane）也在《工人日报》上开设了专栏。而伯纳尔也撰写了许多面向大众的文章和通俗著作，涉及政治和科学领域的众多主题，其中也包括生命的起源问题。

11 牛津之行

第二天上午，我在帕丁顿车站（Paddington Station）与克里克会合，一起出发前往牛津大学度周末。克里克想借机找英国最杰出的晶体学家多萝西·霍奇金（Dorothy Hodgkin）谈谈，而我则暗暗为平生第一次到访牛津大学而感到高兴。开车之前，克里克站在车厢门口，显得踌躇满志。这次牛津之行对他而言是一个机会，他将当面向霍奇金解释由他和科克伦成功建立起来的螺旋衍射理论。克里克认为自己的理论非常优美，如果不能亲口告诉霍奇金就太遗憾了。霍奇金是一位无比聪明的科学家，她应该听了之后马上就能理解这个理论的巨大威力。可惜的是，世界上像她这样的人实在太少了。①

伯纳尔和多萝西·霍奇金，摄于 1937 年

我们刚刚踏进车厢，克里克就开始问我一些与富兰克林的讲演有关的问题。由于没记笔记，我的回答显得含糊不清、模棱两可。显然，克里克对我完全依赖记忆而从来不记笔记的习惯感到很不满。通常来说，如果我对一个课题很感兴趣，那么我就能够回忆起所需的所有东西。但这一次我遇到了麻烦，因为我不太懂晶体学的专业术语。特别不幸的是，我完全记不起富兰克林所测定的 DNA 样品中的含水量，因此，我告诉克里克的含水量数值很可能出现了数量级的误差。②

我可能本来就不是去听富兰克林讲演的适当人选。如果克里克也在的话，这种糊里糊涂的事情根本不会发生。可以说这是一种惩罚：对外部环境过分敏感会导致你忽略重要信息。了解到克里克一直在思考富兰克林的实验结果（富兰克林对此通常守口如瓶）的意义后，威尔金斯心烦意乱。从某种意义上说，

① 在沃森和克里克来牛津大学拜访霍奇金的那个时候，霍奇金已经花了整整 15 年的时间研究胰岛素的结构了，后来，她差不多又花了 15 年（直到 1969 年），才最终确定了胰岛素的结构，不过在那之前，她已经因为解决其他重要生物大分子的结构问题，如盘尼西林和维生素 B_2，于 1964 年获得了诺贝尔化学奖。她的导师（也是她某个时期的情人）是绰号“圣人”的伯纳尔，当时他们两人有着相同的政治信仰。

② 克里克对沃森转述的研究内容非常失望，“……部分是因为，由于沃森误解了富兰克林所用的晶体学术语……例如，沃森将‘非对称单元’（asymmetric unit）和‘晶胞’（unit cell）混淆了起来”。克里克也知道，沃森所述的 DNA 含水量数据明显太低了，而众所周知，钠离子是高度水合的。

克里克和威尔金斯同时了解到富兰克林的实验资料，这对威尔金斯似乎有点儿不公平。毫无疑问，威尔金斯应该享有解决这个问题的先机。但从另一方面说，威尔金斯从来都不认为摆弄分子模型就能找到解决问题的钥匙，而且我们前天晚上的谈话也没有涉及相关内容。当然，还有一种可能性是，威尔金斯对我们隐瞒了什么东西，但这种可能性微乎其微，因为他根本不是那样的人。

克里克可以立即着手做的唯一一件事就是紧紧抓住 DNA 的含水量问题不放，因为这是个最容易的切入点。很快克里克就想通了一些问题，开始在他本来在读的一篇论文的背面潦草地写了起来。当时，我还不明白他的意思，仍然继续在看《泰晤士报》消磨时间。几分钟之后，克里克对我说，能够同时与科克伦－克里克理论和富兰克林的实验结果保持一致的解析结果非常少。我聚精会神地听着他的讲述，完全忘掉了周围的一切。他画了一些图表，向我证明这个问题是多么简单。虽然他用的数学方法我不是很懂，但是我还是很快抓住了问题的核心。

THE TIMES

LATE LONDON EDITION　LONDON THURSDAY NOVEMBER 22 1951

沃森在那一天阅读的《泰晤士报》，时间是 1951 年 11 月 22 日，它的头版全是广告，这是当年《泰晤士报》的特色（这一特色一直保持到了 1966 年 5 月）

我们必须先搞清楚 DNA 分子中多核苷酸链的数目有多少。从表面上看，两条、三条或者四条多核苷酸链都符合 X 射线衍射数据。因此关键问题在于，DNA 链围绕其中心轴旋转的角度和半径是多少。

一个半小时的火车旅程很快就结束了，下车的时候克里克告诉我，他认为我们很快就能找到答案。很可能只需要花一个星期摆弄一下分子模型，就能找到正确答案。到那时，全世界都将会知道，真正能洞察生物大分子结构的并不只有鲍林一人。鲍林别出心裁地解决了蛋白质的 α－螺旋结构问题，使剑桥大学的研究小组深感尴尬。大约在鲍林取得成功的一年之前，布拉格爵士、肯德鲁和佩鲁茨三人曾联合发表过一篇关于多肽链结构的论文，那篇文章看似很系统，却完全没有抓住核心问题。[③]直到今天，布拉格爵士还在为那次惨败而烦恼，它极大地刺伤了布拉格爵士的自尊心。25 年来，布拉格爵士陆陆续续地同鲍林

Polypeptide chain configurations in crystalline proteins

By Sir Lawrence Bragg, F.R.S., J. C. Kendrew and M. F. Perutz
Cavendish Laboratory, University of Cambridge

(*Received* 31 *March* 1950)

Astbury's studies of α-keratin, and X-ray studies of crystalline haemoglobin and myoglobin by Perutz and Kendrew, agree in indicating some form of folded polypeptide chain which has a repeat distance of about 5·1 Å, with three amino-acid residues per repeat. In this paper a systematic survey has been made of chain models which conform to established bond lengths and angles, and which are held in a folded form by N—H—O bonds. After excluding the models which depart widely from the observed repeat distance and number of residues per repeat, an attempt is made to reduce the number of possibilities still further by comparing vector diagrams of the models with Patterson projections based on the X-ray data. When this comparison is made for two-dimensional Patterson projections on a plane at right angles to the chain, the evidence favours chains of the general type proposed for α-keratin by Astbury. These chains have a dyad axis with six residues in a repeat distance of 10·2 Å, and are composed of approximately coplanar folds. As a further test, these chains are placed in the myoglobin structure, and a comparison is made between calculated and observed *F* values for a zone parallel to the chains; the agreement is remarkably close taking into account the omission from the calculations of the unknown effect of the side-chains. On the other hand, a study of the three-dimensional Patterson of haemoglobin shows how cautious one must be in accepting this agreement as significant. Successive portions of the rod of high vector density which has been supposed to represent the chains give widely different projections and show no evidence of a dyad axis.

The evidence is still too slender for definite conclusions to be drawn, but it indicates that a further intensive study of these proteins, and in particular of myoglobin which has promising features of simplicity, may lead to a determination of the chain structure.

21-2

布拉格爵士等人于 1950 年 3 月在《英国皇家学会会刊》上发表的论文

③ 布拉格爵士等人发表在《英国皇家学会会刊》上的论文，讨论了多肽的构型问题。他们走入了死胡同，因为他们假设每个转角的肽单元数量必须是整数。此外，他们的模型中也没有包含“肽键是平面型的”这个关键性事实。

有过数次交锋，但是大多数时间都是鲍林略胜一筹。

就连克里克也因为这桩事觉得有些羞愧。当布拉格爵士开始热衷于研究多肽链的折叠方式时，克里克已经到卡文迪许实验室工作了。而且，克里克也参加过那篇论文发表前的私人讨论会。在那次讨论会中，大家从根本上错误地估计了肽键的形状。克里克本来应该利用这个机会发表批判性意见，强调一下实验观察的意义，但他只讲了一些无关痛痒的话。这并不是因为他不愿意批评自己的同事。在另一个场合，克里克就曾非常坦率、非常令人恼火地指出，佩鲁茨和布拉格爵士过分夸大了他们在血红蛋白上的工作成绩。当然，克里克这种开诚布公的批评也为布拉格爵士后来严厉地训斥他埋下了祸根。布拉格爵士认为，克里克不通人情世故，专门干一些拆台的事。[④]

[④] 1951年7月，卡文迪许实验室举行了一个题为“疯狂探索”（what mad pursuit）的研讨会，在会上，克里克否定了他的同事们提出的用来解决血红蛋白结构的大部分方法。在他后来出版的同名回忆录中，克里克说，他的所作所为“令布拉格怒不可遏。我这个不知天高地厚的新人，竟然告诉实验室里这些经验丰富的X射线晶体学家，包括布拉格本人在内，他们在做的事情基本上不可能获得任何有用的结果。X射线晶体学这个领域是布拉格本人开创的，他已经在它的最前沿耕耘了将近40年之久。虽然我对这个领域很了解，我本人也确实比较唠叨，但这些事实对平息布拉格的怒火并没有帮助”。

但现在不是反思以往错误的时候。一整个上午我都在和克里克讨论DNA结构的各种可能类型，进展迅速。不管我们和谁在一起讨论问题，克里克都能很快提纲挈领地总结出前几小时内取得的全部进展，让听众更全面地理解我们提出的以糖－磷酸骨架为中心的模型。只有在这种模型中，才可能得到一个非常规则的结构来解释威尔金斯和富兰克林的DNA晶体衍射图谱。当然，我们还必须解决外向碱基的不规则序列问题。但只要我们找到了内向碱基的正确排列方式，这个困难很可能就不复存在了。

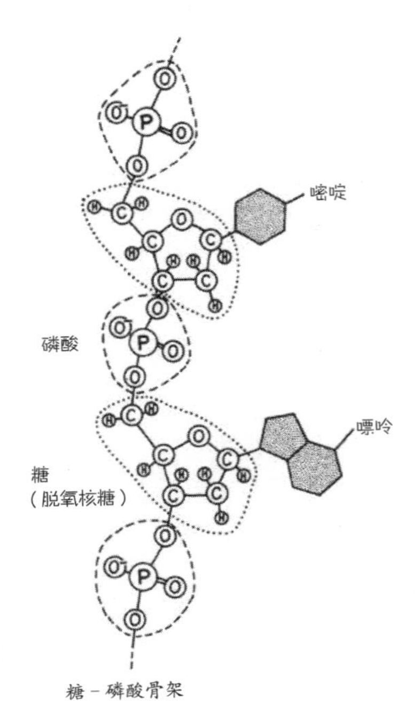

糖－磷酸骨架

另一个有待解决的问题是，究竟是什么东西中和了DNA骨架中磷酸基团的负电荷。克里克和我对无机离子的三维排列形式都所知不多。我们不得不直面这个令人不快的残酷事实：鲍林才是离子结构化学方面的绝对权威。如果问题的关键是要推断出无机离子和磷酸基团的某种微妙的排列方式，那么我们显然处于劣势。当时已经快到中午了，我们急切地想要找到鲍林的一本经典著作《化学键的本质》（*The Nature of the Chemical Bond*）。[⑤] 于是，我们到高街附近匆匆吃过午饭，连咖啡也顾不上喝，一路小跑着找了好几家书店，终于在布莱克韦尔书店找到了这本书。我们急急忙忙地翻阅了有关章节，找到了相关的无机离子大小的确切数值，但是这本书并没能帮助我们解决问题。

⑤《化学键的本质》一书第一版于 1939 年面世，它有史以来第一次将量子力学思想贯彻到对化学键的研究当中。甫一面世，就成为经典书目，不但被圈内的科学家广泛引用，而且被许多大学用作高层次化学课程教科书。

The Nature of the Chemical Bond:

The Application of Results Obtained from the Quantum-Mechanics and from a New Theory of Paramagnetic Susceptibility to the Structure of Molecules.

By Linus Pauling.

During the last four years the problem of the nature of the chemical bond has been attacked by theoretical physicists, especially by Heitler and London, by the application of the quantum mechanics. This work has led to the approximate theoretical calculation of the energy of formation and other properties of very simple molecules, such as H_2, and has also provided a formal justification of the rules set up in 1916 by G.N. Lewis for his electron-pair bond. In the following paper it will be shown that many more results of chemical significance can be obtained from the quantum mechanical equations, permitting the formulation of an extensive and powerful set of rules for the electron-pair bond supplementing those of Lewis. These rules provide information regarding the relative strengths of bonds formed by different atoms, the angles between bonds, free rotation or lack of free rotation about bond

鲍林《化学键的本质》一书的手稿

THE NATURE OF THE CHEMICAL BOND AND THE STRUCTURE OF MOLECULES AND CRYSTALS

SECOND EDITION

LINUS PAULING

沃森复印下来的鲍林《化学键的本质》一书的封面

布莱克韦尔书店，摄于 20 世纪 50 年代

直到走进了位于牛津大学博物馆内的霍奇金的实验室后，我们的兴奋劲才算基本消退。克里克向霍奇金简短地介绍了他的螺旋理论，又花了几分钟时间描述了我们在 DNA 方面取得的进展。我们与霍奇金交谈的大部分内容都是在讨论她最近在胰岛素方面的工作。夜幕降临，我们觉得没有必要再占用霍奇金的时间了，于是向她告别。随后我们赶到玛格达伦学院（Magdalen College），我们已经与阿弗里安·米奇森（Avrion Mitchison）和莱斯利·奥格尔（Leslie Orge1）约好一起品茶，他们当时都是牛津大学的研究员。⑥

阿弗里安·米奇森，摄于 1957 年

在吃点心的时候，克里克已经有闲情说一些花边新闻了，而我则在那里静静地思考，如果有朝一日我也能过上像这些玛格达伦学院的学者一样的生活该有多好啊！⑦

到了晚餐时间，喝波尔多葡萄酒的时候，我们的话题又回到了我们在 DNA 领域可能会

⑥ 沃森对米奇森及其家族成员的印象很好。回到剑桥大学当天，他就给妹妹写信“报告”了这次见面的情况（1951 年 11 月 28 日）：“今天，我在牛津大学过了一个非常开心的周末。我与玛格达伦学院的一位年轻的动物学家一起喝了茶，我们聊得很投机。我这位新朋友是霍尔丹的侄子，他几乎和他声名卓著的叔叔一样聪明。他的母亲是一位非常成功的小说家，父亲是一名工党议员。很显然，他们家族非常富有。他们在苏格兰有一间很大的别墅，我可能会接受他们的邀请去那里过圣诞节。”

牛津大学玛格达伦学院

⑦ 沃森在写给德尔布吕克的一封信中，也说自己想成为一名牛津大学的教授（1951 年 12 月 9 日）：“在牛津大学，我参观了玛格达伦学院，在教授公用休息厅吃了一餐饭；那里有一个规矩，吃早餐时任何人都不能说话。正餐结束后，我在‘高桌’上喝了波尔多葡萄酒，这种经历很难用笔墨描述，但是我确实非常希望成为其中的一员。”

取得的成就上来。参与到我们讨论中的人又多了克里克的生死之交乔治·克莱塞尔（George Kreisel）。[⑧]克莱塞尔是一位逻辑学家，不过，他那不修边幅的外表、不加雕琢的言辞，与我想象中的英国哲学家的形象相差甚远。克里克对他的到来表示了热烈欢迎，尽管原本就是克莱塞尔约我们到高街的那家餐饮店的。不一会儿，克里克爽朗的笑声和克莱塞尔的奥地利口音交织在一起，“主宰”了整个用餐的气氛。在用餐过程中，克莱塞尔主导的话题占据了相当长的一段时间，他提出了一个宏论，建议推进政治上被分割开的欧洲的两个部分之间进行货币兑换活动，他认为这是进行“金融扼杀”的一个途径。

克莱塞尔（左）和他的朋友

接着，米奇森也过来加入了我们的讨论。后来，我们便开始闲谈，开着一些英国中产阶级知识分子之

⑧ 克里克与克莱塞尔是在第二次世界大战期间结识的，当时他们两人都在为英国海军部从事秘密工作。像克里克一样，克莱塞尔也是一个思维敏捷且风格尖锐激烈的辩论家，他对模糊不清的观点也毫不留情，从来没有耐心在批评时表现得彬彬有礼（“会不会是这样：有些人之所以愚蠢，是因为他们总是很客气；而有些人之所以总是很客气，是因为他们原本就很愚蠢？”）。克莱塞尔是默多克的多年好友，同时也是维特根斯坦很器重的学生。无论是在私人生活方面，还是在学术探索方面，克莱塞尔一直都在鼓励克里克。

间常见的善意玩笑。但是这种闲聊显然不合克莱塞尔的胃口。因此，米奇森和我决定起身告辞，留下空间让他们两个老朋友畅谈。我们两人沿着中世纪风格的大街步行到了我的住处。虽然微有醉意，但是我的心情甚佳。一路上，我一直在絮絮叨叨地和米奇森说，当我们有了 DNA 模型之后，我们就能做很多事情了。

12 不成功的“三螺旋模型”

星期一早上，当我与肯德鲁和他的妻子伊丽莎白一起吃早饭时，我把我们在DNA领域的进展告诉了他们。[1]伊丽莎白听了这个消息后喜形于色，她也认为我们已经成功在望了，而肯德鲁对此则要冷静得多。在向肯德鲁介绍具体内容时，克里克显得非常兴奋，而我除了满腔热情之外，也讲不出太多更具体的内容。后来，克里克全神贯注地看起《泰晤士报》上关于新上台的保守党政府的报道来。不久，肯德鲁回他自己的办公室去了。伊丽莎白又留了一会儿，继续和我聊着我们这种意想不到的好运气。没停留多久，我就惦记着赶快回到实验室里继续研究，以便尽快确定能否从几种可能中找到一种能够被实物分子模型支持的答案。

[1] 肯德鲁是在1948年与伊丽莎白结婚的，伊丽莎白是肯德鲁一位在第二次世界大战中牺牲的密友的遗孀。伊丽莎白本人也是一位物理学家。他们在1956年离婚。

4　THE TIMES TUESDAY OCTOBER 30

MR. CHURCHILL'S PROGRESS IN FORMING GOVERNMENT

DAY OF INTERVIEWS WITH POLITICAL COLLEAGUES

Mr. Churchill continued the task of forming his Government yesterday, and interviewed several of his political colleagues at his home in Kent.

A new Speaker of the House of Commons will be elected when Parliament meets to-morrow.

ELECTION OF NEW SPEAKER

LIKELY CANDIDATES

From Our Parliamentary Correspondent

Mr. Churchill spent a busy day yesterday at his country home at Chartwell, Westerham, where he continued his task of forming a Government and had consultations with many of his political colleagues. There are still seven or eight members of the Cabinet to be appointed, including a Lord Chancellor, together with nearly a score of Ministers who will not be in the Cabinet, the Law Officers, and some 30 Under-Secretaries. It is expected that a further list of appointments will be made known to-day.

Mr. R. A. Butler, the new Chancellor of the Exchequer, was in conference with Mr. Churchill for a long time yesterday afternoon. He was accompanied to Chartwell by Sir Edward Bridges, Permanent Secretary to the Treasury. Before this Mr ...

some constituency parties to record only four votes, instead of the seven to which they were entitled, and to limit them to the four previous Bevan supporters on the executive—Mr. Bevan, Mrs. Castle, Mr. Driberg, and Mr. Mikardo.

Some unionists think that the Bevanites should be warned that if that sort of procedure is repeated, the unions will press for a reversion to the old constitution under which all delegates to the conference voted for the constituency representatives on the executive. There are still some leaders who would like to do that in any case, but the question will not arise until the time comes for putting down resolutions for next year's conference, and much may happen before then. Many Labour leaders think that now they are in opposition it will prove less difficult to reconcile the differences between the Bevan group and the rest.

The main business before the executive will be the appointment of the various sub-committees. Arrangements will also have to be made for the appointment of a national agent in place of the late Mr. R. T. Windle and of a chief research officer in place of Mr. W. Fienburgh, who has been elected to Parliament.

Labour's policy in opposition will be discussed at a joint meeting between the executive and the Parliamentary party at the House of Commons to-morrow morning. This joint meeting is normal procedure at the beginning of a new Parliament. It is there that the leader ...

MR. EDEN REVIEWS OIL DISPUTE

AMBASSADOR ON WAY HOME

LONDON CONSULTATIONS

From Our Diplomatic Correspondent

Mr. Eden, the Foreign Secretary, has asked Sir Francis Shepherd, the British Ambassador to Persia, to come home for consultations. Sir Francis Shepherd has cut short a holiday in Beirut and is understood to be already on the way to London.

The Ambassador's recall does not necessarily presage a new move by the British Government towards settlement of the oil dispute. Mr. Eden, before going to Paris next week for the opening meetings of the United Nations General Assembly, wished to have the views of the Ambassador on the possibilities of a settlement, as seen by an observer in Teheran. In Paris he will doubtless review the situation with Mr. Acheson, the United States Secretary of State, in the light both of the Ambassador's views and information and of the conversations which continue in Washington between the United States Government and the Persian Prime Minister. The United States Government has been trying to discover whether Dr. Moussadek is receptive to a basis for negotiation which the United Kingdom might also consider reasonable.

PREMATURE HOPE

It is not known that the researches have yielded any positive results; and Washington may well have found Dr. Moussadek still stubbornly insisting that British interests in the Persian oil industry are limited to opportunities for purchasing its products and to compensa- ...

ROYAL VISIT TO MONTREAL

GREETING BY CROWD OF 250,000

From Our Special Correspondent

MONTREAL, Oct. 29

The crowds that welcomed Princess Elizabeth and the Duke of Edinburgh to-day in Montreal were the largest of the tour. Montreal had declared that it was going to give the Princess the biggest welcome in the whole of Canada. There was a huge assembly in Dominion Square, and the people roared their greeting as the royal car came into view and the Princess and the Duke went into the Windsor Hotel.

In a few minutes they came out on to the magnificently draped balcony, which had been arranged like a small stage, with pastel blue and white hangings on the inside, and red, white, and blue curtains, draped from above, falling round the edges of the balcony, which was floodlit. A tremendous cheer went up as the Princess and the Duke appeared. The Royal couple stayed for several minutes, but when they had gone in the crowd set up a great chant asking them to come back, and in spite of the presence of 500 police in front of the hotel the crowd broke through the lines and pushed their way under the balcony, still shouting for the Princess to come out again.

The police tried desperately hard to keep the crowd back, but people forced their way right up to the hotel steps chanting, "We want the Princess." Mounted police backed their horses into the crowd without much effect. The people did not disperse until the Princess had made a long second appearance.

All the way from the airport, over 18 miles of route, there was hardly a space on either side of the road that did not have cars parked or crowds of people lined up, waving flags. The arrival in Montreal was exactly three weeks to the day after the Princess and the Duke had landed on the same airfield at the ...

1951年10月30日《泰晤士报》的头条新闻，报道了新上台的保守党政府的施政情况。在那之前一周举行的英国大选中，克莱门特·艾德礼（Clement Attlee）领导的工党政府被赶下台，温斯顿·丘吉尔（Winston Churchill）第二次出任英国首相

斯文·弗尔伯格，摄于1950年

克里克和我都知道，卡文迪许实验室现有的模型无法令我们满意。这些模型是肯德鲁在大约一年半前为了研究多肽链的三维空间结构而搭建的，所以它们无法将DNA特有的原子基团准确地表示出来。在那个时候，我们手头既没有磷原子模型，也没有嘌呤碱基模型和嘧啶碱基模型。等佩鲁茨订购新材料也来不及了，因此我们必须立即自己动手改装。做一个全新的DNA分子模型可能需要一个星期，而找出问题的答案却可能只需要一两天时间。因此，一到实验室，我就马上在原有的碳原子模型上加了一些铜丝，以便把它们改制成更大的磷原子模型。②

制作无机离子实物模型的难度要高得多，它们与其他有机成分不一样，不遵守任何简单的键角规律，这些键角规律却可以告诉我们，各种相应的化学键是在什么角度上形成的。我们必须先正确地理解DNA的结构，才能制作分子模型。无论如何，我都希望克里克已经找到了一种绝妙的方法，但愿他一走进实验室门口就会大声嚷嚷着告诉我们。

② 沃森借鉴了斯文·弗尔伯格（Sven Furberg）对胞嘧啶核苷结构的研究。1949年，弗尔伯格在《自然》杂志上发表了一篇质量较高的论文。弗尔伯格是挪威物理化学家，曾经在伦敦大学伯贝克学院的伯纳尔实验室工作过两年。

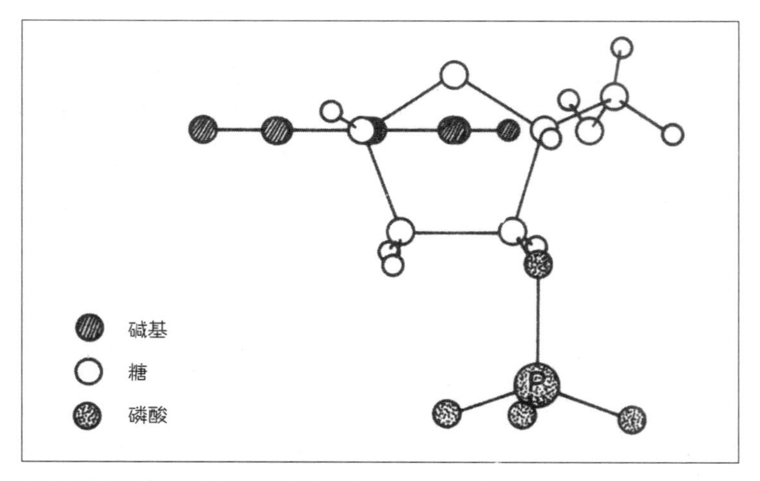

核苷酸结构示意图。图中可见，碱基所在的平面与绝大多数糖原子所在的平面几乎完全垂直。早在1949年，斯文·弗尔伯格就已经阐明了这个重要事实。后来，弗尔伯格也尝试着制作了一些简单的DNA模型，但由于他不了解国王学院的实验进展，他制成的只是一些单链DNA结构模型。因此卡文迪许实验室的研究小组从来没有认真考虑过弗尔伯格关于DNA结构的设想

22 NATURE July 2, 1949 Vol. 164

Wolfenstein. The rates obtained by Lewis and by Williams at the higher altitude for a chamber separation of 10 metres and for showers of the same density are also much greater than the predicted rate, by factors of 280 and 12 respectively. Part of the discrepancy may well be attributed to Wolfenstein's inclusion of the zenith angle effect, whereas recent experiments[2] indicate that extensive showers penetrating to the lower altitudes are incident nearly vertically.

Further details of the present work are to appear in the *Australian Journal of Scientific Research*, Series A, 2 (1949).

J. R. Prescott
C. B. O. Mohr

Physics Department,
University of Melbourne.
March 17.

[1] Lewis, L. G., *Phys. Rev.*, **67**, 228 (1945).
[2] Williams, R., *Phys. Rev.*, **74**, 1689 (1948).
[3] Euler, H., *Z. Phys.*, **116**, 73 (1940).
[4] Wolfenstein, L., *Phys. Rev.*, **67**, 238 (1945).
[5] Carmichael, H., *Phys. Rev.*, **74**, 1667 (1948).
[6] Bridge, H., Hazen, W., Rossi, B., and Williams, R., *Phys. Rev.*, **74**, 1083 (1948).
[7] Bernadini, G., Cortini, C., and Manfredini, A., *Phys. Rev.*, **74**, 845 (1948).
[8] Montgomery, C. G., and Montgomery, D. D., *Phys. Rev.*, **72**, 131 (1947).
[9] Alichanian, A., and Asatiani, T., *J. Phys. U.S.S.R.*, **9**, 175 (1945).

Crystal Structure of Cytidine

A study of the crystal structure of cytidine is being carried out by X-ray analysis. The crystal specimens were kindly supplied by Dr. D. O. Jordan, University of Nottingham, and were found to be orthorhombic with {110} dominating. An optical investigation shows that the sign is positive, with $\alpha \parallel c$, $\beta \parallel b$ and $\gamma \parallel a$. Cell dimensions are: a = 13·93 A., b = 14·75 A., c = 5·10 A.; density, 1·53; four molecules per unit cell; space-group, $P\,2_12_12_1$.

Cytidine

Weissenberg photographs were taken, approximate atomic co-ordinates postulated by trial and error, and the Fourier map of the 001-projection shown in Fig. 1 eventually obtained. This map is now being refined.

Fig. 2 gives the interpretation of the peaks. The chemical formula is fully confirmed, thus showing cytidine to be cytosine-3-*d*-ribofuranoside. The glycosidic linkage is of the β-type, in accordance with the findings of Davoll, Lythgoe and Todd[1]. The bond-angles to the atom C_1' of the five-membered ring are not far from the tetrahedral angle, and the planes of the two ring systems are nearly perpendicular to each other. Details of the structure cannot be given at this stage; but the pyrimidine-ring appears

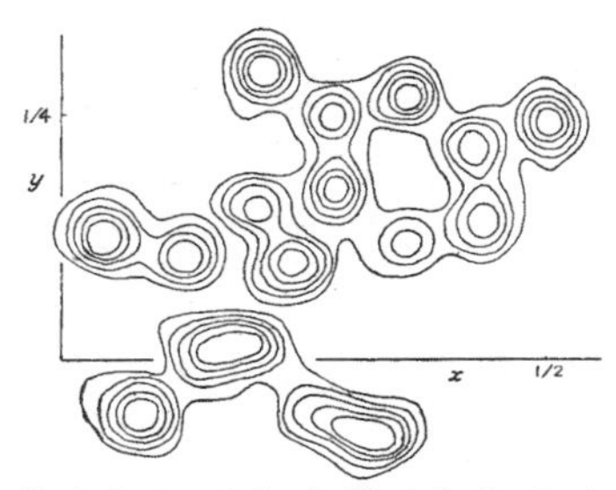

Fig. 1. Fourier projection of cytidine in direction of c-axis

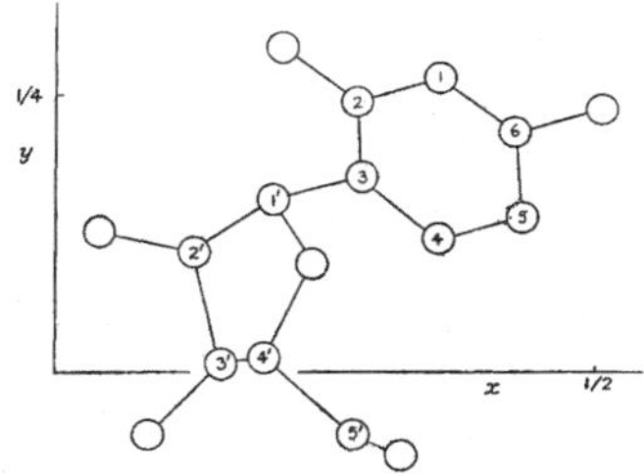

Fig. 2. Molecular projection corresponding to Fig. 1

to be flat, and there is some indication that the ribose-ring may not be planar.

Neighbouring molecules in the crystal are held together by hydrogen bonds.

It is hoped to publish later a more detailed account of the structure.

X-ray work on cytidylic acid is also in progress. The cell-dimensions are a = 8·74 A., b = 21·4 A., c = 6·82 A., and the space-group $P\,2_12_12$.

S. Furberg

Birkbeck College Research Laboratory,
21 Torrington Square,
London, W.C.1.

[1] Davoll, Lythgoe and Todd, *J. Chem. Soc.*, 833 (1946).

Runge Bands of O_2 in Flame Spectra

In a recent note, Hornbeck[1] has reported observing the Runge emission bands of O_2, $^3\Sigma_u^- \rightarrow {}^3\Sigma_g^-$, in the spectra of explosion flames of carbon monoxide and oxygen, and has shown that this banded structure is favoured relative to the continuous background by excess of oxygen in the mixture. In a diffusion flame of carbon monoxide burning in oxygen at atmospheric pressure, we have confirmed the presence of the Runge bands, the (0,13), (0,14) and (0,15) bands, with heads at 3233, 3370 and 3516 A., being conspicuous. These bands, however, are emitted by a different part of the flame from the main carbon monoxide flame spectrum, and it is clear that the

弗尔伯格发表的关于 DNA 结构的论文，刊载于 1949 年 7 月 2 日出版的《自然》杂志

Reprinted from *Acta Crystallographica*, Vol. 3, Part 5, September 1950

PRINTED IN GREAT BRITAIN

Acta Cryst. (1950). **3**, 325

The Crystal Structure of Cytidine

BY S. FURBERG*

Birkbeck College Research Laboratory, 21 Torrington Square, London W.C. 1, England

(*Received* 28 *January* 1950)

Crystals of cytidine, $C_9H_{13}O_5N_3$, are orthorhombic with $a=13{\cdot}93$, $b=14{\cdot}75$, $c=5{\cdot}10$ A. The space group is $P2_12_12_1$, and the unit cell contains four molecules. Atomic co-ordinates were postulated by extensive use of structure-factor graphs, supported by chemical and physical data, and then refined by two-dimensional Fourier syntheses. Direct confirmation is given that cytidine may be described as cytosine-3-β-D-ribofuranoside. The pyrimidine ring is found to be planar, whereas the D-ribose ring is non-planar with one of its atoms lying about 0·5 A. from the plane containing the four remaining atoms. The central C–N bond lies in the plane of the pyrimidine ring and makes tetrahedral angles with the adjacent ring bonds in the D-ribose. Evidence is found for a weak intra-molecular hydrogen bond between the 5′-hydroxyl group in the D-ribose and a (CH) group in the pyrimidine.

罗莎琳德·富兰克林保存的弗尔伯格讨论胞嘧啶核苷结构的那篇有决定性意义的论文的副本。弗尔伯格在他的签名下面，用难以辨认的字迹写着“希望你能够很好地解释你得到的优美的钠–胸腺核酸（Na-thymonucleate）纤维图”。然而遗憾的是，我们不清楚富兰克林是什么时候收到弗尔伯格送给她的这篇论文的

然而，距离上次克里克和我讨论完分手后，已经过去了整整18个小时，他却还没有现身。他该不会是回到“翠扉”后看星期日的报纸入迷了吧？不过从他的习惯来看，这种可能性实在很小。

后来，克里克终于回到了实验室，但并没有给我带来好消息。星期日那天，吃过晚饭回家后，他再次试图解决我们面临的难题，但是发现没有捷径可走。于是，他决定暂且把这个难题放到一边，随手拿起一本描写剑桥大学学者私生活的小说翻了起来。这本书有些章节写得相当不错，即使在那些写得比较糟糕的章节中，也很难说作者严重歪曲了她的那些剑桥大学的朋友的生活方式。[3]

玛格丽特·布拉德的小说《天堂中的鲈鱼》

[3] 克里克读的这本小说是由玛格丽特·布拉德（Margaret Bullard）著，哈米什·汉密尔顿出版社于1952年出版的《天堂中的鲈鱼》（*A Perch in Paradise*）。伯特兰·罗素（Bertrand Russell）也非常喜欢这本小说。1952年4月10日，在写给布拉德的一封信中，罗素这样写道：“如果剑桥真的如你所说的那样，那么它肯定会成为一个更加有趣的地方。我的本科就是在剑桥大学读的，那还是在19世纪90年代初。在那个时代，我们都是严格的禁欲主义者，与你小说中的角色完全不同。无论如何，我认为你的小说很有意思，阅读它是一个愉快的经历。我希望它能够成为剑桥生活的真实写照。”

赫伯特·古特弗罗因德站在克里克和沃森之间，背景是克莱尔学院，摄于1952年

肯德鲁的博士研究生休·赫胥黎与马克斯·佩鲁茨的助手安·卡利斯（Ann Cullis）

不过，到了第二天早上我们喝咖啡的时候，克里克又一次充满了信心，他认为手头拥有的实验数据也许已经足够支撑我们取得成功了。他说，我们可以从几组完全不同的事实入手，分别构建出分子模型。这些分子模型殊途同归，最终都会指向同一个结果。很可能，当我们找到把多核苷酸链折叠起来的最佳方法时，全部问题就迎刃而解了。因此，在克里克思考X射线衍射图谱意义的时候，我就把各种原子模型搭建成了好几条多核苷酸链，每条多核苷酸链都包括好几个核苷酸。虽然自然界中的DNA链很长，在实验室中我们却没有必要把整条DNA链都搭建出来。只要我们能够保证搭建而成的DNA链是螺旋状的，或者说，只要我们能够把少数几个核苷酸的位置固定下来，其他组成成分在DNA链中的位置和排列方式也就自然而然水落石出了。

模型搭建工作一直持续到下午1点，随后，我、克里克以及化学家赫伯特·古特弗罗因德一起到老鹰酒吧去吃午饭。那里已经成了我们解决午餐的固定场所。在那段日子里，肯德鲁经常去彼得学院吃午饭，而佩鲁茨则总是骑自行车回家吃。肯德鲁的学生休·赫胥黎有时也会与我们一起共进午餐。但是近来赫胥黎不怎么来了，因为克里克在吃午饭时总会连珠炮似地提问题，这让他觉得这种午餐时间实在难熬。

在我来剑桥大学之前，赫胥黎已经决定研究肌肉的收缩原理，而这个问题竟然也吸引了克里克的关注。这是因为克里克在这个领域也看到了一个未曾预料到的机会：近 20 年来，肌肉生理学家虽然已经积累起了大量数据，却一直没有尝试构建一个一致的内在框架。克里克认为赫胥黎可以在这个领域搞出些名堂。而且，克里克不必亲自动手去研究有关的实验数据，赫胥黎已经搜集到了许多资料，只是还没有完全消化。每次在一起吃午饭的时候，克里克都会针对赫胥黎收集到的材料提出某种理论，而这种理论通常只能“维持成立”一两天时间。因为到第二次吃午饭的时候，赫胥黎就会对克里克说，他的实验数据没有错（而根据克里克的“理论”，应该是实验数据出了差错），其可靠性就像直布罗陀巨岩一样不可撼动，这样也就推翻了克里克先前提出的理论。[4]赫胥黎的 X 射线照相机这时已经安装就绪，他相信用它很快就能得到切实可靠的实验证据，从而一劳永逸地解决那些有争议的问题。但如果赫胥黎将来有可能发现的所有东西克里克全都能正确地预见到，那么他自己的研究乐趣也就荡然无存了。

[4] 直布罗陀巨岩是一块“海角石”，它有约 430 米高，位于西班牙的边界，守护着地中海入口。自 1713 年《乌得勒支条约》签订以来，它就落入了英国之手。尽管直布罗陀巨岩屡遭围攻，但是它从未易主，因此在这里借用了它。

但是那一天，赫胥黎根本用不着担心克里克会向他提出什么新问题。当我们走进老鹰酒吧后，克里克没有像往常那样大声地与伊弗雷姆·埃西格（Ephraim Eshag）打招呼，克里克表情严肃，不禁令人觉得肯定发生了什么非常重要的事情。[5]事实上，这是因为午餐结束后我们就要开始搭建模型，而在动手之前，我们必须认真思考并制订一个具体的实施计划，以保证工作的有效进行。

[5] 伊弗雷姆·埃西格是一位伊朗裔经济学家，他是约翰·梅纳德·凯恩斯的忠实追随者。当时，伊弗雷姆·埃西格正在剑桥大学攻读博士学位，他的论文的主题是货币理论史。后来，他成了牛津大学瓦德汉学院的教师，在那之前，他先到联合国工作了一段时间。他结婚非常迟——直到 74 岁才结婚。根据他的讣告，他曾经是“一个有很多女朋友的不知悔改的男子”。结婚 6 年之后他就去世了，享年 80 岁。

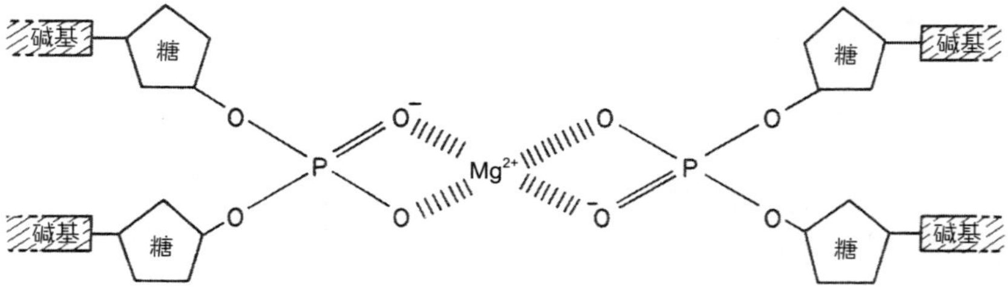

在螺旋结构的中心，带有负电荷的磷酸基团很可能是通过镁离子结合起来的，其结合方式如上图所示

我们一边吃着醋栗馅饼，一边思索着：模型中的多核苷酸链究竟是一条还是两条？又或是三条甚至四条？很快我们就放弃了只有一个螺旋结构的想法，因为这明显不符合我们手头的实验数据。至于多条多核苷酸链之间通过什么作用力结合在一起，最好的猜测是盐键。在这种盐键里，两价正离子（例如：镁离子）可以将两个或更多的磷酸基团结合到一起。然而，没有任何证据可以表明富兰克林的 DNA 样品中有任何两价离子。这就意味着我们的盐键猜想是一种冒险行为，很可能会成为一个容易受人攻击的破绽。但另一方面，还没有充分的证据可以推翻我们的猜测。⑥如果伦敦国王学院的研究小组中有人曾经考虑过建构模型的问题，他们肯定就会追问我们究竟是哪种金属离子。在这个问题上，我们仍处于一个很难给出答案的尴尬局面。幸运的是，我们把镁离子或者钙离子嵌进糖－磷酸形成的核苷酸链骨架中后，立刻得到了一个美妙精致的结构，而它的正确性无可争辩。

模型制作的初期，我们进行得并不顺利。虽然我们的模型只涉及 15 种原子，但由于我们能用的夹子非常简陋，用它们固定各种原子，很难使原子之间保持正确的距离。更加糟糕的是，搭建过程中我们发现最重要的几种原子之间的键角无法确定。这确实不是一件好事。鲍林解决蛋白质的 α－螺旋结构的关键在于他掌握的一个知识：肽键是在一个平面上的。而令我们感到恼火的是，有充分的证据表明，在 DNA 中将核苷酸结合起来的磷酸二酯键的形状是多种多样的。至少，从我们的“化学直觉”来看，磷酸二酯键似乎不存在比所有其他构象都更简单、更优美的构象。

不过，在茶歇之后，我们还是设计出了磷酸二酯键的一种可能形状，这使我们又重新振奋起来。我们把三条多核苷酸链沿螺旋轴每隔 2.8 纳米绕一周相互缠绕起来，从而制作出了一个晶体学模型。这个模型看上去也符合威尔金斯和富兰克林的 X 射线衍射图谱。克里克从实验台边慢慢往后退，细细地欣赏着、琢磨着这个模型，很显然，对于下午取得的这个成果他有点沾沾自喜。尽管有几个原子显得有点拥挤，看上去不那么舒服，但不管怎么说，我们毕竟才刚刚开始制作模型！相信只要再有几个小时，我们就可以拿出一个可以用来展示的模型了。

⑥ 这是克里克在富兰克林的研讨会举行后不久写的一份备忘录的第一页，它列出了沃森和他自己接下来设计 DNA 结构时的指导原则。与富兰克林的观点相反（她认为实验数据才是最重要的），他们将会尝试“结合最低限度的实验事实”，不过，克里克同时也承认“某些结果对我们有所启发”。克里克强调，必须注意不要轻易否定一个模型，“因为有些困难到了后面的阶段将会自动化解”。

Introduction

Stimulated by the results presented by the workers at King's College, London, at a colloquium given on 21st Nov. 1951, we have attempted to see if we can find any general principles on which the structure of D.N.A. might be based. We have tried, in this approach, to incorporate the minimum number of experimental facts, although certain results have suggested ideas to us. Among these we may include the probable helical nature of structure, the dimensions of the unit cell, the number of residues per lattice point, and the water content. Having arrived at a tentative structure in this way, we have generalised what we regard as the important features,

克里克关于他们的三螺旋模型备忘录的第一页

英国医学研究理事会生物物理实验室部分成员在一年一度的板球赛中，摄于 20 世纪 50 年代。从左至右分别为：莫里斯·威尔金斯、威利·西兹、布鲁斯·弗雷泽（Bruce Fraser）、雷蒙德·戈斯林（后排站立者）、杰弗里·布朗（Geoffrey Brown）

在“翠扉”吃晚饭的时候，我们都沉浸在愉悦的气氛之中。虽然奥迪尔听不懂我们在谈论什么，但是她还是为克里克在一个月之内将要取得的第二次胜利而感到兴奋。如果以后都可以像这个月这么顺利，那么他们很快就会变得富裕起来，很快就能买一辆自己的汽车了。一直以来，克里克都认为，即便是用最简单的语言，也不可能教会奥迪尔懂得多少科学知识，而且那也不会带来什么好处。因为，奥迪尔有一次曾对克里克说，重力作用只存在于离地球大约 3 000 米以内的空间里，自那之后他们就再也不讨论科学了。奥迪尔从小在修道院接受教育，因此她不仅不懂科学，也拒绝接受科学，任何想要往她脑袋中塞入一些科学常识的尝试都注定要失败。对她来说，能够学会加减法，知道怎么数钱也就足够了。

于是，我们的话题转到了一个学艺术的女大学生身上，她马上就要嫁给奥迪尔的朋友哈特穆特·韦尔（Harmut Weil）了。这多少令克里克觉得有些扫兴，因为他的朋友圈将因此失去一个最漂亮的姑娘了。韦尔本人身上也有一些令人难以捉摸的地方。他在德国求学的大学有一个传统，他们相信决斗是解决问题的最终手段。[7]而克里克有一个特殊的本事，他能让剑桥大学的姑

[7] 亚历山大·托德于 1929 年到德国法兰克福从事研究，攻读博士学位，他在自传中描述了一场曾经参加过的决斗。那是在某天的凌晨 5 点，他们进行决斗的目标是在对手脸上造成一个伤口。决斗结束后，所有参加决斗以及见证决斗的人一起来到附近的一家小酒馆，“大喝特喝啤酒，尽管当时还是清晨”。

娘心甘情愿到他的相机镜头前来摆各种姿势。

一天早上喝咖啡前，克里克风风火火地来到实验室。我们又开始摆弄起原子模型来，我们把其中几个原子的位置移近一些，又把另外一些原子的位置拉出一些，很快我们面前的三核苷酸链模型就变得相当优美了。很显然，下一步的工作就是要利用富兰克林测定的定量指标来对它进行检验。我们相信这个模型和 X 射线衍射图像不会有太大出入，因为所有基本螺旋参数都是我们精心选择好的，它们能够很好地拟合那次学术会议上介绍的情况（这些我早就告诉了克里克）。如果这个模型是正确的话，那么它就能够准确地预测各种 X 射线衍射图像的相对密度。

于是，我们立即给威尔金斯打了个电话。克里克向他解释了运用衍射理论快速检验各种不同 DNA 模型的方法，他还告诉威尔金斯，我们两人刚刚制作了一个模型，它很可能就是我们一直期待的答案，希望他最好马上来亲自看一看。可威尔金斯并没有说定一个确切的日期，只告诉克里克说他有可能在那周的某一天过来。刚放下电话，肯德鲁就来了，他想了解一下威尔金斯对我们取得的新进展有什么反应。克里克觉得一时很难说清楚。看上去，威尔金斯对我们正在做的事情好像无动于衷。

然而就在那天下午，当我们正在继续摆弄模型的时候，威尔金斯从伦敦国王学院打来了一个电话，说他将在第二天上午乘 10 点 10 分的火车从伦敦过来。而且他的同事西兹也将一起过来。他甚至还告诉我们，富兰克林和雷蒙德·戈斯林也将同车抵达。很显然，他们对我们得到的结果非常感兴趣。

13 出师不利

那一天，威尔金斯乘出租车从火车站来到了我们实验室。通常他都会选择搭公共汽车，但这一次有所不同，一方面，乘坐出租车的费用可以由四个人分担，更重要的是，站在公共汽车站台上与富兰克林一起等车会令彼此都很不自在，本来就令人不快的气氛只会变得更僵。威尔金斯对富兰克林的好意提醒全都是白费唇舌。即使现在可能会因失败而大丢面子，富兰克林对威尔金斯也仍然不理不睬，反而把注意力都集中到了戈斯林身上。到了剑桥大学后，威尔金斯往我们的实验室里探了探头，打招呼说他们四个人都到了。显然，这种试图展现他们团结形象的努力微不足道。气氛很凝重，场面也有些尴尬，威尔金斯试图先闲聊几分钟让大家放松下来，但是富兰克林并无此打算。她只想尽快知道事情的究竟。

雷蒙德·戈斯林，摄于20世纪50年代早期

这一天是克里克表现自己的大日子，佩鲁茨和肯德鲁都不想喧宾夺主，他们进来跟威尔金斯等人简单寒暄了两句，就借口工作繁忙回自己的办公室去了。在威尔金斯一行人到达之前，我和克里克决定将分两步介绍我们的工作进展情况。首先由克里克扼要地阐述一下螺旋理论的优越性，然后由我们俩一起介绍当前这个 DNA 模型的制作过程。中午，大家一起去老鹰酒吧吃午饭。而下午的时间就由所有人聚在一起讨论一下解决 DNA 结构解析最后阶段的工作。

我们按计划进行了第一阶段的展示。克里克先大吹大擂了一番螺旋理论的威力，接着用短短几分钟说明了用贝塞尔函数（Bessel function）求得答案的简便方法。然而，没有任何一个来访者有迹象表明愿意分享他的快乐。威尔金斯不但不想用这些绝妙的方程式来解决相关问题，反而一味地强调，克里克所说的这种理论，并没有超越他的同事亚历克斯·斯托克斯的理论，而且斯托克斯从来不会这样虚张声势。威尔金斯说，斯托克斯在某一天晚上乘火车回家的路上就已经解决了这个问题，第二天早上他就把自己的结果写在了一张纸条上。[①]

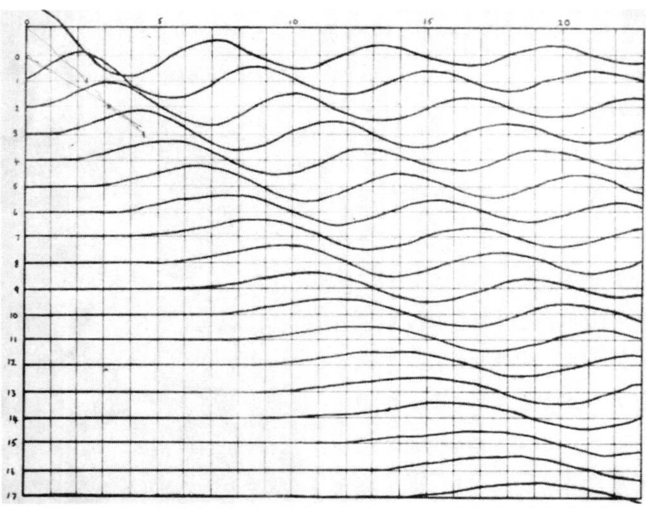

斯托克斯给出的一个螺旋结构的贝塞尔函数图，他把这称为“贝塞尔海滨”

[①] 40 年后，在回忆起如何提出螺旋衍射理论时，斯托克斯是这样描述的：“……莫里斯·威尔金斯，他知道我喜欢数学，尤其是傅立叶分析，于是就问道：‘你能不能确定螺旋结构对应什么类型的 X 射线衍射模式？’我对他说，我认为我能做到这一点。于是，在回家的火车上，我反复思考这个问题，然后很快就发现解决这个问题需要的傅立叶分析工具就是贝塞尔函数。幸运的是，我以前在其他问题情境中就接触过贝塞尔函数，所以我知道它们是什么东西，它们不可能吓倒我。第二天，我就画出了一些贝塞尔函数的图形……它们与我们得到的 X 射线衍射图谱有显著的相似性。后来，我把这称为‘贝塞尔海滨’的波浪。”

斯托克斯在将他的贝塞尔函数图称为“贝塞尔海滨”时运用了语言的双关性，这个术语是他生造的，仿照的是贝克斯希尔海滨。贝克斯希尔海滨是英国的一个海滨度假胜地，位于英国南部沿海，距离伦敦约一日火车的行程

至于富兰克林，她根本不关心螺旋理论的发现优先权。当克里克喋喋不休地说个没完时，她显得很烦躁。其实克里克完全用不着多费唇舌向她“布道”，因为她从来不认为有其他任何证据可以证明 DNA 结构是螺旋状的。她坚信 DNA 结构的秘密只有通过进一步的 X 射线衍射研究才能得出最终结论。现在就模型论模型，只能使她更加不满。富兰克林认为，克里克所说的那些东西根本不值得大肆宣扬。当我们谈到，在这个由三条多核苷酸链组成的模型中，磷酸基团是通过镁离子结合起来的时候，富兰克林显得咄咄逼人。她说，她对模型的这个特点完全不感兴趣，并且直截了当地指出，镁离子是被由水分子构成的密实的外壳紧紧包围起来的，因而不可能成为任何一个紧凑结构的“主钉”（kingpin）。[②]

[②] 对于这次剑桥大学之行，雷蒙德·戈斯林后来这样回忆道（2012 年）：

“克里克给威尔金斯打了一个电话，说他和沃森已经制作好了一个 DNA 螺旋模型，希望我们所有人都到剑桥大学去看一看。带着些许诧异，我们从利物浦大街火车站出发，乘坐火车前往剑桥大学。整个旅途都非常安静，部分是因为莫里斯·威尔金斯和罗莎琳德·富兰克林之间的关系一向比较紧张，部分是因为我们担心卡文迪许实验室的这两个研究者如果取得了成功，我们的全部努力就会付诸流水。然而，在走进他们的实验室后，一看到他们的模型我们就放心了。富兰克林在评价时，使用了她在教学时常用的口头禅：‘你（们）错了，原因如下……’她列举了一大堆理由，否决了他们的理论。他们的错误在于把磷酸基团放在了设想的 DNA 结构的内部，他们认为这可以为不稳定的核苷酸链提供一个强大的中央核心（否则整个结构就会摇摇欲坠）。然而，我们的衍射图谱清晰地表明，作为整个结构中质量最大的 X 射线衍射体，磷酸基团必定位于某个分子的外侧，其半径大约为 1 纳米，围绕着一个包含了核苷酸的其余组成部分的中心核。正如富兰克林所指出的，我们的实验已经证明了这一点，因为水可以轻松自如地进出这个结构的内部（无论这个结构到底是怎样的都不会有任何不同）。”

“这同时也证明了富兰克林的另一个观点：无论什么时候，只要愿意，任何人都可以去构建各种各样的原子模型，但都不能说明哪个模型最接近真理。如果威尔金斯能够退一步，让我们（富兰克林和我）继续测度衍射强度，继续进行缓慢、艰难的计算，那么最终‘数据将开口说话’。”

高峰时段的伦敦利物浦大街火车站，摄于1951年10月12日

令我们尤其不安的是，富兰克林之所以提出这些反对意见，是因为她有明确的依据。到了这个时候，我才又羞又恼地认识到，我记错了富兰克林测定的DNA样品的含水量。正确的DNA模型的含水量至少比我们的模型多10倍。这是一个十分尴尬的事实。然而，这并不意味着我们完全错了，幸运的话，多出来的那些水说不定只是流进螺旋边缘的缝隙中去了。但无法否认的是，我们这个猜想缺乏切实的支撑。只要DNA含有更多水分的可能性成立，那么可能的DNA模型数量就会急剧增多。

吃午饭的时候，克里克仍然忍耐不住，试图主导讨论，但是他不可能再像一位自信的学术大师，在一群从来没有机缘瞻仰一流学者风采的殖民地儿童面前讲演时那样趾高气扬了。现在，毫无疑问发球权又回到了伦敦国王学院的研究小组手中。要想解决那天浮现出来的一些难题，最好的办法是对下一轮实验达成某种协议。必须先搞清楚 DNA 结构是否依赖于那些用来中和负电性磷酸基团的金属离子，这个问题只需花几个星期就能解决。到了那个时候，关于镁离子重要性的种种不确定性就会全部烟消云散了。只有完成了这项实验研究，才能开始下一个阶段的模型制作工作。假如一切顺利的话，我们有可能在圣诞节之前再制作出一个新的模型。

午餐结束后，我们一起去散步。大家先走进了国王学院，然后又从它的后院走到了三一学院。在聊天中，他们还是不愿改变自己的立场。富兰克林和戈斯林表现得尤其固执。很显然，他们绝不会因为坐了 80 多公里的火车，听了两个资历尚浅的研究者的一番话就改变他们既定的研究计划。与之相反，威尔金斯和西兹似乎还有些通情达理，但并不排除他们就是故意要和富兰克林唱对台戏。

直到我们回到实验室，情况仍然没有丝毫好转。克里克仍然不想认输，因此还在唠叨着制作模型的某些细节。可是当他发觉只有我一个人愿意与他交谈时，立刻就泄了气。说真的，那一刻，就连我们俩也不愿意再对那个模型多看一眼，它已经黯然失色了，而那些匆匆忙忙改制出来的粗糙的磷原子也变得碍眼起来，就好像永远都不会有适合它们的位置似的。正在那时，威尔金斯说，如果他们赶乘公共汽车去利物浦大街火车站的话，还可以赶上 3 点 40 分的火车回伦敦去。于是我们就和他们一行人匆匆道别了。

威利·西兹（右起第二）参加伦敦国王学院物理系的一次聚会，脸被他遮掉一半的人是雷蒙德·戈斯林，摄于 20 世纪 50 年代早期

14 卧薪尝胆

富兰克林将克里克和我批得体无完肤的消息很快就传到了楼上布拉格爵士那里。布拉格爵士对这个消息无意多说什么，在他看来，这件事情与之前的事实一样都表明，如果克里克能少说多做的话，研究进展肯定会更快一些。然而，正如我们预料的那样，这个消息继续向更广泛的范围扩散开。看来，现在该是威尔金斯的上司和布拉格爵士本人坐下来谈谈的时候了：让克里克和我也像伦敦国王学院的研究小组一样，耗费大量时间、精力和资金去研究 DNA 结构真的值得吗？[①]

[①] 克里克和威尔金斯在通信时也谈到了这个问题。这些信件不仅谈及了这个插曲，而且也有助于我们了解克里克和威尔金斯两人的个性。请参阅下页引用的他们的信件。

对于克里克这种一再节外生枝的做法，布拉格爵士早就见怪不怪了。谁都说不准什么时候克里克又会再次惹是生非。布拉格爵士认为，如果克里克执迷不悟，不及时改弦易辙，那么很可能又会白白浪费 5 年时间，甚至连撰写博士论文所需的资料也无法收集完整。要布拉格爵士在他身为卡文迪许教授的剩余任期里继续容忍克里克这样一意孤行下去看上去很困难。事实上，这是任何一个精神正常的教授都无法容忍的。另外，布拉格爵士本人曾长期生活在他父亲显赫声誉的阴影之下，许多人都错误地认为“布拉格定律”主要是出于他父亲的卓越贡献，而他本人则没有什么了不起的成就。现在，布拉格爵士已经拥有了科学界最崇高的教席，这正是他享受崇高荣誉的时刻，却不得不为克里克这样一个不得志的天才人物的古怪行为负责。

劳伦斯・布拉格爵士和夫人爱丽丝・布拉格（Alice Bragg），摄于 1951 年

布拉格爵士要求佩鲁茨通知克里克和我，立即放弃对 DNA 结构的研究。在此之前，布拉格爵士征求了佩鲁茨和肯德鲁的意见，简单了解了我们工作的原创之处后，他对自己的这个决定的合理性坚信不疑，认为这样做并不会阻碍科学的进步。

在DNA三螺旋模型的设想落空之后，克里克和威尔金斯之间通了几封信。这封信写于1951年12月11日，可以说是一封相当正式的函件。威尔金斯把伦敦国王学院研究小组的立场告诉了克里克："尽管我非常不情愿，而且觉得很遗憾，但还是不得不告诉你，我们这里的总体意见是，不同意你继续在剑桥大学研究核酸的建议。"威尔金斯还表示，他以前对克里克太宽容了，"我个人觉得，我从与你的讨论中获益良多，但是，鉴于你在星期六的态度，我现在已经开始感觉到轻微的不安了"。威尔金斯把这封信的复印件寄给了兰德尔，并建议克里克让佩鲁茨也看一下这封信。

BIOPHYSICS RESEARCH UNIT,
KING'S COLLEGE,
STRAND,
LONDON, W.C.2.
TELEPHONE: TEMPLE BAR 5651

Dr. F. Crick,
Cavendish Laboratory,
Free School Lane,
Cambridge

11th December 1951

My dear Francis,

Firstly, I want to say I was very sorry to rush off on Saturday without seeing you again and thanking you for the pleasant time.

I am afraid the average vote of opinion here, most reluctantly and with many regrets, is against your proposal to continue the work on n.a. in Cambridge. An argument here is put forward to show that your ideas are derived directly from statements made in the colloquium and this seems to me as convincing as your own argument that your approach is quite out of the blue. It is also said that your type of solution would in any case be arrived at here as our programme is followed through. Fraser is, however, very keen on the whole approach along your lines and has been especially so since your suggestions of a month ago.

~~Apart from this~~, I think it most important that an understanding be reached such that all members of our laboratory can feel in future, as in the past, free to discuss their work and interchange ideas with you and your laboratory. We are two M.R.C. Units and two Physics Departments with many connections. I personally feel that I have much to gain by discussing my own work with you and after your attitude on Saturday begin to have very slight uneasy feelings in this respect. Whatever the precise rights or wrongs of the case I think it most important to preserve good inter-lab relations.

If you and Jim were working in a laboratory remote from ours our attitude would be that you should go right ahead. I think it best to abide by the view taken by the majority of the structure people here and your Unit as a whole. If your Unit thinks our suggestion selfish, or contrary to the interests as a whole of scientific advance, please let us know.

I suggest you show this letter to Max for his information, and having discussed the matter with Randall I am, at his request, letting him have a copy.

Yours very sincerely,

Maurice

MEDICAL RESEARCH COUNCIL

BIOPHYSICS RESEARCH UNIT,
KING'S COLLEGE,
STRAND,
LONDON, W.C.2.
TELEPHONE: TEMPLE BAR 5651

(possibly you might like to show this to John).

Dec 11. 51.

Dear Francis,

This is just to say how bloody browned off I am entirely & how rotten I feel about it all & how entirely friendly I am (though it may possibly appear differently).

We are really between forces which may grind all of us into little pieces. So far as your interests are concerned I do very much suggest it is best to make some sacrifices of credit for ideas in this connection. You can see how the wind is blowing when I say that I had to restrain Randall from writing to Bragg complaining about your behaviour. Needless to say I did restrain him but so far as your security with Bragg is concerned it is probably much more important to pipe down & build up the idea of a quiet steady worker who never creates 'situations' than to collect all the credit for your excellent ideas at the expense of good will.

And you see it does make me a bit confused about our discussions if you get too interested in everything which is important; when I say confused I mean confused, I have given & am now largely incapable of any logical thinking in relation to polynucleotide chains or anything.

And poor Jim — May I shed a crocodile & very confused tear? & send him my best wishes & regards & friendly greetings to both of you & if you should have any ill feeling about the part I have played I hope you will tell me.

Yours M

regards to John too!

这封信是威尔金斯写给克里克的，同样写于1951年12月11日。这封信显然更像私人之间的通信，而且显然也不是愿意给兰德尔或佩鲁茨看到的。从它的字里行间可以看出，威尔金斯的痛苦显而易见：

“我写这封信只是想告诉你，我也像被人放在火上烤一样，已经完全焦了。我觉得整件事情真是糟糕透了。我和你的关系是非常友好的（尽管有时候在表面上可能显得有所不同）。我和你一样，置身于各种力量的旋涡当中，简直快要被撕成碎片！”

在给了克里克一些建议（告诉他应该如何与布拉格爵士打交道）后，威尔金斯继续写道：

“你应该知道，如果你对所有重要的事情都有兴趣插上一脚，那确实会让我有点困扰……”他还不忘专门加上一句安慰沃森的话：“可怜的吉姆。但愿你觉得我在这里流下的不是鳄鱼的眼泪，而是困惑的眼泪。”在这封信的最后，威尔金斯向他们两人“致以最友好的问候。如果你们对我扮演的角色有任何不解和不满意的地方，请你们直接告诉我”。

在收到上述威尔金斯的两封信后，克里克写了一封很有风度的回信：“……振作起来！我的朋友。就算我们触犯了你们，那也是朋友之间的事情。如果说我们是‘入室抢劫者’，那么我希望这给你们研究小组提供了一个促进内部团结的机会！”

Thursday 13 Dec '51

Dear Maurice,

Just a brief note to thank you for the letters and to try to cheer you up. We think the best thing to get things straight is for us to send you a letter setting out, in a mild manner, our point of view. This will take a day or so to do, so I hope you'll excuse the delay. Please don't worry about it, because we're all agreed that we must come to an amicable arrangement.

Meanwhile may we point out what a fortunate position you are in? It is extremely probable that in a short space of time you and your unit will have solved decisively one of the key problems in biomolecular structure,

So cheer up, and take it from us that even if we kicked you in the pants it was between friends. We hope our burglary will at least produce a united front in your group!

Yours ever

Francis.

Jim.

一般人都认为，在鲍林获得成功之后再继续研究螺旋结构，除了可以说明这样做的人头脑过于简单之外，没有任何意义。不管怎么说，让伦敦国王学院的研究小组先去尝试制作 DNA 螺旋模型是对的。这样一来，克里克就能静下心来专心致志地完成他的博士论文了。再者说，研究血红蛋白结晶在不同浓度盐溶液里的收缩情况也不是一件容易的事情。如果克里克能够脚踏实地干上一年到一年半的时间，或许就能搞清楚血红蛋白分子的形状了。布拉格爵士则打算等克里克拿到博士学位后就打发他另谋高就。

我和克里克从来没有想过向任何人求情，事实上，我们克制住了自己，没有公开对布拉格爵士的决定表示质疑，这使佩鲁茨和肯德鲁大大松了一口气。但是我们知道，如果吵闹起来大家就会知道布拉格爵士并不明白 DNA 这三个字母到底意味着什么。我们有绝对的理由相信，布拉格爵士认为 DNA 结构的重要性还不及金属结构的百分之一。他曾怀着极大的兴趣制作了许多肥皂泡般的金属结构模型。布拉格爵士最高兴的时候，就是在放映由他拍摄的展现那些“肥皂泡”如何相互撞击的动画电影的时候。②

② 沃森对于布拉格爵士对这些“肥皂泡”的兴趣的轻蔑评价是有失偏颇的。1947 年，布拉格爵士和约翰·奈伊（John Ney）证明，液体表面的气泡挤在一起形成紧密的“泡筏”后，会表现出与金属原子相似的行为性质。“泡筏”模型引导出了一系列新的思想，例如，在分子动力学中，它可以被用来进行原子模拟。

当然，我们之所以忍气吞声，并不因为我们希望与布拉格爵士保持友好关系，而是因为以糖和磷酸为核心进行模型建构确实陷入了困境。不管从哪个角度观察它，我们都觉得有点不对劲！在伦敦国王学院研究小组来访翌日，我们又认真地琢磨了那个时运不济的三核苷酸链模型及它的许多变体。

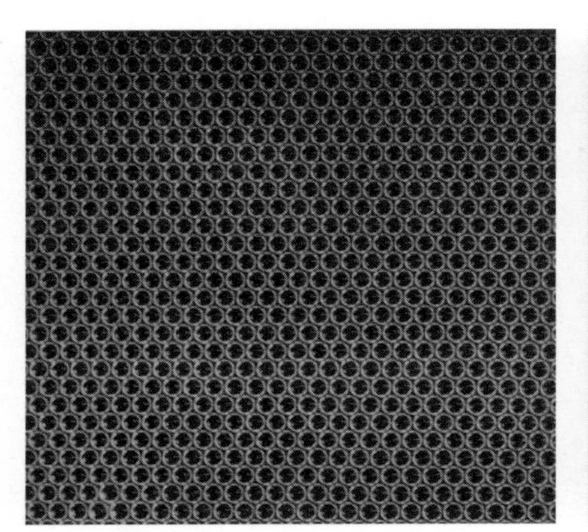

完美的气泡结晶筏

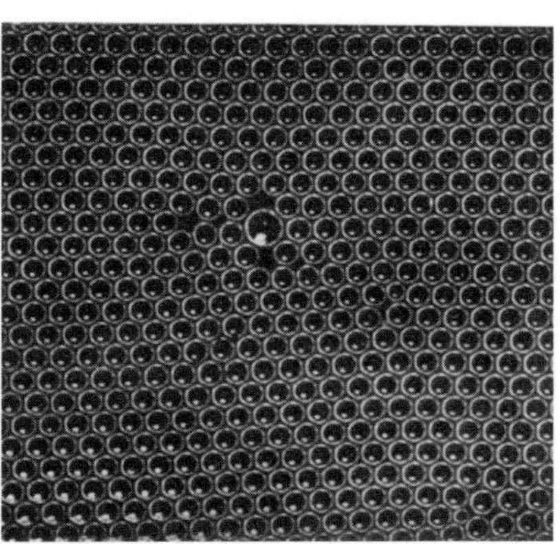

杂质原子的影响

虽然现在还不能完全肯定，但是所有这些模型都给人这样一种印象：把糖－磷酸骨架放在模型中央，就会使原子聚集得太过紧密，超出了化学规律允许的范围。在这些模型中，只要将一个原子摆放到与所有“邻居”相距一定距离的合适位置，就会使距它较远的另一个原子变得过于紧密地接近它自己的“邻居”。

要想解决这个问题，一切都得从头来过。然而不幸的是，由于轻率地与伦敦国王学院的研究小组产生隔阂，我们获得新的实验结果的来源就已经快要枯竭了。我们也不会再被他们邀请去参加有关的学术研讨会了。哪怕只是偶尔询问一下威尔金斯，别人也会怀疑我们又要去研究 DNA 了。最糟糕的是，即使我们停下制作模型，伦敦国王学院的研究小组也不愿意积极进行模型制作工作。据我们所知，他们至今还没有制作过一个三维分子模型。为了加快研究进程，我们愿意出让剑桥大学的原子模型给他们使用，但他们仍然半推半就。不过，威尔金斯确实已经说过，他们在几个星期之内就会找人把模型搭建起来。于是，我们决定，如果下一次有人要到伦敦去，就请他顺便把我们已经制作出来的夹具带到他们实验室去。③

因此看起来，在大西洋这一边的英国，任何人想在圣诞节前解决 DNA 的结构问题的希望都无比渺茫。克里克已经回过头去重操蛋白质研究的旧业了，但那并非出于自愿，仅仅是为了应付布拉格爵士要他完成博士论文的命令。然而，仅仅沉默了没几天，他就又开始滔滔不绝地谈论起蛋白质 α－螺旋的卷曲螺旋结构来了。④只有在吃午饭的时候，我才可能与他讨论一些与 DNA 结构有关的问题。幸运的是，肯德鲁认为对 DNA 的研究虽然中断了，但是我们仍然应该经常考虑一下这方面的问题。他从来没有试图让我重新对肌红蛋白产生兴趣。相反，在那些昏暗寒冷的日子里，我利用时间多学了点理论化学方面的知识。我翻阅了各种专业期刊，希望能找到一些被人遗忘的与 DNA 结构有关的线索。

在那段时间里，我最常阅读的一本书是克里克买来送给我的《化学键的本质》。为了找到某个重要键的键长，克里克经常需要翻阅它。这本书平时就放在肯德鲁分配给我做实验用的一张实验台的角落里。我一直希望在鲍林的这本名著中找到某种“秘密武器”。于是，克里克又买了一本送给我。这本书是吉祥之兆。克里克在这本书的扉页上题了字：赠给吉姆——克里克，1951 年圣诞节。后来的事实证明，基督教的这个传统确实非常有益。

③ 夹具是一种模板，可以用来复制完全相同的物件。在沃森和克里克被迫中止 DNA 研究之前，他们已经在卡文迪许实验室制成了四大碱基的准确模型，这些就是“夹具”，可以用来快速地复制出更多的碱基。后来，威尔金斯这样写道：“沃森和克里克愿意把他们制作好的夹具送给我们，这是体现他们致力于加快科学研究进展的合作精神的一个极佳范例。”可惜的是，富兰克林却对它们的作用表示了蔑视。

④ 克里克当时在研究 α－螺旋的卷曲螺旋结构（即所谓的“超螺旋”），但是这项工作后来又使他卷入了另一场关于科学发现优先权的纷争。这场纷争发生在他与莱纳斯·鲍林之间，而且争执的热度还要高。

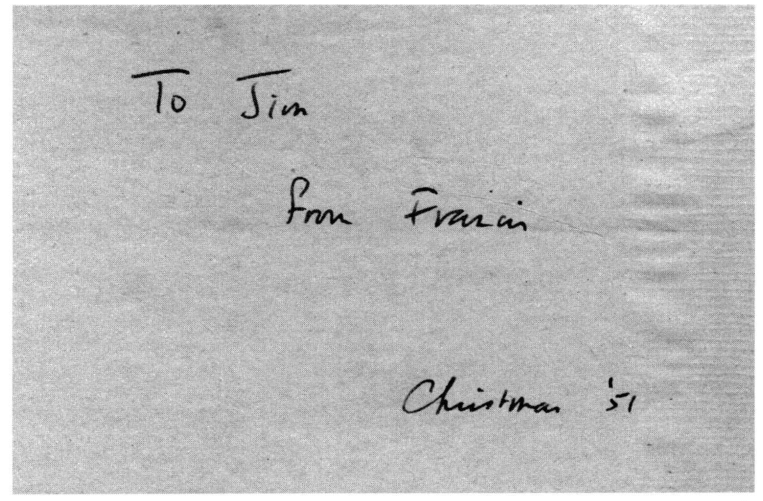

To Jim

from Francis

Christmas '51

克里克在鲍林的《化学键的本质》一书扉页上的题字，他把这本书作为圣诞礼物送给了沃森

15 奖学金之忧

娜奥米·米奇森，摄于1955年。这张照片拍摄于卡罗代尔地区附近的一个地方。娜奥米身后是她和当地渔民丹尼斯·麦金托什（Denis McIntosh）共同拥有的一艘名为“莫文少女号”（Maid of Morven）的渔船。娜奥米是著名的科幻小说家和历史小说家。她还是托尔金的好友，帮助托尔金校对了《指环王》一书

圣诞节期间，我没有一直待在剑桥大学。阿弗里安·米奇森邀请我到他位于琴泰岬（Mull of Kintyre）卡罗代尔（Carrodale）地区的父母家中去度假。米奇森的母亲娜奥米（Naomi Mitchison）是一位著名作家，而他的父亲吉尔伯特·米奇森（Gilbert Mitchison）是一位工党议员。他们家非常出名的一点就是，每逢重大节日，他们家宽敞的房子里总是坐满了来自英国各地的奇人异士。他们思维活跃，言辞犀利。此外，娜奥米的兄弟就是英国最有才华但性情颇为乖张的生物学家霍尔丹。在尤斯顿火车站（Euston station）见到阿弗里安和她妹妹瓦尔·米奇森（Val Ivlitchison）时，我就把和克里克在研究DNA过程中遇到的重重阻碍和自己对来年能否拿到奖学金的担忧全抛到了九霄云外。那是一列开往格拉斯哥的通宵火车，但是我们一直都没能找到座位，于是在长达10小时的旅途中，我们只好坐在行李箱上，听瓦尔批评美国人无趣而粗鲁的生活习惯。当时，每年都有越来越多的美国人涌向牛津大学求学。

吉尔伯特·米奇森，摄于1945年。这是他作为工党候选人在凯特林地区参加大选时的照片。吉尔伯特·米奇森击败了保守党候选人约翰·普罗富莫（John Profumo），赢得了议席。这张照片源于英国文化协会拍摄的一部关于那次大选的纪录片

霍尔丹在特拉法尔加广场劝告参加统一战线会议的群众。1937年，英国左翼组织了工人统一战线，打算抗击德国法西斯

UNIVERSITY OF CAMBRIDGE DEPARTMENT OF PHYSICS
CRYSTALLOGRAPHIC LABORATORY

TELEPHONE
CAMBRIDGE 55478

CAVENDISH LABORATORY
FREE SCHOOL LANE
CAMBRIDGE

Tuesday Afternoon

Dear Betty

To clarify our telephone conversation is we will visit the home of Murdoch and Avrion Mitchison - They live at Carradale House, ~~Cattda~~ Carradale, Kintyre, Scotland. General geography is as follows

It will take about 6 hours to go from Glasgow, via train, boat, and bus. The correct train leaves at 8 30 from Glasgow. Making connections

沃森写给伊丽莎白的信

① 在沃森写给他妹妹伊丽莎白的这封信中，他解释了他们将以何种方式抵达卡罗代尔。沃森将与米奇森和他妹妹瓦尔一起乘坐火车从伦敦出发，然后在格拉斯哥火车站与伊丽莎白会合（伊丽莎白乘飞机先期抵达普雷斯蒂克）。沃森在信中还手绘了一幅地图，标明了卡罗代尔的位置（相对于格拉斯哥和爱丁堡）。

伊丽莎白·沃森在剑桥大学，摄于 1953 年

在格拉斯哥，我见到了我的妹妹伊丽莎白。她是从哥本哈根乘飞机来普雷斯蒂克（Prestwick）的。[①]两个星期前，她给我写过一封信，说有一个丹麦人正在追求她。我顿时感觉情况不妙，担心“灾难”会发生在她身上，因为那个丹麦人是一位成功的演员。我马上问米奇森，能否让伊丽莎白跟我们一道去卡罗代尔，他爽快地同意了，这使我如释重负。我想，如果我妹妹在米奇森家那幢神奇的乡村别墅里住上两个星期，就不太会还想到丹麦安家落户了。

下了火车后，我们坐上了开往坎贝尔顿（Campbeltown）的公共汽车。米奇森的父亲早就开了汽车在去往卡罗代尔的岔道上等着我们了。接到我们以后，经过约 30 公里的山路颠簸，我们到达了一个苏格兰小渔村。那里就是老米奇森夫妇俩过去 20 年来一直住的地方。庭院里有一条石子铺成的小路，将餐厅和一间有几个壁橱的枪械室连了起来。当我们沿着小路走进餐厅时，有人正在里面高谈阔论。原来，米奇森的弟弟、动物学家默多克·米奇森（Murdoch Mitchison）已经比我们先到了，他总是乐于引导大家谈论细胞如何分裂等话题。当然，大家谈论更多的则是政治问题和某些美国狂人挑起的令人难受的冷战问题等。

第二天早晨，天气非常寒冷，我知道要想让自己不挨冻，最好的办法就是

开往坎贝尔顿的公共汽车

躲在被窝里不起床，当然这不太现实。我应该到外面去散步，除非外面正下着倾盆大雨。下午的时候，米奇森的父亲总要找人和他一起去打野鸽子，我也去试过一次，但是我太笨拙了，每次开枪的时候鸽子都已经飞走了。后来，我还是决定留在客厅，尽量紧挨着火炉取暖。此外，到图书室打乒乓球也能让身子暖和一些。图书室的墙上挂着温德姆·刘易斯（Wyndham Lewis）画的娜奥米和她的孩子们的画像，画上的他们都神情严肃。②

米奇森一家在卡罗代尔的房子

② 温德姆·刘易斯是一位画家、作家，他也是被称为“旋涡运动”的艺术思潮的创始人之一，同时还是文学杂志《爆炸》的主编（该杂志只在 1914 年至 1915 年间发行）。他最著名的小说是《塔尔和查德麦斯》（*Tarr and The Childermass*）。作为一位艺术家，他出名的作品包括艾略特和伊迪丝·西特韦尔（Edith Sitwell）的肖像画。1935 年，刘易斯为娜奥米·米奇森的《超越极限》一书绘制了封面。海明威对刘易斯的描述令人印象深刻：“我从来没有见过一个比他更厉害的人……在那顶黑帽子下面，是一双本该属于强奸未遂犯人的眼睛，我第一次看到它们就是这么认为的。”

童年时的阿弗里安·米奇森的画像

娜奥米·米奇森的画像，绘于 1938 年

《超越极限》（*Beyond This Limit*）一书的封面

一个多星期以后，我开始渐渐领悟到，这个思想左倾、学识渊博的家庭竟然也会因为客人们出席晚宴时的衣着打扮而烦恼。娜奥米和其他几位女士在晚宴时总是盛装出席，而在我看来，这是这些接近暮年的人的一种反常行为。我的发型早就不像一个美国人了，所以我从来没有觉得自己的仪表有什么引人注目的独特之处。可是在我到剑桥大学的第一天，当佩鲁茨把我介绍给奥迪尔时，我的外表令她深感震惊。后来，她对克里克说，你们实验室怎么会让一个秃顶的美国佬来工作？在我彻底融入剑桥大学以前，要想避免这种尴尬场面，最好的办法就是一直不剪发。虽然妹妹看到我的样子可能会觉得不舒服，但是我很清楚，要想改变她对英国知识分子的一些肤浅观念，至少需要好几个月时间——如果不是好几年的话。因此，卡罗代尔倒成了我放纵自己的绝佳环境，刚到的那些天，我不但不剪头发，还不刮胡子。没过多久，我脸上就长满了胡须。当然，我并不喜欢我这些红色的胡子，但是用冷水刮胡子确实太难受了。瓦尔和默多克对着我的胡须大加挖苦，妹妹对我外表的不满更是不消细说。一个星期之后，我终于决定把脸刮干净再去参加晚宴。娜奥米在晚宴上对我的外表称赞了一番，

我知道，我做对了。[③]

默多克·米奇森，摄于1963年

到了晚上，我不得不参加智力游戏，这些游戏活动可以丰富我的词汇量。每一次当众阅读我写的寡淡无味的作品时，我总想躲到椅子后面藏起来，以便避开那些米奇森家的女人们投射过来的居高临下的目光。幸运的是，他们家总是高朋满座，因此轮到我的次数并不多。我发现坐在巧克力盒旁边对我很有利，而且我希望别人不会注意到我从来没有把巧克力盒传递给别人。比这种智力游戏更愉快的是在楼上黑暗角落里一连玩几个小时的“杀人”游戏。游戏中最残忍的“凶手”莫过于米奇森的妹妹洛伊丝，她在卡拉奇教了一年书刚刚回来，是一个坚定的印度素食主义者。

几乎从我到卡罗代尔的第一天开始，我就知道我不会认同娜奥米和吉尔伯特的左倾思想，尽管这在情感上有些困难。他们习惯把大门朝东敞开，让凛冽的寒风直吹进房间，把我冻得够呛，但是想到每餐都有美酒佳肴，这点寒冷也就不算什么了。新年后第三天，我就要离开那里了。这是默多克早就和我约定好的，因为他已经安排好让我在伦敦实验生物学协会会议上发表一个讲演。但在我即将离开那里的最后两天，一场大雪不期而至。原本光秃秃的荒山完全被大雪盖住了，看上去就像南极洲的山一样。通往坎贝尔顿的公路封闭了，这给了我们一个极好的机会，让我们可以走整整一下午的路，米奇森一直在讲述他的免疫体移植实验的博士论文，而我则在想，恐怕直到离开，这条路也都不会通车了。天公不作美，但是没有关系，我们一行人在塔伯特（Tarbert）坐上了克莱德号轮船，第二天早上就到了伦敦。[④]

原以为在离开的这段时间里，关于我的奖学金问题，美国有关方面应该会给我发出一些信函。但是回到剑桥大学后，我连一封官方信件都没有收到。上一年的11月份，卢里亚曾经给我写过信，告诉我不用担心这件事，自那以后就音信全无了，这似乎是个不祥之兆。显然他们还没有做出决定，因此我必须做最坏的打算。拿不到这笔奖学金，充其量也不过使我有些不开心罢了。肯德鲁

[③] 诺贝尔文学奖得主多丽丝·莱辛（Doris Lessing）也是娜奥米·米奇森的朋友，她当时也在米奇森家中做客。在她的自传第二部《影中行》（*Walking in the Shade*）中，莱辛描述了她住在米奇森家里的情形。

“一件趣事：娜奥米让我邀请一个外表和性格都很难用言语形容的年轻科学家散步。她还说：‘看在上帝的份上，你得让他说点什么，要不然他的舌头要彻底萎缩了。’这个年轻科学家的名字是詹姆斯·D. 沃森。我们散步大概花了近三个小时，其间爬上了小山，走过了石桥，从头到尾都是我一个人在说话。我的天啊！一个男人总该知道如何让他的女伴轻松一点吧。散步终于结束了，我筋疲力尽，只希望快快逃开，就在这时，我终于听到了有人讲话的声音：‘问题是，你得知道，在这个世界里，能够与我说话的只有一个人。’我把这些说给了娜奥米听，我们一致认为，这是一句非常漂亮的话，尽管它出自一个年轻男子之口。不久之后，消息传来，他和弗朗西斯·克里克破解了 DNA 结构的奥秘。”

④ 回到剑桥大学后，沃森在 1952 年 1 月 8 日给他的父母写了一封信，报告了度假的经过，他还说："米奇森一家人都可以说是极端个人主义者。因为我自己也是这种类型的人，所以我觉得他们都是很'正常'的人，因此我在那里待得很自在。"

此后，沃森仍然与米奇森一家保持着密切的关系。9 天后，即 1952 年 1 月 17 日，在写给妹妹的一封信中，沃森这样写道："今天，我和默多克一起到三一学院参加了狂欢舞会。唉，我真是节操尽失，因为我竟然穿上了舞台服装。"1957 年，在阿弗里安和洛娜的婚礼上，沃森担任了伴郎。而且，沃森的《双螺旋》也是"献给娜奥米 · 米奇森"的。

琴泰岬的塔伯特渡口

和佩鲁茨已经对我保证，如果我的奖学金真的完全被取消了，他们可以向英国政府申请一小笔经费来解我的燃眉之急。一直等到 1 月下旬，我才收到了华盛顿方面寄来的信函，我的奖学金被取消了，心中的悬念终于落地了。这封信的

阿弗里安 · 米奇森和洛娜 · 马丁（Lorna Martin）在斯凯岛上举行婚礼。照片从左至右：娜奥米 · 米奇森、宾客（身份无法确定）、洛娜的父亲马丁少将（Major-General Martin）、沃森的父亲、沃森

娜奥米 · 米奇森和沃森在昂蒂布（蔚蓝海岸）度假，摄于 1958 年

第一段引述奖学金条例，说只有在指定的学术机构从事研究工作才能继续享受奖学金待遇，由于我已经违背了这一条款，他们别无选择，只能终止资助。

保罗·韦斯，奖学金委员会新任主席

然而，这封信的第二段又说要授予我另外一笔奖学金。但这笔奖学金后来没有按惯例发足 12 个月，在 5 月中旬就停发了，因此实际上只发了 8 个月。这并不是因为我长期犹豫不决而对我的刁难，而是因为我没有听从奖学金委员会要我去斯德哥尔摩的建议而对我的惩罚。最后，我少拿了 1 000 美元。在 9 月新学年开学之前，我显然已不可能再得到来自任何其他方面的资助了。于是，我只得接受了这笔 2 000 美元的奖学金。

收到这封信后还不到一个星期，华盛顿方面又来了一封信。这封信也是由同一个人签发的，不过不是以奖学金委员会负责人的名义，而是以国家研究委员会下属的一个委员会主席的名义。信中说，华盛顿方面已经安排好了一次会议，要求我在会议上做关于病毒增殖的学术报告，会议定于 6 月中旬在威廉斯敦（Williamstown）举行。这也就是说，开会的日期定在了我拿到第二笔奖学金刚满一个月的时候。但我根本不想在 6 月或 9 月离开剑桥大学，唯一的办法是我得找一个好借口。一开始我打算写信告诉他，我遭到了未曾预料到的经济困难，因此无法成行，但又转念一想，我可不能让他有机会自鸣得意地以为，他已经重要到影响我的事业了。于是我在回信中告诉他，剑桥大学的学术气氛非常活跃，因此我不打算 6 月回美国。[5]

[5] 此后，沃森与奖学金委员会在奖学金问题上的争执仍在继续。卢里亚在给沃森的一封回信中谈到了沃森在奖学金上面临的困境，同时还提到了沃森身上越来越明显的“亲英倾向”以及沃森对奖学金委员会主席保罗·韦斯的厌恶：“至于保罗·韦斯，我可以认同你对他的看法，不过，我没有你那么浓重的‘英国范’，我会叫他‘该死的混蛋养的（damn son-of-a-bitch）’而不会叫他‘可恶的家伙’（bloody bastard）。”（写于 1952 年 3 月 5 日）

16 我的第一张 X 射线衍射照片

[1] 在被禁止继续研究 DNA 结构后，沃森就“暂时”转向对烟草花叶病毒的研究了。在写给德尔布吕克的一封信中（1952 年 5 月 20 日），他的无奈情绪表露无遗：

“很明显，我应该把绝大部分时间、精力都投入到对 DNA 结构的研究中去。但是，伦敦国王学院的那些人正斗得不可开交，目前并没有真正努力在解决这个问题。我们曾经试图说服他们借鉴鲍林的方法构建模型。事实上，我们在这个冬天已经花了几个星期，试图建成一个可行的模型。然而，现在我们已经暂时停下来了，这完全是出于‘政治原因’。但是，如果伦敦国王学院的那些人继续什么都不做，我们将再次启动，争取获得成功。”

我决定暂时转向对烟草花叶病毒（TMV）的研究。[1]烟草花叶病毒内也包含着核酸这种至关重要的成分，因此，它可以成为一个完美的幌子，掩护我继续研究 DNA 结构。但烟草花叶病毒中的核酸并不是 DNA，而是核糖核酸（RNA）。不过，DNA 与 RNA 之间的差别对我而言是一个有利因素，因为威尔金斯不能宣称可对 RNA 进行研究的也只他一家，别无分店。如果我们能搞清楚 RNA 的结构，就可以为解决 DNA 结构提供重要线索。另一方面，当时人们认为烟草花叶病毒的分子量高达 4 000 万道尔顿，乍看起来，研究它要比研究分子量小得多的肌红蛋白和血红蛋白分子更加不可思议。肯德鲁和佩鲁茨多年来一直在从事这两种蛋白的研究，但是直到那时仍然没有取得在生物学上具有重要意义的结果。

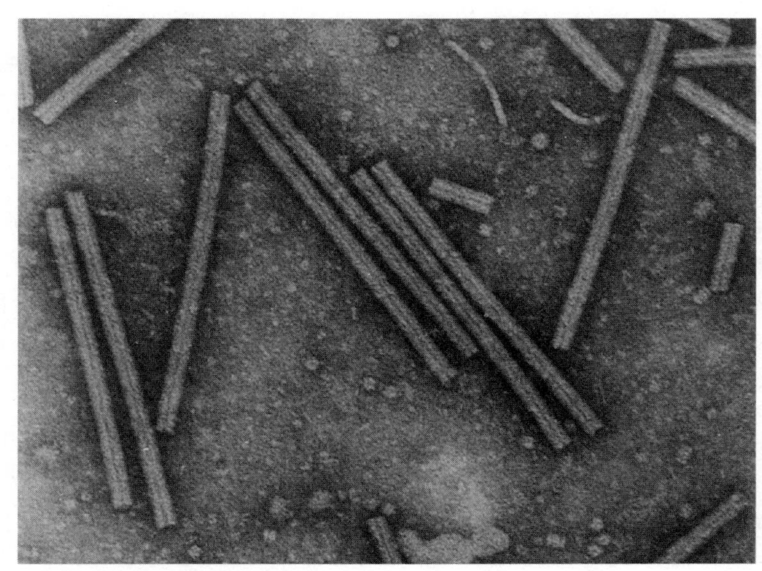

烟草花叶病毒颗粒的电子显微镜照片

在第一届国际晶体学联盟大会上，伯纳尔和范库肯在海滩上放松心情，而多萝西·霍奇金则在一旁静观，摄于 1948 年

另外，伯纳尔和 I. 范库肯（I. FankuChen）以前曾用 X 射线观察过烟草花叶病毒，这使得这个课题显得有点吓人，因为伯纳尔是一个传奇人物，拥有非凡的头脑，我从来不敢奢望能够像他那样精通晶体学理论。第二次世界大战爆发后不久，他们在《普通生理学杂志》上发表了一篇经典论文，说实在的，那篇论文的大部分内容我都看不懂。把如此重要的结果发表在这样一份杂志上，看起来有点奇怪，或许是因为伯纳尔当时已经全身心投入了与战争有关的工作，因而是由范库肯决定在一份对病毒感兴趣的人喜欢阅读的杂志上发表他们的研究结果的（范库肯当时已经回了美国）。第二次世界大战结束后，范库肯对病毒就不再感兴趣了。而伯纳尔虽然有时还会谈论一下蛋白质晶体学，但他更关心的是如何加强英国与共产主义国家的友好关系。[②]

[②] 伯纳尔是一个左翼科学家团体中最直言不讳、最富争议性的一位，这个团体从 20 世纪 30 年代开始，直到 20 世纪 50 年代一直活跃在公共领域。伯纳尔是一个坚定的马克思主义者，他坚决支持李森科（Lysenko）的观点，即使在赫鲁晓夫全面否定斯大林后，他的立场也没有动摇。1939 年，伯纳尔写了一本非常有争议的书——《科学的社会功能》（*The Social Function of Science*），强调科学研究必须为所有社会阶层的利益，而不仅仅是精英阶层的利益服务。在 20 世纪 50 年代和 60 年代，伯纳尔致力于研究水的结构。

伯纳尔和范库肯在他们的论文中给出的许多结论都缺乏坚实可靠的理论基础，尽管如此，仍有许多值得借鉴的地方。烟草花叶病毒是由大量相同的亚基（subunit）构成的，但是对这些亚基的排列方式，他们却一点也不知道。当然，我们不能要求他们在 1939 年就搞清楚亚基构成蛋白质的方式与其构成 RNA 的方式完全不同，这样的要求未免过于苛刻。时至今日，对于蛋白质含有大量亚基这一点人们很容易接受，但对于 RNA 恰恰相反。当 RNA 被分解成很多亚基时，会产生大量非常微小的多核苷酸链，这些过小的多核苷酸链无法携带遗传信息。[③]克里克和我都认为，遗传信息肯定存储在烟草花叶病毒的 RNA 当中。对于烟草花叶病毒结构最合理的设想是：其中有一个位于中心的 RNA 核，外面包围着大量较小的蛋白质亚基。

[③] 文中对于烟草花叶病毒组分的论述为沃森基于当时对其的认知所提出。目前认为，亚基是组成蛋白质四级结构最小的共价单位，而非 RNA 的组分。

事实上，关于烟草花叶病毒的蛋白质构建，前人的研究已经给出了一些生物化学证据。1944 年，德国人格哈特·施拉姆（Gerhard Schramm）率先发表了他的实验结果。他报告说，在弱碱环境中烟草花叶病毒颗粒会分解成游离态的 RNA 和大量蛋白质分子。这些蛋白质分子即使不完全相同，也极其相似。除了

（前排左起）格哈特·施拉姆、罗莎琳德·富兰克林、莫里斯·威尔金斯在核酸与蛋白质戈登国际大会上，摄于 1956 年。坐在施拉姆后面的是霍华德·K. 沙克曼（Howard K. Schachman），而哈米什·N. 芒罗（Hamish N. Munro）则坐在地上（位于富兰克林和威尔金斯之间）

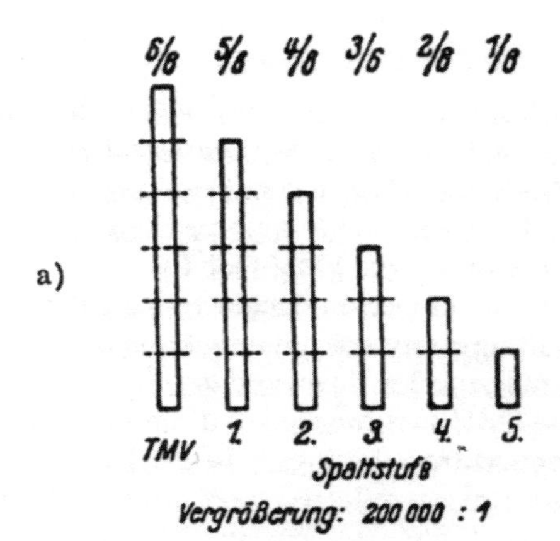

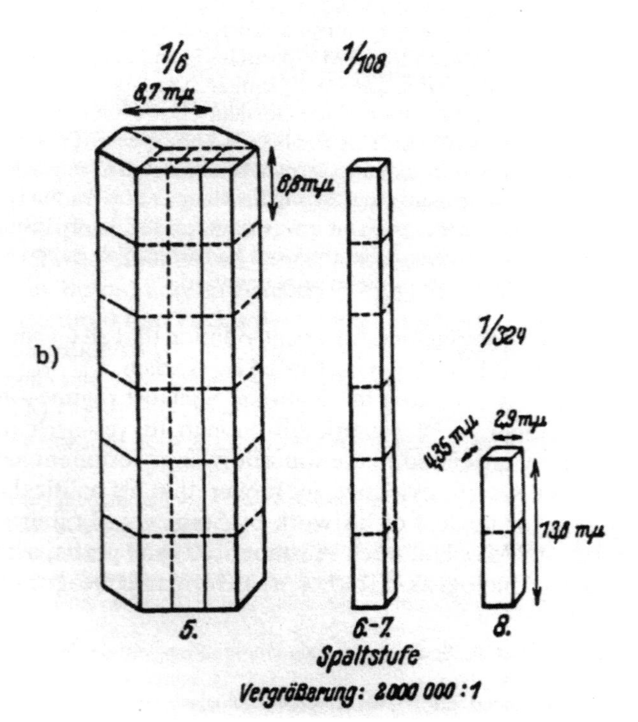

施拉姆所作的关于一个烟草花叶病毒颗粒如何分解成越来越短片段的图示，同时该图示也说明了这些片段很相似的原因

德国人之外，几乎没有人相信施拉姆的研究结果是正确的。这是战争导致的一种偏见。绝大多数人都觉得难以想象，德国法西斯怎么可能在世界大战的最后几年（当时德国在战场上的形势每况愈下）还允许施拉姆按照自己的思路日复一日地进行大量实验，但这恰是施拉姆得出结论的基础。他们更容易认为，这项工作直接得到了纳粹的支持，而且施拉姆对于实验结果的分析也是错误的。绝大多数生物学家甚至都不愿意花费时间去反驳施拉姆。然而我并不这样认为。我在阅读伯纳尔论文的过程中，突然对施拉姆的实验产生了浓厚的兴趣：要是他对实验数据的解释是错的，那又是怎么刚好凑巧得到正确答案的呢？[④]

不难设想，只要有几张 X 射线衍射照片，我们就能搞清楚烟草花叶病毒蛋白质亚基的排列方式了。如果这些亚基堆叠成了螺旋状，那么就更能说明问题了。我兴奋极了，立刻把伯纳尔和范库肯的论文从哲学图书馆偷偷拿出来带到了实验室，我想让克里克看看这些烟草花叶病毒的 X 射线衍射照片。克里克看到图中那些代表着螺旋状的空白区域时立即跳了起来，迅速地画出了烟草花叶病毒的几个可能的螺旋状结构。从那一刻起，我知道自己真正理解了螺旋理论。而且，我无须掌握数学，克里克有空自然会来帮我的。可如果他外出了，我就束手无

X-RAY AND CRYSTALLOGRAPHIC STUDIES OF PLANT VIRUS PREPARATIONS

I. Introduction and Preparation of Specimens

II. Modes of Aggregation of the Virus Particles

By J. D. BERNAL and I. FANKUCHEN*

(*From the Department of Physics, Birkbeck College, University of London*)

Plates 1 to 4

(Received for publication, March 14, 1941)

INTRODUCTION

Since their original isolation by Stanley in 1935, the protein preparations from plants suffering from virus diseases have been much studied, but chiefly chemically and biologically. This paper is an account of a physical and crystallographic study of virus preparations which was carried out in conjunction with the work of Bawden and Pirie (1937 *a*, *b*; 1938 *a*, *b*, *c*).

伯纳尔和范库肯发表了两篇关于烟草花叶病毒以及其他植物病毒的论文，这是其中的第一篇，发表在《普通生理学杂志》上

④ 施拉姆是一个病毒研究小组的成员，该小组由位于达勒姆的凯泽·威廉研究院中的部分生物化学及生物学研究人员组成。他是国家社会主义德国工人党（纳粹党）的成员，但是他的研究与德国的战争机器似乎没有任何关系。

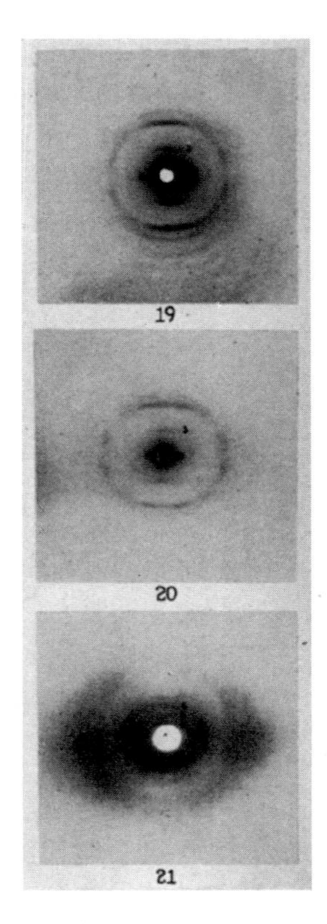

在前述伯纳尔和范库肯的第一篇论文中，附有烟草花叶病毒的 X 射线衍射照片（19）、黄瓜花叶病毒的 X 射线衍射照片（20）和马铃薯 X 病毒的 X 射线衍射照片（21）

策了。幸运的是，只需略懂数学就可以弄明白，为什么那张烟草花叶病毒的 X 射线衍射照片显示的是一个每 2.3 纳米绕螺旋轴转一圈的螺旋。事实上，这里面涉及的原理非常简单，以至于克里克考虑以《观鸟者对傅立叶变换公式的应用》（*Fourier Transforms for the Birdwatcher*）为题，将它们总结在一篇文章里。

然而这一次，克里克并没有立即卷起袖子大干起来，在接下来的几天里，他一直认为能够证明烟草花叶病毒是螺旋结构的证据还不够有力。受他影响，我的情绪也变得低落起来。不过，我很快又找到了蛋白质亚基必定排列成螺旋状的一个证据。那天晚饭后，百无聊赖之际，我阅读了一篇在法拉第讨论会上阐述“金属结构”的论文。在这篇论文中，理论物理学家弗雷德里克·查尔斯·弗兰克（Frederick Charles Frank）提出了一个关于晶体生长的独创性理论。弗兰克指出，尽管每次计算都很精确，但是最终都会出现一个矛盾的现象，即晶体实际上并不是按照计算出来的速率生长的。不过，弗兰克发现，如果晶体原本就不像我们所设想的那么有规则，而是包含了一些错位的话，那么这种矛盾的现象就将不复存在了。这是因为，这种错位会导致永远都会存在一些“舒适”的微小间隙（cozy corners），而新的分子则很适应这些微小间隙。

弗雷德里克·查尔斯·弗兰克是一位理论物理学家，他因对晶体生长和固态物理的研究而著称于世。在第二次世界大战中，他与 R. V. 琼斯（R. V. Jones）等人一起在英国皇家空军情报部门工作

几天以后，在乘坐公共汽车前往牛津大学的路上，我的头脑里形成了这样一种想法：应该把每个烟草花叶病毒颗粒视为一个微小晶体，这种晶体就像其他晶体一样，是通过拥有一些微小间隙而逐渐生长起来的。最重要的一点是，我认为产生微小间隙最简便的方法就是使亚基呈螺旋状排列。这个想法是如此简洁，因此它肯定是对的。那个周末，我在牛津大学看到了各种各样的螺旋楼梯，它们使我更加坚信生物的结构也应该具有螺旋对称性。接下来的一个多星期，我仔细观察了肌纤维和胶原纤维的电子显微镜图片，试图从中找到螺旋结构的蛛丝马迹。然而，克里克的态度却始终不冷不热。我很清楚，在还没有获得有力证据的情况下想要说服克里克，必定会徒劳无功。

Fig. I shows (*a*) as a continuous deformation of a plane, (*b*) in a block model, the form of a simple cubic crystal when a screw dislocation emerges normally at the

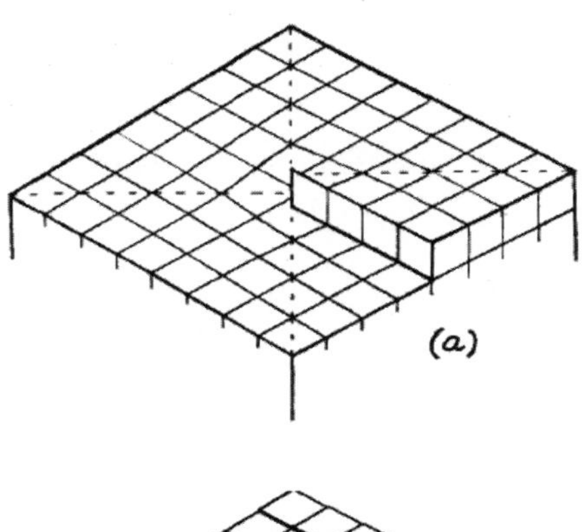

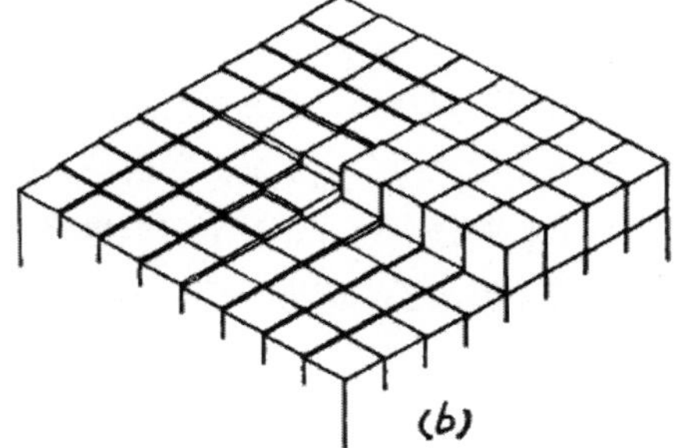

Fig. I.—The end of a screw dislocation.

cube-face. It is clear that when dislocations of this type are present, the crystal face always has exposed molecular terraces on which growth can continue, and the need for fresh two-dimensional nucleation never arises.

沃森关于烟草花叶病毒结构中的“舒适”的微小间隙的见解，源于弗雷德里克·查尔斯·弗兰克在1949年发表的一篇论文《错位对晶体生长的影响》（*The influence of dislocations on crystal growth*）。

在这关键时刻，赫胥黎帮了我的大忙，他教会了我如何用 X 射线照相机拍摄烟草花叶病毒照片。拍摄出螺旋结构的一个方法是，将烟草花叶病毒的样品倾斜，使其与 X 射线光束保持一定的角度后拍下照片；然后更换样品角度后再以同样的方式拍下照片。范库肯没有这样做，因为在第二次世界大战前，没有人重视螺旋结构。为此，我找到了罗伊·马卡姆，想要看他手头是否还有多余的烟草花叶病毒。那时，马卡姆在莫尔蒂诺研究所（Molteno

Institute）工作。与剑桥大学其他研究机构不同，这个研究所的实验室里暖气很足，这是为了照顾“奎克教授”兼研究所所长戴维·基林（David Keilin），因为他患有哮喘病。我则乐于找借口，在其室温约为21℃的房间里多待一会儿，尽管马卡姆可能随时会嘲笑我，说如果我是喝英国啤酒长大的话，就不会搞得像现在这么狼狈了。不过这一次，他却一反常态地富有同情心，毫不犹豫地给了我一些病毒样品。想到克里克和我竟然会亲自动手做起烟草花叶病毒实验来，我不禁哑然失笑。

不出所料，我拍摄出的第一批X射线衍射照片，比别人发表的照片要模糊得多。而拍摄出一些勉强可用的照片，则需要花费我一个多月的时间。至于想拍摄出几张能够显示出病毒螺旋结构的照片，更是难上加难。因此，整个2月，唯一使我感到快乐的事，就是杰弗里·拉夫顿（Geoffrey Roughton）在亚当斯路他父母家里举办的化装舞会。说来也怪，尽管拉夫顿认识许多漂亮姑娘，而且据说他在写诗的时候必须带着一只耳环，但克里克还是不愿意去参加这个舞会。幸运的是，奥迪尔不想失去这次机会。于是，我租了一套王政复辟时期的士兵服装和她一起去了。当我们挤进大门，穿过半醉半醒地跳着舞的人群时，我们就知道这次晚会有多么隆重盛大了，因为几乎一半在剑桥大学求学的外国女学生都来到了这里。⑤

一个星期后，又有人举办了一个“热带晚会”。奥迪尔很想去，部分是因为她参与了舞场的装饰，部分则因为这个舞会是由黑人发起的。克里克再次表示反对，事实证明，他的反对是明智的。参加舞会的人不多，舞场一大半都空着。我虽然在那里喝了几大杯酒，但是仍然没有什么兴趣在众目睽睽之下跳舞。更重要的是，我知道鲍林将在5月来伦敦参加由皇家学会组织的一个有关蛋白质结构的会议。谁也说不准他下一步要做些什么。他很可能会要求前去参观伦敦国王学院，这种前景令我们不寒而栗。⑥

⑤杰弗里·拉夫顿对诗歌有着满腔热情，他曾经参与主办剑桥大学的一份诗刊《绿洲》（*Oasis*），出版时间很短（1951年至1952年），但一度很受欢迎。拉夫顿给布拉格爵士写过一封信，说创办《绿洲》诗刊的目的是鼓励更多的人，尤其是科学家，参与读诗。拉夫顿的父亲是F. J. W. 拉夫顿（F. J. W. Roughton）教授，是三一学院的一位物理化学家，曾经担任约翰·肯德鲁的本科老师，并激励后者去研究蛋白质。拉夫顿的母亲是爱丽丝·拉夫顿（Alice Roughton），她是一位心理医生和医疗活动家，因主张让病人留在自己家里以免受“体制化”之害而出名。拉夫顿父母的家里经常举办各种聚会，沃森所说的只是其中一个。沃森还回忆说，在一次聚会中，拉夫顿教授玩了“吃手绢”魔术。而在另一次聚会中，当他来到拉夫顿家里时，竟然发现大厅里有一匹马。

⑥英国皇家学会主办的这个为期一天的研讨会后来于1952年5月1日举行。鲍林能否出席，对这个会议来说关系重大，正如阿斯特伯里所说：“在蛋白质领域，我们正处于突破的边缘，这是一个伟大的时刻。我们当前的一个紧迫任务就是，如何正确评价鲍林和科里提出的最新、最刺激的观点。”

17 “DNA结构不是螺旋状的”

然而天有不测风云，鲍林没能来到伦敦。正当他在艾德威尔德（Idlewild）机场准备登机时，他的护照突然被没收了。[①]据称是因为美国国务院不想让鲍林这种喜欢惹是生非的人在世界各地跑来跑去，散布一些政治丑闻，说什么今日主张遏制信奉无神论的赤色分子政治家就是昔日的投资银行家。如果不把鲍林控制在美国国内，他就很可能会在伦敦举行记者招待会，大谈特谈和平共处的好处。即使不给麦卡锡参议员有更多机会指责政府滥发护照、袒护激进分子，从而危害了美国人民的生活方式，国务卿艾奇逊（Acheson）的地位也早就岌岌可危了。这就是鲍林的伦敦之行无法实现的原因。

① 艾德威尔德机场所在地原本是一个高尔夫球场，“艾德威尔德”就是那个高尔夫球场的名字。1963年12月24日，该机场更名为约翰·肯尼迪国际机场，那一天是肯尼迪总统遇刺身亡满一个月的日子。

当这件丑闻传到皇家学会时，克里克和我已经身在伦敦了。人们都认为这个消息太令人难以置信了。就算说鲍林生了重病无法前来伦敦，也比这个消息更容易被人接受。人们通常认为，阻止像鲍林这样著名的科学家出席丝毫不带任何政治色彩的学术会议，只有俄国人才做得出。因为第一流的俄国科学家可

艾德威尔德机场的一个检查台，摄于20世纪40年代晚期

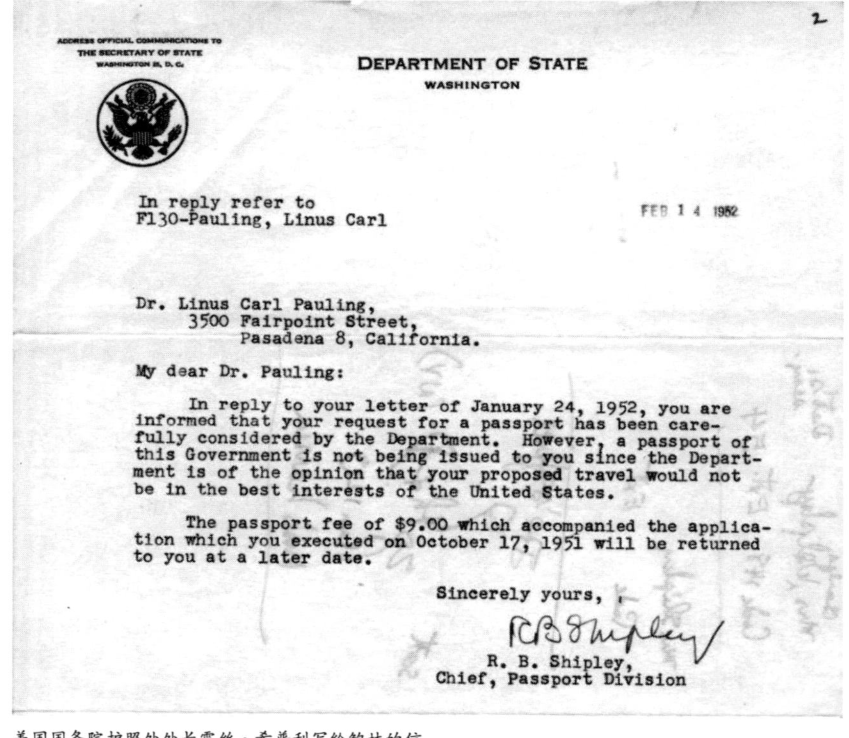

2

ADDRESS OFFICIAL COMMUNICATIONS TO
THE SECRETARY OF STATE
WASHINGTON 25, D. C.

DEPARTMENT OF STATE
WASHINGTON

In reply refer to
F130-Pauling, Linus Carl

FEB 14 1952

Dr. Linus Carl Pauling,
3500 Fairpoint Street,
Pasadena 8, California.

My dear Dr. Pauling:

In reply to your letter of January 24, 1952, you are informed that your request for a passport has been carefully considered by the Department. However, a passport of this Government is not being issued to you since the Department is of the opinion that your proposed travel would not be in the best interests of the United States.

The passport fee of $9.00 which accompanied the application which you executed on October 17, 1951 will be returned to you at a later date.

Sincerely yours,

R. B. Shipley

R. B. Shipley,
Chief, Passport Division

美国国务院护照处处长露丝·希普利写给鲍林的信

能会想叛逃到富裕的西方去，但鲍林根本不会考虑叛逃的事情，因为他们全家都对加州理工学院非常满意。②

当然，如果鲍林真的自愿离开，加州理工学院校务委员会中的某些人肯定会感到非常高兴。每当他们拿起报纸，看到世界和平会议发起人名单中鲍林的名字赫然在列时，就会勃然大怒。他们一直希望能够让整个加州南部地区摆脱鲍林的不良影响。对于这种来自加州暴发户心中不可名状的愤怒，鲍林也是非常清楚的。他知道，这些人的外交知识主要来自《洛杉矶时报》。③

不过，这次会议发生的这种混乱情况，对于我们几个刚刚在牛津大学参加过普通微生物学会举办的“病毒增殖性质”研讨会的人来说，实在不足为奇。“病

② 这是美国国务院护照处处长露丝·希普利（Ruth Shipley）于 1952 年 2 月 14 日写给鲍林的一封信。信中她称呼鲍林为“我亲爱的鲍林博士”，但是她还是否决了鲍林的护照申请，理由是“国务院认为您这次出国旅行不符合美国的最佳利益”。希普利从 1928 年开始执掌护照处，直到 1955 年，始终掌握着决定谁能够得到护照的全部权力。富兰克林·德拉诺·罗斯福（Franklin Delano Roosevelt）总统形容她是一个“美丽的怪物”。国务卿迪安·艾奇逊则说，她已经把护照处经营成了她的“护照王国”。1951 年 12 月出版的《时代》杂志则称她是“美国政府中最无可指责、最不可动摇、最可怕和最受崇拜的职业女性”。

③ 鲍林的护照被扣一事在大西洋两岸都激起了很多评论。例如，5 月 12 日《洛杉矶先驱考察者报》发表评论，抨击了美国国务院的野蛮做法。英国皇家学会前主席罗伯特·鲁宾逊（Robert Robinson）爵士也于 5 月 2 日致信《洛杉矶时报》。也许是因为新闻界的广泛关注，美国国务院不久之后就改变了决定，允许鲍林在那年夏天晚些时候出国旅行。

PAULING RAPS PASSPORT BAN

Caltech Man Denounces U. S. Refusal of Trip to London

"The damage done to the nation by the refusal to permit me to attend scientific meetings in England must be attributed to the McCarran Act, and is an argument for the repeal of this act."

Dr. Linus Pauling, California Institute of Technology chemistry department head, made this statement yesterday in discussing the State Department's refusal to issue him a passport, as disclosed in yesterday's Examiner.

He had accepted an invitation to speak before the Royal Society of London.

On April 28, despite an earlier appeal by letter to President Truman, officials of the State Department upheld an original refusal to issue him a passport on the ground "that my proposed travel would not be in the best interests of the United States."

Advised on April 21 by a State Department official that the decision was made because he was suspected of being a Communist, Dr. Pauling stated:

"I then submitted to the Department of State my statement, made under oath, that I am not a Communist, never have been a Communist, and never have been involved with the Communist Party, as well as other documents.

"The action of the State Department in refusing me a passport represents a different way of interfering with the progress of science and restricting the freedom of the individual citizen. In my opinion, it reflects a dangerous trend away from our fundamental democratic principles, upon which our nation is based."

SCIENTIST—Dr. Linus Pauling stands beside a model showing protein structure that is the same as that in the horn he holds. He protested U. S. refusal to permit his attendance at London scientists' meeting where he was to explain his theories.
—Los Angeles Examiner photo.

《洛杉矶先驱考察者报》发表的文章

AN AMERICAN SCIENTIST

TO THE EDITOR OF THE TIMES

Sir,—On May 1 (possibly an unfortunate choice of day) the Royal Society held a significant symposium on the progress in our knowledge of proteins. As I had the honour to be President of the Royal Society when Professor Linus Pauling, of Pasadena, was awarded the Davy Médal (1947) and again when he was elected a foreign member (1948), it is perhaps appropriate that I should express the keen disappointment generally felt when it was learned that he had not been granted the necessary permit to make the journey to England in order to participate in the discussion. Pauling had an important contribution to make, and it is deplorable that we were deprived of the opportunity to talk it over with him.

It would be insincere to pretend that we have no inkling of the reason for the drastic action taken by the American authorities in this and several similar cases (*e.g.*, that of Dr. E. B. Chain), but that does not lessen our surprise and consternation. It is an ironical circumstance that Pauling's theoretical views have been criticized in the U.S.S.R. as incorrect, western, and bourgeois; or, alternatively, as partly correct but anticipated by the Russian chemist Butlerow. To avoid any misunderstanding it must be added that I am not writing on behalf of the Royal Society.

Yours faithfully,
ROBERT ROBINSON.

The Dyson Perrins Laboratory, South Parks Road, Oxford, May 2.

罗伯特·鲁宾逊写给《泰晤士报》的信

毒增殖性质”研讨会原定的主要报告人之一是卢里亚。可在他计划飞抵伦敦的前两周，他突然被告知将得不到护照。当然，与往常一样，国务院没有对这种不光彩行为给出任何解释。④

卢里亚的缺席使我增加了一项工作——介绍美国噬菌体工作者近来的实验。幸运的是，我并不需要临时拼凑出一篇论文。因为在会议前几天，阿尔·赫

THE NATURE OF
VIRUS MULTIPLICATION

SECOND SYMPOSIUM OF THE
SOCIETY FOR GENERAL MICROBIOLOGY
HELD AT OXFORD UNIVERSITY
APRIL 1952

CAMBRIDGE
Published for the Society for General Microbiology
AT THE UNIVERSITY PRESS
1953

CONTENTS

虽然卢里亚的名字和论文出现在了会后出版的论文集上，但是由于护照被扣，他实际上并没有参加会议

SECRET

63a

P.F.68,582/B.2.A./DLS.   7th August, 1953.

Dear Harlow,

Would you please refer to my letter reference as above and dated 26th April, 1953.

We have now learned that Maurice Hugh Frederick WILKINS is moving on 7th August, 1953 to 59 Great Cumberland Place. I would therefore be very grateful if you would arrange for the H.O.W. at present operating on 184 Tottenham Court Road to be transferred to the new address with effect from Saturday, 8th August.

Yours sincerely,

D. L. Stewart.

G. A. Harlow, Esq.,
G.P.O.

DLS/slr.

英国军情五处（Military Intelligence，简称 MI5）保存的"威尔金斯档案"中的一份材料

尔希从冷泉港实验室给我寄来了一封长信，在信中介绍了他们近来完成的实验。通过这些实验，赫尔希和玛莎·蔡斯（Martha Chase）阐明噬菌体感染细菌的关键特征是感染过程，就是病毒 DNA 进入寄主细菌体的过程，而且在这个过程中，几乎没有任何蛋白质进入寄主细菌体，后一点最为重要，他们的实验再一次强有力地证明，DNA 才是基本遗传物质。

尽管如此，当我在会议上宣读赫尔希的长信时，与会的 400 多位细菌学

[4] 在 1952 年 4 月 3 日写给他妹妹的一封信中，沃森这样写道："我刚刚从母亲那里获悉卢里亚不会来参加会议。虽然不知道具体原因，但我怀疑是护照出了问题。我很遗憾他来不了了，因为我希望和他讨论一下我对未来的计划。现在，我将不得不通过书信与他交流了。"

被政府审查的左倾科学家并不限于鲍林和卢里亚，而且这样做的也不只有美国政府。威尔金斯就曾经被英国军情五处和美国联邦调查局调查过。他们怀疑，9 个来自新西兰和澳大利亚的科学家中，有一个人泄露了原子弹的秘密，威尔金斯就是这 9 个嫌疑人之一，他们都曾经为曼哈顿计划服务过（见本书第 2 章）。该项调查始于 1945 年，直到 1953 年仍在进行。本页所附的材料表明，英国内政部曾授权检查威尔金斯的邮件，而且其效力适用于他搬家后的新地址。威尔金斯的电话通话也被窃听。最后的调查结果是，尽管有一个线人（大约在同样的时间）将威尔金斯称为"一个非常奇怪的人"，但他不是一个共产主义者。

⑤ 弗朗索瓦·雅各布（François Jacob）也参加了这次在牛津大学举行的会议，当时他还是利沃夫的学生。雅各布在会议上遇到了沃森，后者给他留下了极其深刻的印象。后来，在他的自传《偶像内心》（*Statue Within*）中，雅各布这样描述沃森："他的衣着是独特的，衬衫没有系在裤子里，鼓着风；裤子破了，露出了膝盖；袜子则比他的左右脚踝还低。他若有所思、惶惑不安的神态和举止是独特的，他的眼睛总是鼓鼓的，嘴巴一直张着；他经常说一些很短促、很有气势的句子，中间穿插着'啊！哎！'这样的语气词。他走进房间的姿态很独特，他的头总是摆来摆去，就像一只正在寻找最好看的母鸡的公鸡。他想找到房间内最杰出的科学家，然后挤到那边去。沃森真是尴尬和精明的奇妙混合体，或者说，生活上的幼稚和科学上的成熟神奇地融合到了他身上。"

玛莎·蔡斯和阿尔·赫尔希，摄于1953年

者却几乎没有人感兴趣，除了安德烈·利沃夫（Andre Lwoff）、西摩·本泽（Seymour Benzer）和冈瑟·斯腾特。他们从巴黎来，只在牛津大学短期逗留。他们都已经认识到赫尔希的实验非同小可，而且他们也相信，从那一刻起大家都应该更加重视DNA。然而，对绝大多数的与会者来说，赫尔希的名字仍无足轻重，而且在知道我是美国人后，我满头乱蓬蓬的长发也无法让他们信服，谁知道我的科学判断力会不会像我的头发一样乱七八糟。⑤

身穿短裤的沃森在冷泉港实验室，摄于1953年

英国植物病毒学者F. C. 鲍登（F. C. Bawden）和N. W. 皮里（N. W. Pirie）主导了这次会议。鲍登学识平平但为人非常圆滑，而皮里则信奉虚无主义。在这点上，其他与会者全都望尘莫及。鲍登和皮里两人根本不相信某些噬菌体有尾巴以及烟草花叶病毒有固定长度这类观点。我试图以施拉姆完成的实验为例来给皮里出个难题，他却干脆说这类实验本应停止。这个问题可能涉及政治，因此我没有继续争论下去，转而提出了一个不可能导致政治争议的问题：许多烟草花叶病毒颗粒的长度都是

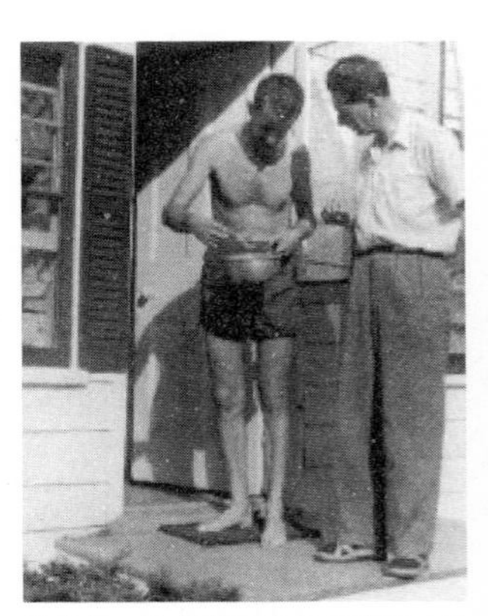
马克斯·德尔布吕克与安德烈·利沃夫在冷泉港实验室，摄于1953年

F. C. 鲍登

N. W. 皮里（左起第二位）

300 纳米的事实是否具有重要的生物意义？这个问题的答案显而易见，而且我认为简洁的答案更可取。但是我的看法没有引起皮里的兴趣，因为他认定病毒太大了，它们的结构不可能被清晰地界定出来。[6]

要是利沃夫没有出席，那么这次会议很可能会以彻底失败告终。利沃夫正在满腔热情地研究二价金属离子在噬菌体繁殖中的作用，他也同意我的观点，即金属离子对核酸结构至关重要。尤其令我兴奋的是，他还认为在大分子精确复制的过程中，或者在两个相似的染色体相互吸引的过程中，某些特定离子可能发挥着关键作用。然而，除非富兰克林的立场出现 180° 的大转弯（即不再完全依赖于用 X 射线衍射技术解析 DNA 结构），否则我们这种设想就无法得到检验。

在那次皇家学会的会议上，没有迹象表明，自从上年 12 月初与克里克和我发生争论以后，伦敦国王学院的研究小组有人曾经提到过金属离子。后来我亲自问了威尔金斯，才知道我们的分子模型夹具被运到他的实验室后就被丢弃到了一边，一次都没有用过。很显然，现在时机还不成熟，我们不能去强求富兰克林和戈斯林立即动手制作分子模型。如果一定要说伦敦国王学院的研究小组发生了什么事的话，那就是威尔金斯和富兰克林之间的口角与他们访问剑桥大学前相比有增无减。现在富兰克林坚持说，她的实验数据已经证明 DNA 结构不是螺旋状的。与其说她会愿意听从威尔金斯的安排制作螺旋模型，还不如说她

[6] 鲍登和皮里在 20 世纪 20 年代在剑桥大学初次相遇，此后，他们两人在位于英国哈彭登的洛桑实验站一起合作了很多年。他们首先合作研究了马铃薯 X 病毒，然后从 1936 年开始，又合作研究了烟草花叶病毒。他们两人与伯纳尔和范库肯合作，试图确定烟草花叶病毒的结构。他们也是最早证明病毒 RNA 存在的人。在弗朗索瓦 · 雅各布的自传中，他把参加这次会议的鲍登和皮里描述为“……两个老朋友，他们经常捉弄人、讲笑话，都喜欢卖弄形而上的警句，讲英语都非常快……使我出了一身冷汗”。

后来，皮里对更加广泛的科学问题和社会问题产生了兴趣。本页引用的这张照片摄于 1961 年 9 月，当时皮里刚刚参加完核军备谈判，随后与 J. B. 普里斯特利（J. B. Priestly）等人一起离开了苏联大使馆。

可能会把铜丝模型绕到威尔金斯的脖子上。

于是，当威尔金斯问我们，是否需要把夹具送回剑桥大学时，我们的回答是“需要”，同时半真半假地向他暗示，我们需要更多的碳原子，以便制作出可以表明多肽链如何转弯的模型。令我安心的是，威尔金斯对于那些与他们伦敦国王学院无关的事情总是非常坦诚。当时，我确实正在从事烟草花叶病毒的X射线研究工作，这使他确信我不会很快再度对DNA产生兴趣。

沃森取道巴黎前往里维埃拉，摄于1952年春天。在写给他妹妹的一封信中（写于1952年4月27日），沃森说：“这里有一张我在巴黎拍的照片。说实在的，这张照片吓了我一跳，因为我真的不知道我的头发变成什么样子了。你猜到了，我很久没有理发了。”

18 查加夫定律

威尔金斯坚信我很快就会得到所需的 X 射线衍射图谱，证明烟草花叶病毒呈一种螺旋结构。卡文迪许实验室刚刚安装好一台大功率可旋正极 X 射线管。利用这台仪器，我获得了意料之外的成功。有了这台先进设备，我拍摄照片的速度比使用普通设备快了 20 倍。因此，在短短一个星期内拍摄的烟草花叶病毒照片，就超过了我以往拍摄的所有照片数量的两倍。

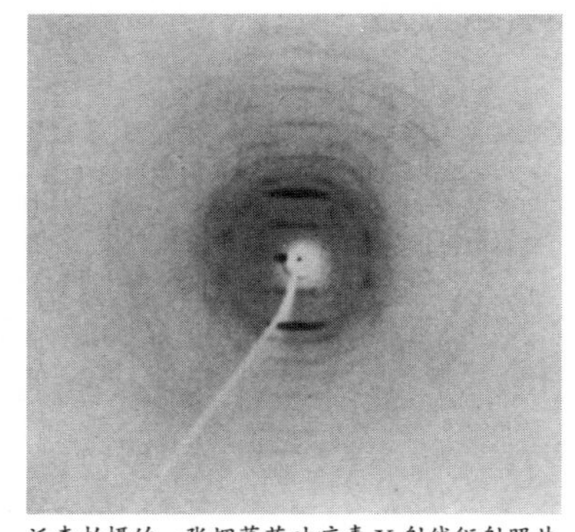
沃森拍摄的一张烟草花叶病毒 X 射线衍射照片

卡文迪许实验室通常晚上 10 点钟锁门。虽然看门人就住在隔壁，但是锁门以后就没有人会去打搅他了。欧内斯特·卢瑟福从来不主张学生开夜车，他认为，夏季傍晚之后与其加班加点工作，还不如打打网球。即便是在他去世 15 年之后，卡文迪许实验室也只为那些加班的人准备了一把钥匙。这把钥匙现由赫胥黎掌管，理由是，肌纤维是活的，因此研究肌纤维时不能按照物理学家的规矩来。在必要的时候，赫胥黎会把钥匙借给我，或者亲自走下楼来帮我打开那扇通向学校自由大道（Free School Lane）的沉重大门。

仲夏 6 月的一个深夜，赫胥黎不在实验室，我回去关掉 X 射线管并冲洗出一张烟草花叶病毒新样品的照片。这张照片是在将样品倾斜 25° 左右之后拍摄的。如果足够幸运的话，我将会在这张照片上发现螺旋反射。我刚把仍有些潮湿的底片对着映片灯就知道我们成功了。我是不可能弄错那些螺旋状的图像的。现在，我终于可以使卢里亚和德尔布吕克相信，我在剑桥大学绝不是一事无成的。尽管已是午夜时分，我却丝毫不想回到网球场路上的房间去，相反，我满怀喜悦地绕着实验室的后院徘徊了一个多小时。

第二天早晨，我心急火燎地等待着克里克的到来，希望他能够证实我关于

10 BIOCHIMICA ET BIOPHYSICA ACTA VOL. **13** (1954)

THE STRUCTURE OF TOBACCO MOSAIC VIRUS

I. X-RAY EVIDENCE OF A HELICAL ARRANGEMENT OF SUB-UNITS AROUND THE LONGITUDINAL AXIS

by

J. D. WATSON*

The Medical Research Council Unit for the Study of the Molecular Structure of Biological Systems, Cavendish Laboratory, Cambridge (England)

INTRODUCTION

Tobacco Mosaic Virus (TMV) is a well known structure. It has a molecular weight of about $4 \cdot 10^7$ and is rod shaped with a diameter of 150 A and a length of 2800 A. Like other plant viruses, it contains both ribonucleic acid (6%) and protein (94%). In liquid solution, the virus may aggregate lengthwise and form regions of parallel orientation in which the particles are arranged in hexagonal close packing at equal distances from one other. No regularity of arrangement exists in the direction of the particle length; the oriented regions appear to be liquid crystalline. Upon drying, the oriented arrangement of liquid solutions is retained and it is possible to obtain oriented dry specimens.

X-rays were first used to investigate the structure of TMV by BERNAL AND FANKUCHEN[1]. They obtained highly oriented X-ray photographs containing a very large number of distinct reflexions. By varying the inter-particle distance, they were able to show that the X-ray pattern arose not only from the regular arrangement of the virus particles in a hexagonal lattice but in addition from the presence of a complex structure within each virus particle. The repeat distance along the fibre axis was found to be 68 A, *i.e.* much shorter than the length of the particle; they concluded that each virus particle contains a large number of equivalent sub-units. In this paper we shall deal with the internal structure of TMV and shall present newly-obtained X-ray evidence indicating that the internal regularity is based on a division of the virus into crystallographically equivalent sub-units helically arranged around the longitudinal axis of the particle.

EXPERIMENTAL METHODS

The TMV was obtained in the form of purified suspensions from Dr. R. MARKHAM of the Molteno Institute. Liquid suspensions were oriented by flow in thin capillary tubes of borosilicate glass, while oriented dry suspensions were obtained by controlled evaporation in the simple evaporation cell of BERNAL AND FANKUCHEN[1]. The X-ray photographs were taken with a rotating anode tube

* This investigation was initiated while the author was a Merck Fellow of the National Research Council (U.S.A.) at the Molteno Institute, Cambridge.

References p. 19.

沃森发表的关于烟草花叶病毒论文的首页

16 J. D. WATSON VOL. **13** (1954)

We also indicate in Table II the value of $2\pi Rr$ at which the lower order Bessel function has its first maximum*. This value, together with a value for r, allows us to predict where the first reflexion on a given layer line can occur. (Naturally it may actually fail to appear owing to phase cancellation.) Since the diameter of TMV is 150 A, r cannot assume a value greater than 75 and so the innermost reflexions cannot occur closer to the meridian than $\frac{2\pi\,75}{X} = \frac{1}{R}$. We thus include in Table II the lowest possible value of $1/R$ for a given r. These should be compared with the observed positions which are also tabulated in Table II. The agreement can be seen to be good, as in no case is a reflexion found in a region forbidden by the Bessel function argument. In fact, the initial reflexions systematically appear slightly beyond the predicted region and may suggest that the outermost regions of each TMV particle only slightly contribute to the

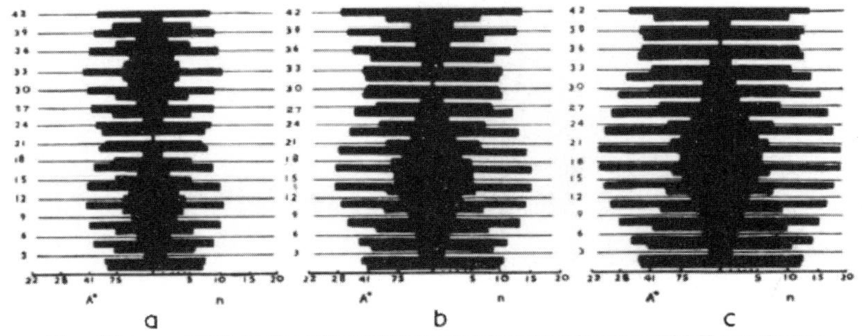

Fig. 5. Diagrammatic illustration of the forbidden regions in reciprocal space in which X-ray reflexions cannot occur. The forbidden regions are darkened and are presented for helices repeating after 3 turns and containing (a) 22, (b) 31, and (c) 37 residues per repeat of 68 A. The numbers on the left-hand margin of each diagram refer to the layer-lines along the fibre axis. The horizontal scale is described in two ways. On the left-hand side, the numbers refer to spacings in reciprocal space, while those on the right-hand side refer to the order n of the lowest order Bessel Function which contributes to a given layer line. For convenience the vertical scale has been compressed approximately six-fold and so the horizontal and vertical distances are not equivalent.

observed scattering. We should note that for very low order Bessel functions the innermost reflexions may occur very near the meridian. Thus it may be possible to observe splitting of these reflexions only under the most favourable conditions of particle orientation. It was therefore pleasing to obtain several photographs from a very well-oriented specimen which indicated a definite splitting of the 3rd and 15th order meridional reflexions. As yet we have been unable to observe splitting of the 6th, 9th or 12th meridional reflexions.

It is pertinent to compare the 31 residue helix with related helices containing 3 turns and $3n+1$ residues per repeat. This we have done in Fig. 5, in which are illustrated diagramatically the forbidden regions of 3-turn helices containing 22, 31 and 37 residues. While all of the diagrams are roughly similar, they can be seen to differ

* The shape of Bessel Functions is such that they have very low values except in the immediate vicinity of maxima or minima.

References p. 19.

沃森发表的关于烟草花叶病毒论文的其中一页。在这里，他用贝塞尔函数解释了烟草花叶病毒X射线衍射照片螺旋结构的判断。结果，他只花了10秒钟就指出了极具决定意义的螺旋反射，我的一切疑虑烟消云散了。不过，我还想跟克里克开个玩笑，我告诉他这张X射线图片实际上并没有决定性意义，而真正举足轻重的是我提出了关于微小间隙的观点。话刚出口，克里克就当真了。他总是这么心直口快，并且认为我也与他完全一样。在剑桥大学的辩论中要想取胜，常常得说一些哗众取宠的话，希望别人会当真，可是克里克从来用不着玩这个把戏。

我们下一步应该做些什么已经再清楚不过了。我知道，对烟草花叶病毒的研究在短期内很难再有突破。要想进一步详尽地了解它的结构，需要更加专业的知识，而这是我力所不逮的。更何况，即使我竭尽全力，能否在几年内搞清楚RNA的结构也不明朗。说到底，我无法通过研究烟草花叶病毒来弄清楚DNA结构。

因此，现在最恰当的做法无疑是，认真考虑一下那些与DNA有关的奇妙的化学规律，它们是奥地利生物化学家埃尔文·查加夫首先在哥伦比亚大学发现的。[①]第二次世界大战结束以后，查加夫和他的学生一直致力于分析各种各样的DNA样品，研究确定了DNA中嘌呤碱基和嘧啶碱基的相对比例。在他们测定的所有DNA样品中，腺嘌呤（A）分子的数量与胸腺嘧啶（T）分子的数量非常接近，而鸟嘌呤（G）分子的数量则与胞嘧啶（C）分子的数量极其接近。另外，腺嘌呤与胸腺嘧啶的比例又因不同的生物来源而有所不同。某些生物体的DNA具有较多的（A-T），而另一些生物体的DNA则具有较多的（G-C）。查加夫认为这些引人注目的现象意义重大，这就是著名的查加夫定律。可他当时并没有对此做出解释。而且，在我第一次向克里克介绍这个规律时，克里克也置若罔闻，只顾着思考其他问题。

1947年，埃尔文·查加夫参加了冷泉港核酸及核蛋白定量生物学研讨会

但不久之后，在和一位年轻的理论化学家约翰·格里菲斯（John Griffith）

① 在奥斯瓦尔德·埃弗里阐明DNA可能是遗传物质之后，深受鼓舞的查加夫对DNA的化学成分进行了细致分析。不过后来，查加夫逐渐变成了一个尖刻的分子生物学批评者，例如，他曾写道："分子生物学说到底，是由没有'执照'的生物化学家搞出来的。"沃森的《双螺旋》出版后，查加夫更是写了一篇非常尖刻的书评，其具体内容请参阅本书附录5。

EXPERIENTIA VOL. VI/6, 1950 · pp. 201–209

BIRKHÄUSER PUBLISHERS, BASEL/SWITZERLAND

Chemical Specificity of Nucleic Acids and Mechanism of their Enzymatic Degradation[1]

By ERWIN CHARGAFF[2], New York, N.Y.

Table II [1]

Composition of desoxyribonucleic acid of ox (in moles of nitrogenous constituent per mole of P).

Constituent	Thymus			Spleen		Liver
	Prep. 1	Prep. 2	Prep. 3	Prep. 1	Prep. 2	
Adenine . .	0·26	0·28	0·30	0·25	0·26	0·26
Guanine . .	0·21	0·24	0·22	0·20	0·21	0·20
Cytosine . .	0·16	0·18	0·17	0·15	0·17	
Thymine . .	0·25	0·24	0·25	0·24	0·24	
Recovery . .	0·88	0·94	0·94	0·84	0·88	

[1] From E. CHARGAFF, E. VISCHER, R. DONIGER, C. GREEN, and F. MISANI, J. Biol. Chem. *177*, 405 (1949); and unpublished results.

查加夫发表在《实验》杂志上的论文的标题和其中的一张表格[②]

讨论了几次以后，克里克又开始怀疑这种规律可能有非常重要的意义。其中一次讨论发生在某天晚上，他们听完了天文学家汤米·戈尔德（Tommy Gold）题为“完美的宇宙法则”的报告后相约一起去喝啤酒。[③]戈尔德非常雄辩，他对“完美的宇宙法则”的阐述非常有说服力，使得克里克联想到是否也可以提出一个“完美的生物学法则”。[④]克里克了解到，格里菲斯对基因复制的理论很感兴趣，于是就开门见山地提出，所谓“完美的生物学法则”就是指基因的自我复制，换句话说，也就是指在细胞分裂和染色体数目倍增时，基因准确复制的能力。格里菲斯并没有随便附和他的意见。事实上，几个月来，他一直更倾向于这样一种理论，即认

汤米·戈尔德，摄于20世纪60年代

② 查加夫1950年发表于《实验》杂志上的论文中的一张表。该表显示A：T和G：C这两个比率都约等于1。但是，查加夫仍不明白这些比率对DNA结构的重要意义，而且他也没有发现碱基配对（尽管他后来声称这是他的发现）。他对双螺旋模型的批评持续了很多年，直到1962年，他还这样写道：“现在，DNA已经成了一个神奇的名称，成了我们这个时代的魔法石，成了现代炼金术的精髓。”

③ 克里克认识剑桥大学的许多科学家，远远超出了卡文迪许实验室的圈子。在给德尔布吕克的一封信中（1951年12月9日），沃森这样写道：“克里克非常有魅力，把剑桥大学最有前途的青年科学家全都吸引到了自己的周围，所以只要在他家里喝喝茶，我就可以联系上许多剑桥大学的科学家了，比如说宇宙学家邦迪、戈尔德和霍伊尔。”

④ 这里所说的“完美的宇宙学法则”是稳恒态理论的一个组成部分，它描述了宇宙的性质，是由汤米·戈尔德、赫尔曼·邦迪（Herman Bondi）和弗雷德·霍伊尔（Fred Hoyle）一起提出的（他们三个是关系亲密的朋友）。根据稳恒态理论，宇宙在空间和时间上是均匀的、一成不变的。虽然宇宙正在膨胀（红移现象等宇宙学观测结果“要求”宇宙是膨胀的），但是，新的物质正在不断地被创造出来，从而使宇宙保持不变。在他们之前，乔治·盖莫（George Gamow）提出了宇宙大爆炸理论，他认为宇宙是由一个“奇点事件”膨胀而来的。1965 年，宇宙微波背景辐射被发现，宇宙大爆炸理论被大多数科学家接受。

1954 年，盖莫和沃森创办了“RNA 领带俱乐部”，这是一个由一群致力于破译遗传密码的科学家组成的团体。俱乐部的每个成员都有一个昵称（以某种氨基酸或核苷酸的名字来命名）、一个领带夹（上面刻有本人在俱乐部的昵称的缩写）和一条领带（上面印着“RNA”三个字母）。领带夹和领带是由盖莫设计，并由沃森亲自到洛杉矶找人定制的。本书第 245 页转载了盖莫戴着“RNA 领带”的照片。另外，本书第 248 页还转载了理查德·费曼（Richard Feynman）发给沃森的一封电报，上面的签名是“Gly”，那是费曼在“RNA 领带俱乐部”的昵称“甘氨酸”的缩写。

THE STEADY-STATE THEORY OF THE EXPANDING UNIVERSE

H. Bondi and T. Gold

(Received 1948 July 14)

Summary

The applicability of the laws of terrestrial physics to cosmology is examined critically. It is found that terrestrial physics can be used unambiguously only in a stationary homogeneous universe. Therefore a strict logical basis for cosmology exists only in such a universe. The implications of assuming these properties are investigated.

Considerations of local thermodynamics show as clearly as astronomical observations that the universe must be expanding. Hence, there must be continuous creation of matter in space at a rate which is, however, far too low for direct observation. The observable properties of such an expanding stationary homogeneous universe are obtained, and all the observational tests are found to give good agreement.

The physical properties of the creation process are considered in some detail, and the possible formulation of a field theory is critically discussed.

1. *The perfect cosmological principle*

1.1. The unrestricted repeatability of all experiments is the fundamental axiom of physical science. This implies that the outcome of an experiment is not affected by the position and the time at which it is carried out. A system of cosmology must be principally concerned with this fundamental assumption and, in turn, a suitable cosmology is required for its justification. In laboratory physics we have become accustomed to distinguish between conditions which can be varied at will and the inherent laws which are immutable.

邦迪和戈尔德 1948 年发表在《皇家天文学会月报》上的论文首页

为基因复制是两条 DNA 链在互补表面交替形成新 DNA 的基础上进行的。

当然，这种假说并不是格里菲斯本人的原创。事实上，近 30 年来，这个理论一直在那些对基因复制感兴趣的理论遗传学家当中流传着。这种理论认为，基因复制需要生成一个补体（负本），其形状与原体（正本）的表面相吻合，这种关系就像一把钥匙与一把锁。在一个新的正本合成时，这个互补的负本就可以起到模板的作用。但也有少数理论遗传学家不相信这种互补复制理论，赫尔曼·穆勒就是他们当中的一个代表，他深受一些著名理论物理学家的影响，特别是帕斯夸尔·乔丹（Pascual Jordan）。这些理论物理学家认为，存在使同类物体相互吸引的力量。⑤然而，鲍林却不赞同这种理论，他尤其反对量子力学支持这种理论的说法。第二次世界大战爆发前夕，鲍林曾与德尔布吕克（他使鲍林注意到了乔丹的论文）合作，一起给《科学》杂志写了一篇短文，坚定地声称量子力学是支持合成互补体式的基因复制机制的。[⑥]

克里克强烈主张，问题的答案不能从那些特别的氢键中去找，因为这些氢键无法提供 DNA 结构必不可少的确切的专一性，正如化学家一再向我们的朋友们强调的，嘌呤碱基和嘧啶碱基中的氢原子并没有固定位置，相反，它们可以随机地从一个地方移到另一个地方。克里克觉得，DNA 的复制与碱基平面之间的特殊吸引力有关。

幸运的是，格里菲斯能够计算出这种力。如果关于 DNA 复制的互补理论是正确的，那么他应该能够计算出结构不同的碱基之间的吸引力。另一方面，如果基因直接复制机制确实存在，那么他应该能够计算出相同碱基之间的吸引力。于是，在分开时，大家都同意先由格里菲斯试试这样的计算是否可行。几天后，当他们在卡文迪许实验室喝茶的人群中突然相遇时，格里菲斯告诉克里克，初步的计算结果表明，腺嘌呤的平面和胸腺嘧啶的平面应该是粘在一起的，

THE NATURE OF THE INTERMOLECULAR FORCES OPERATIVE IN BIOLOGICAL PROCESSES

In recent papers P. Jordan[1] has advanced the idea that there exists a quantum-mechanical stabilizing interaction, operating preferentially between identical or nearly identical molecules or parts of molecules, which is of great importance for biological processes; in particular, he has suggested that this interaction might be able to influence the process of biological molecular synthesis in such a way that replicas of molecules present in the cell are formed. He has used the idea in connection with suggested explanations of the reproduction of genes, the growth of bacteriophage, the formation of antibodies, and other biological phenomena. The novelty in Jordan's work lies in his suggestion that the well-known quantum-mechanical resonance phenomenon would lead to attraction be-

[1] P. Jordan, *Phys. Zeits.*, 39: 711, 1938; *Zeits. f. Phys.*, 113: 431, 1939; *Fundam. Radiol.*, 5: 43, 1939; *Zeits. f. Immun. forsch. u. exp. Ther.*, 97: 330, 1940.

鲍林和德尔布吕克发表在《科学》杂志上的关于分子互补性的论文首页

帕斯夸尔·乔丹

⑤ 帕斯夸尔·乔丹是一位理论物理学家，曾经与维尔纳·海森堡（Werner Heisenberg）和马克斯·玻恩（Max Born）等人合作发表多篇重要的量子力学论文。他还热衷于将物理学的新发现应用于生物学领域："自 1900 年以来，物理知识经历了大发展……这就自然要求不能将物理学的结果局限在物理学领域，而要扩展到有机生命科学的领域。"乔丹后来加入了纳粹党，并且成了一名冲锋队员（即"褐衫队员"）。第二次世界大战结束后，乔丹试图"去纳粹化"，但是马克斯·玻恩拒绝为他证明，相反，玻恩提交了一份被纳粹杀害的亲人名单。

⑥ 在鲍林和德尔布吕克联名发表在《科学》杂志上的这篇论文中，他们反对帕斯夸尔·乔丹提出的同样的分子相互吸引的观点，相反，他们认为"……在讨论分子之间的特定吸引力时，应该优先考虑互补性"。

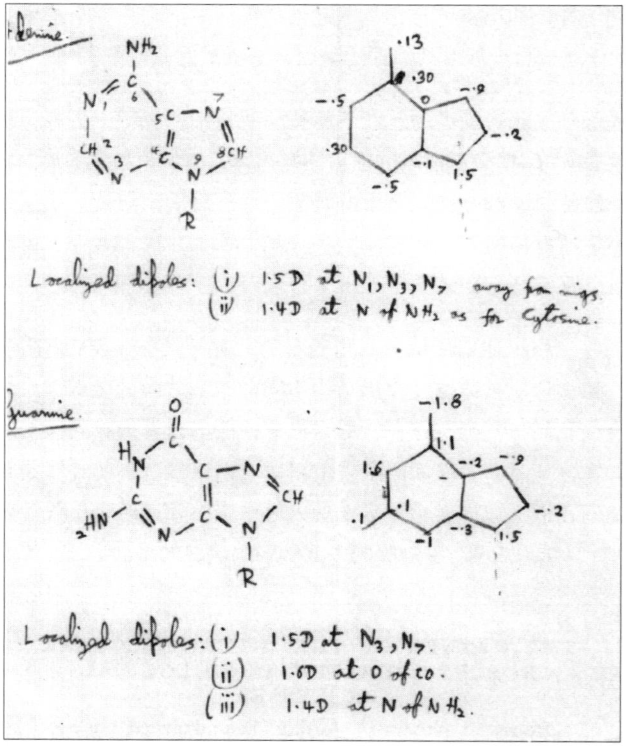

格里菲斯给克里克的一封信中的一幅插图

而且鸟嘌呤和胞嘧啶之间的吸引力也可以利用这个思路来解释。[⑦]

克里克立刻就得出了答案，这就是碱基配对规律，如果他没有记错的话，查加夫以前就已经证明，这种规律是以数量相同的不同碱基形式出现的。克里克激动地告诉格里菲斯，我最近一直在跟他嘀咕查加夫得到的一些古怪的实验结果。尽管在那一刻，克里克还不能立即断定涉及的是不是同一些碱基，但是他答应，这些资料一经核实，他就立即把结果告诉格里菲斯。

午饭时，我向克里克证实，他确实没有记错查加夫的实验结果。不过，他在听我说的同时还在阅读格里菲斯的量子力学论文，并没有表现出太大的热情。这是因为，一方面，克里克知道格里菲斯在受到压力时将不会强有力地坚持自

[⑦] 克里克和格里菲斯的这次讨论，没有留下任何书面记录。不过，两年之后，克里克又请格里菲斯进行了类似的计算。格里菲斯给克里克写了一封信（1953 年 3 月 2 日），里面有一张图，上面给出了他估算出来的腺嘌呤和鸟嘌呤中的原子间的偶极子力（dipole force）。

己的观点，而且为了使计算得以进行，在必要的时候格里菲斯还可能会忽视许多变量。另一方面，既然每个碱基都有两个平面，那么就必须说明为什么只有其中一个被选中了，但是现在还找不到理由来说明这一点。此外，也不能排除查加夫给出的规律可能与遗传编码有关的可能。特定的核苷酸组必然以某种方式对特定的氨基酸编码。还可以设想，腺嘌呤的数量与胸腺嘧啶数量相当，这种现象可能与某种决定碱基排列顺序的尚未发现的规律有关。除此之外，马卡姆还断言，如果查加夫认为鸟嘌呤和胞嘧啶数量相当，他可以同样有把握地否认这种现象。在马卡姆看来，查加夫的实验方法对胞嘧啶的实际数量的测度必定偏低了。

直到7月初的一天，克里克仍然不打算抛弃格里菲斯的理论构想。那一天，肯德鲁来到我们的新办公室，告诉我们查加夫最近要来剑桥大学并留宿一个晚上。肯德鲁已经为他在彼得学院（Peterhouse）安排好了晚餐，肯德鲁邀请我和克里克在晚些时候到他屋里去和查加夫一起喝几杯。席间，肯德鲁有意把话题扯开，尽量不涉及实质性研究问题，对克里克和我可能想通过建造模型来探索DNA结构的消息也只是略微透露了一点。查加夫是一位世界闻名的DNA专家。在一开始的时候，他对我们这些梦想在竞赛中胜出的“黑马”并没有怎么在意。后来，当肯德鲁提到我并不是一个一般的美国人之后，他就更加相信自己遇到的是一个疯疯癫癫的家伙了。他快速地瞄了我一下，以证实自己的直觉。很快查加夫就开始嘲弄起我的发型和口音来了，说我既然来自芝加哥，那么也就“只能如此这般”了。我尽量彬彬有礼地告诉他，我之所以留长发是为了避免人们将我与美国空军人员混淆起来。当然，我这种回应方法恰恰证明了，我确实还不怎么懂人情世故。

20世纪50年代初，克里克在卡文迪许实验室做实验

在查加夫的巧妙引导之下，克里克不得不承认自己不记得四种碱基在化学性质上的差异，这个时候，查加夫对我们的轻蔑达到了顶点。在克里克提到格里菲斯的计算结果时，气氛才稍微缓和下来。因为记不清究竟哪种碱基才含有氨基，所以克里克无法准确地从量子力学的角度来进行论证，最后他不得不请查加夫写出它们的结构式。尽管克里克后来反驳道，他随时可以查到这些资料，但查加夫最终仍然不相信我们明白自己在干什么，他也不相信我们知道怎样才能实现我们的目标。⑧

无论查加夫那个充满了对我们的嘲弄和蔑视的脑袋中想的是什么，都得有人去解释他的实验结果。因此，第二天下午，克里克就急匆匆地跑到格里菲斯在三一学院的住处，希望当面搞清碱基对作用力的计算结果。听到里面说“请进”后，克里克就推门进去了，结果却发现格里菲斯正和一位姑娘待在屋里。他马上意识到那不是谈论学术问题的时候。克里克请格里菲斯再介绍一下计算得到的碱基对作用力数据后就知趣地退了出来。在把格里菲斯的话记在一个信封上后，克里克离开了三一学院。我在那天早晨动身前往欧洲大陆了，所以克里克只好独自一人到哲学图书馆去查找资料，以消除对查加夫的结果的最后一些疑虑。掌握了这两方面的信息之后，他打算第二天再去格里菲斯那儿，但转念一想，他就意识到格里菲斯近来的兴趣并不在这里。爱情与科学，正如鱼与熊掌，二者往往不可得兼。这一点实在是再明显不过了。

⑧ 对于这次会面，查加夫在后来回忆时也进行了生动描述。他说，克里克“……像一个走下坡路的赛车手……说话时不时发出假声，就像浑浊的激流偶尔闪现出一点点亮光”；至于沃森，“……虽然已经 23 岁了，但是显然还未发育成熟，经常咧着嘴，看上去很羞怯，其实相当狡猾。他很少说话，而且说不出什么重要的东西”。查加夫还告诉霍勒斯 · 贾德森，沃森和克里克“……说了很多次‘pitch’；我记得，我还为此专门写下了这样一句话：‘两个寻找螺旋的小贩（pitchman）’”。

19 群英会巴黎

短短两个星期后，我和查加夫又在巴黎见面了。我们俩都在那里出席国际生物化学大会。经过巴黎索邦大学黎塞留大厅（Salle Richelieu）外的庭院时，他略带嘲讽地对我冷冷一笑，算是对和我认识的唯一表示。那天，我一直在寻找德尔布吕克的身影。在我离开哥本哈根去剑桥大学前，他曾为我在加州理工学院生物系找了一个研究员职位，并为我安排好了1952年9月开始的由脊髓灰质炎基金会（Polio Fundation）提供的奖学金。这年3月，我曾给德尔布吕克写信，要求在剑桥大学再停留一年。他毫不迟疑就答应把我的奖学金转到卡文迪许实验室。德尔布吕克如此爽快实在太难得了，令我非常开心，要知道他自己仍然不能肯定以鲍林那种方式进行生物大分子结构研究是否真正有价值。

现在，我将烟草花叶病毒螺旋结构的照片带在了身边。这一次我非常确信，德尔布吕克一定能够完全理解我为什么会如此热爱剑桥大学。然而，德尔布吕

① 1974年，查加夫在回忆往事时也谈到了这件事情：“不幸的是，留在人们记忆中的，总是我做的一些琐事。我记得1952年于巴黎举行的国际生物化学大会，还有出席会议的那个年轻人的笨笨的脸。他令我想起了内斯特罗伊（Nestroy）的戏剧《恶神或流浪汉》（*Lumpazivagabundus*）中的皮匠学徒。当然，我当时绝不是要嘲讽他，我只是在寻找地方上厕所，可是无论我打开哪一扇门，里面总是一间教室，而且总是挂着黎塞留的巨幅画像。”

这次会议还精心设计了金属材质的会徽（胸牌）。图中给出的是属于沃尔多·科恩（Waldo Cohn）的一枚会徽。科恩原先也是一位物理学家，在第二次世界大战期间曾经参与研制原子弹，战后转入生物学领域。他发明了离子交换层析仪，可以用于核苷酸的分离。科恩对沃森评价甚高，他说沃森是“……美国唯一一个比较像样的研究核酸的生物化学家”。（出自科恩于1954年1月4日写给德尔布吕克的信）

1952年7月于法国巴黎举行的第二届国际生物化学大会会徽

鲍里斯·埃弗吕西和哈丽雅特·埃弗吕西（Harriet Ephrussi）在冷泉港实验室

克只和我交谈了几分钟，我的话并没有使他的观点发生根本性改变。我先提纲挈领地说明了烟草花叶病毒如何构成一个整体，对此他几乎没有发表任何意见。我又匆匆忙忙地描述了我们试图通过制作模型研究DNA结构的设想，他还是显得无动于衷。只有在我强调克里克才智过人时，他才好像有所触动。然而糟糕的是，后来我说克里克的思想方法与鲍林非常类似，但在德尔布吕克看来，没有任何一种化学方法能与遗传杂交相媲美。那时夜已经有点深了，遗传学家鲍里斯·埃弗吕西（Boris Ephrussi）在聊天时突然提到我为什么如此喜欢剑桥大学的事情，德尔布吕克听到后非常厌恶地连连摆手。[②]

后来，鲍林突然出人意料地出现在了国际生物化学大会的会场，引起了会场的轰动。这可能是因为他上次去伦敦时护照被扣一事被媒体大肆渲染，美国国务院改变了主意，允许他来炫耀一下α-螺旋。[③]于是，会议主办方在本来安排佩鲁茨演讲的环节插进了鲍林作报告。虽然这个消息是在他的报告开始前不久才公布的，但是会场还是被挤得水泄不通，每个人都想最先从鲍林口中得到某些新的启发。但鲍林讲演时说的内容其实全都是已经公开发表过的，他只不过是以一种幽默的方式重新发挥一下而已。尽管如此，在场的几乎所有听众却都觉得心满意足——当然，我们这几个仔细阅读过他近来所有论文的人除外。

[②] 鲍里斯·埃弗吕西1901年出生于莫斯科，他曾经与摩根一起在帕萨迪纳（Pasadena）利用果蝇研究过遗传学。后来，他又与乔治·韦尔斯·比德尔（George Wells Beadle）合作进行了关于眼部色素沉着的遗传学研究，证实了“一个基因一种酶”的思想，比德尔在此基础上进一步对脉孢菌属进行了研究，最终获得了诺贝尔生理学或医学奖。鲍里斯和沃森都是发表在《自然》杂志上那封联名搞笑信的作者（参见本书第20章）。哈丽雅特·埃弗吕西是奥斯瓦尔德·埃弗里的学生，她是一位杰出的细菌遗传学家。她曾与沃森合作（1952—1953年）对转化生长因子的生理特性进行了研究。

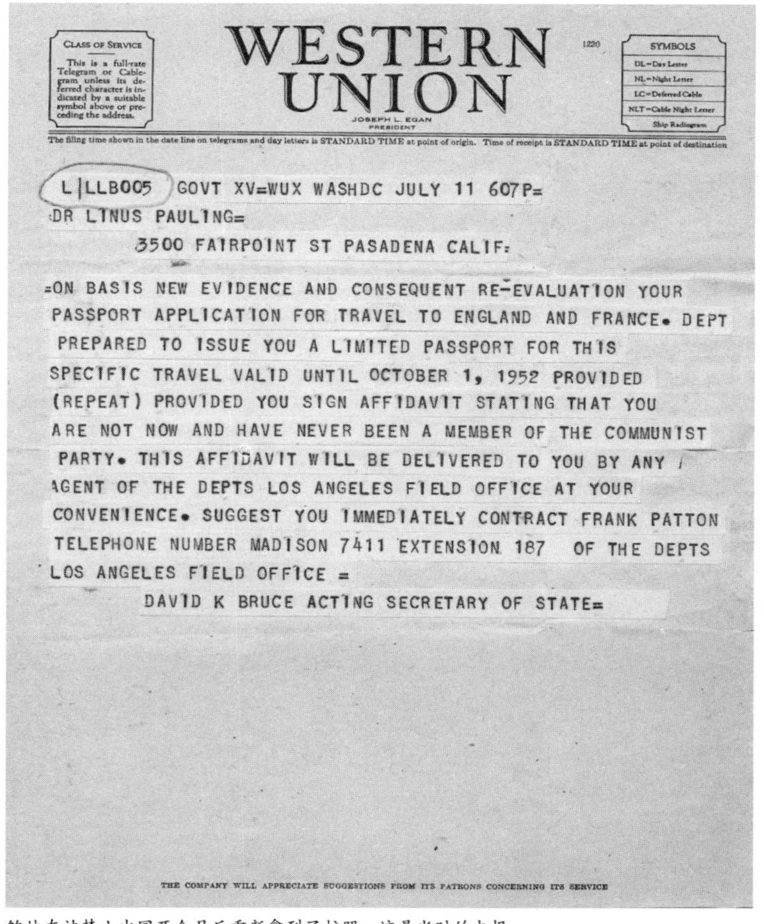
CLASS OF SERVICE
This is a full-rate Telegram or Cablegram unless its deferred character is indicated by a suitable symbol above or preceding the address.

WESTERN UNION
JOSEPH L. EGAN PRESIDENT

1220

SYMBOLS
DL=Day Letter
NL=Night Letter
LC=Deferred Cable
NLT=Cable Night Letter
Ship Radiogram

The filing time shown in the date line on telegrams and day letters is STANDARD TIME at point of origin. Time of receipt is STANDARD TIME at point of destination

L|LLB005 GOVT XV=WUX WASHDC JULY 11 607P=
DR LINUS PAULING=
3500 FAIRPOINT ST PASADENA CALIF=

=ON BASIS NEW EVIDENCE AND CONSEQUENT RE-EVALUATION YOUR PASSPORT APPLICATION FOR TRAVEL TO ENGLAND AND FRANCE. DEPT PREPARED TO ISSUE YOU A LIMITED PASSPORT FOR THIS SPECIFIC TRAVEL VALID UNTIL OCTOBER 1, 1952 PROVIDED (REPEAT) PROVIDED YOU SIGN AFFIDAVIT STATING THAT YOU ARE NOT NOW AND HAVE NEVER BEEN A MEMBER OF THE COMMUNIST PARTY. THIS AFFIDAVIT WILL BE DELIVERED TO YOU BY ANY AGENT OF THE DEPTS LOS ANGELES FIELD OFFICE AT YOUR CONVENIENCE. SUGGEST YOU IMMEDIATELY CONTRACT FRANK PATTON TELEPHONE NUMBER MADISON 7411 EXTENSION 187 OF THE DEPTS LOS ANGELES FIELD OFFICE =
DAVID K BRUCE ACTING SECRETARY OF STATE=

THE COMPANY WILL APPRECIATE SUGGESTIONS FROM ITS PATRONS CONCERNING ITS SERVICE

鲍林在被禁止出国两个月后重新拿到了护照，这是当时的电报

[3] 在5月护照被扣后（参见本书第17章），鲍林在两个月后又重新获得了护照。这个戏剧性的反转可能是媒体大肆渲染导致的结果。但是从这份电报来看，鲍林在表明“从来没有加入过共产党”的宣誓书上签字，才是他重新拿到护照的决定性因素。

鲍林并没有提出什么惊人的新见解，我们甚至看不出他到底在想些什么。演讲结束后，鲍林的崇拜者蜂拥而上将他团团围住，我却没有勇气挤到鲍林和他的夫人艾娃·海伦（Ava Helen）面前，于是就回附近的特里亚农旅馆（Trianon Hotel）了。

当时，威尔金斯也在场，他显得有些愁眉不展。他是在赴巴西途中路过巴黎，

顺便参加这次会议，他将在巴西讲授一个月的生物物理学。[4]我对他来参加这次会议感到有点惊愕，这与他的性情格格不入。2 000 名碌碌无为的所谓生物化学家，在雕梁画栋但灯光昏暗的会议厅里进进出出，这种场景他是不可能看得惯的。我们一边聊天，一边走向鹅卵石小路，他问我是否也觉得会上许多演讲都非常冗长乏味。威尔金斯说，雅克·莫诺（Jacques Monod）和索尔·施皮格尔曼（Sol Spiegelman）等少数几位学者，确实算得上是热情奔放的演说家，但其他演讲都非常枯燥乏味，即使演讲中夹杂着若干值得记下来的内容也很难使人打起精神来。

为了帮助威尔金斯振作起来，我陪他一起去罗伊奥蒙特修道院（Abbayeat Royaumont）参加了为期一周的噬菌体会议。这个会议是在国际生物化学会议召开后举行的。[5]因为马上就要动身前往里约热内卢，威尔金斯只能在这里留一个晚上，不过他还是愿意同那些曾经做过 DNA 相关的生物实验的人见面聊聊。

[4] 威尔金斯在他的自传里描述了他前往巴西的原因：“……我接到了一个邀请，作为一个英国生物分子学家小组的成员访问巴西。根据计划，我们将参观实验室，举行关于生物分子领域重要进展的会议，以及参加其他活动。当然，总体目标是使巴西的科学研究‘活跃起来’。”但是，后来发生的一切似乎证明，反而是巴西使威尔金斯活跃了起来：“里约热内卢没有令我失望，这里有热舞、狂欢、游行、戏剧，还有快乐的音乐和自由的生活。”

[5] 在写给克里克的一封信中（1952 年 8 月 11 日），沃森写道：“罗伊奥蒙特修道院本身是非常可爱的，也非常像剑桥大学的某个学院，因此它的总体氛围非常适合严肃的学术讨论，而巴黎不一样，那里有太多令人分心的东西了……利沃夫付出了很多心血，力图使这次会议显得很有文化气质……但是在各种场合，我都穿着短裤，而且没有把衬衫系到裤子里面，因此我可能是唯一一个异类。尽管我最近理了发，但是我的大多数朋友还是认为我的头发太长了，有人甚至恶作剧地把大半瓶维斯康蒂洗发水倒在了我的头发上，那可是很高级的！”

罗伊奥蒙特修道院航拍图

参加在罗伊奥蒙特修道院举行的会议的与会者合影。沃森穿着短裤坐在地上（前排右起第三个），摄于 1952 年 7 月

然而，在开往罗伊奥蒙特的火车上，威尔金斯脸色苍白，既没有心思浏览《泰晤士报》，也没有兴致听我说噬菌体小组的八卦新闻。当我们在西多会修道院（Cistercian monastery）重新装饰过的天花板极高的大房间里安顿下来以后，我就去找自离开美国后就未曾见过面的朋友叙旧了。我本以为威尔金斯马上就会来找我，可他连晚饭也没有去吃。我跑到他的房间，打开灯以后发现他俯卧在床上，头扭向一边（以避开昏暗的光）。他说是因为在巴黎吃下了一些很难消化的东西，不过不用为他担心。第二天早晨，我收到了他的一张便条，上面说他已经完全好了，为了赶上去巴黎的早班车就不来打扰我了，他还对给我添了麻烦表示歉意。

快到中午时分，利沃夫告诉大家，鲍林第二天会来这里停留几个小时。我立即开动脑筋，思考有什么办法可以让自己在午餐时坐在鲍林旁边。然而事实证明，鲍林此行的目的与科学研究毫无关系。当时美国驻巴黎大使馆科学参赞杰弗里斯·怀曼（Jeffries Wyman）[6]是鲍林的至交好友。他认为鲍林和海伦应该会对

杰弗里斯·怀曼

[6] 怀曼出身于波士顿一个警察世家，一生从事过多种职业，包括科学家和外交官。他曾经出任美国驻巴黎大使馆科学参赞和联合国教科文组织驻开罗办事处主任。在他的第一任妻子去世后，他就开始到处旅行，甚至曾经与日本人和阿拉斯加地区的因纽特人一起生活过一段时间。怀曼还用日记和水彩画将自己的日常生活记录下来。

13 世纪质朴而又富于魅力的建筑物非常有兴趣，于是安排他们夫妇到罗伊奥蒙特修道院参观。上午休会期间，在寻找安德烈·利沃夫时，我看到了怀曼，他的面庞消瘦而极具贵族气质。鲍林夫妇也来了，他们很快开始和德尔布吕克夫妇交谈起来。在德尔布吕克提到一年后我将去加州理工学院时，我才有机会和鲍林简短地交谈了一会儿。话题围绕着我未来在帕萨迪纳继续利用 X 射线研究病毒的可能性展开，关于 DNA 的研究则只字未提。当我把伦敦国王学院研究小组拍的 DNA 晶体 X 射线衍射照片拿出来给他们看时，鲍林却提了一个建议，他说他的同事们做的关于精确的氨基酸 X 射线衍射图谱的工作，对于我们了解核酸是必不可少的。

我和海伦的交谈则深入得多。当她得知我明年仍将留在剑桥大学时，她跟我谈到了她的儿子彼得·鲍林（Peter Pauling）。我知道，布拉格爵士已经同意让彼得跟随肯德鲁攻读博士学位。彼得患过很长一段时间的单核细胞增多症，在加州理工学院读书时学业也相当糟糕，但是，肯德鲁并不想拒绝鲍林让儿子跟着他读博的愿望，特别是在他得知彼得和他的金发妹妹经常会举办各种有趣舞会的情况下。这样说吧，如果琳达·鲍林（Linda Pauling）去看望她的哥哥彼得，

鲍林家人的照片，包括鲍林本人、彼得、克雷林（Crellin）、琳达和海伦，不过鲍林的长子小莱纳斯不在其内，摄于 1947 年

那么他们肯定会给剑桥大学增添一道亮丽的风景。那个时候，加州理工学院化学系学生梦寐以求的就是娶琳达为妻，因为这样可以抬高自己的身价。至于彼得，关于他也有很多真假难辨的传闻，主要是说他经常流连于花丛。但现在海伦却把彼得夸上了天，说他是一个极好的小伙子。海伦说，每个人都会像她那样乐于和彼得相处，我对此保持沉默，不相信彼得也能够像琳达那样为我们实验室做出“很大贡献”。在鲍林招呼说他们该走了的时候，我对海伦说，我一定会尽力帮助她儿子适应剑桥大学研究生饱受约束的生活。[⑦]

最后，主办方在爱德华·德·罗斯柴尔德（Edmond de Rothschild）男爵夫人的桑苏西（Sans Souci）乡村别墅举行了一个大型花园派对，以此为这次噬菌体会议画上一个句号。[⑧]穿什么衣服去参加这个派对对我来说是一个大难题。在国际生物化学会议前夕，我乘坐火车时睡着了，结果行李物品全被偷走了。我手头只有一些临时在军用消费合作社买来的衣服，是我为接下来到意大利阿尔卑斯山游览准备的。[⑨]我曾经穿着短裤在大会上发表了关于烟草花叶病毒的讲演，这使我觉得很舒服。但这也让法国代表团担心我可能会穿着同样的短裤参加无忧宫的大派对。不过后来我借到了一套西装和配套的领带，当司机把我们送到

桑苏西别墅，派对举办地

[⑦] 在写给克里克的一封信中（1952 年 8 月 11 日），沃森说，关于彼得·鲍林到剑桥大学之后的生活，他给了艾娃·海伦一些建议：“从与鲍林夫人的‘闲聊’中我了解到，彼得现在还没有潜下心来，所以我们中间不会出现另一个像格林那样的年轻人。我给海伦的建议是只需要给彼得很少的生活费，那样就可以引导他过上一种清教徒式的生活，而我自己现在却正在逃避这种生活，哈哈。”

[⑧] 爱德华·德·罗斯柴尔德男爵夫人，她的丈夫爱德华·德·罗斯柴尔德男爵于三年前去世。桑苏西别墅位于离罗伊奥蒙特修道院不远的古维约－尚蒂伊，是爱德华·德·罗斯柴尔德男爵于 1906 年建成的，那时他的父亲刚去世不久。桑苏西别墅里养了不少赛马，里面还住着一些骑师和工作人员。赛马是男爵父子两人的共同爱好。丈夫去世后，男爵夫人经常来这里小住，直到 1975 年离世。自那之后，桑苏西别墅被改建成了一所烹饪学院。

[⑨] 正如沃森寄给他妹妹的明信片所显示的，那年夏天，沃森走了很多地方，法国的会议结束之后，他一直在旅行，直到 9 月才回到剑桥大学。他与肯德鲁和乔·贝尔塔尼（Joe Bertani）一起走了一程，拜访了埃弗吕西，还碰到了德尔布吕克。这一次，他走遍了法国、意大利和瑞士。相关内容请参阅本书附录 2。

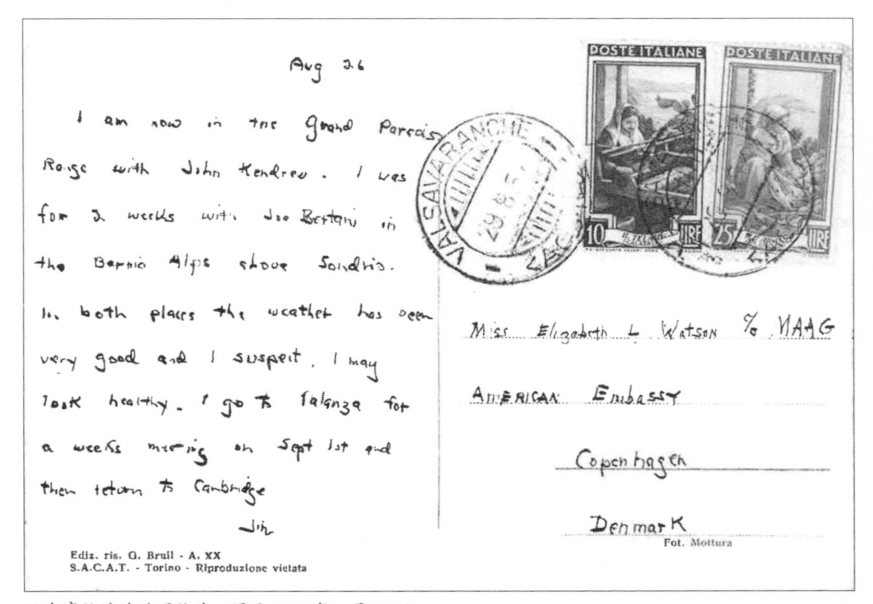

Aug 26

I am now in the Grand Paradis Range with John Kendrew. I was for 2 weeks with Joe Bertani in the Bernina Alps above Sondrio. In both places the weather has been very good and I suspect, I may look healthy. I go to Palanza for a weeks meeting on Sept 1st and then return to Cambridge

Jim

Miss Elizabeth L. Watson c/o NAAG
American Embassy
Copenhagen
Denmark

POSTE ITALIANE 10 LIRE
POSTE ITALIANE 25 LIRE
VALSAVARANCHE

Ediz. ris. G. Bruil - A. XX
S.A.C.A.T. - Torino - Riproduzione vietata
Fot. Mottura

沃森寄给妹妹的明信片，写于 1952 年 8 月 26 日那幢高大的乡村别墅前让我们下车时，我至少在表面上颇有点像模像样了。

来到派对现场后，我和索尔·斯皮格尔曼（Sol Spiegelman）径直朝一个手里端着熏鳜鱼和香槟酒的男仆走去。几分钟之内，我们就领略到了贵族阶层的社交生活方式。[10]在我们即将登上汽车离开那里之前，我溜进一间挂满了哈尔斯（Hals）和鲁本斯（Rubens）画作的客厅。在那里，男爵夫人正对几位客人说，像他们这样的贵宾能够光临，令她感到由衷的高兴。可是她也觉得很遗憾，因为剑桥大学那个疯狂的美国人没有来参加派对并活跃气氛。她说的到底是什么意思呢？在那时我还觉得非常迷惑不解，直到后来我才了解到，利沃夫事前提醒过男爵夫人，派对上将会出现一个不修边幅且脾气古怪的客人，因此男爵夫人并不知道我来参加了派对（因为我穿了正装）。因此，我从初次和贵族打交道的经历中学到的经验非常清楚：如果我的行事风格与所有其他人完全一样，那么很可能当初就不会被她邀请了。

[10] 在那个时候，斯皮格尔曼正在研究细菌和酵母中的酶诱导，后来，他又转向了对 RNA 病毒及 RNA 复制的研究。他首次成功地分离出了 RNA 复制酶。斯皮格尔曼最著名的成果是他和本·霍尔（Ben Hall）一起开发了 RNA-DNA 杂交技术。这种技术首先是在溶液中实现的，然后他又与戴维·吉莱斯皮（David Gillespie）合作，在硝酸纤维素滤膜上实现了这项技术。

索尔·斯皮格尔曼，摄于 20 世纪 50 年代

沃森在意大利阿尔卑斯山区度假，摄于 1952 年 8 月

20 抢发论文

暑假结束，我回到了剑桥大学，却没有集中精力研究 DNA 结构，这令克里克相当失望。我去研究“性”了。当时大家都觉得细菌的交配习惯是一个新鲜的话题——在克里克和奥迪尔那个圈子里，绝对没有人能够猜到细菌也要交配。不过，细菌怎样交配这类问题最好留给小人物去研究。在罗伊奥蒙特会议期间，与会者当中就流传着细菌分雌雄两种性别的说法。但是直到 9 月初，即我在帕兰扎（Pallanza）参加一个小型的微生物遗传研讨会时，才通过可靠的渠道了解到这个领域的基本事实。在这个会议上，卡瓦利－斯福尔扎（Cavalli-Sforza）和比尔·海斯（Bill Hayes）介绍了他们的实验结果。他们与乔舒亚·莱德伯格（Joshua Lederberg）一起通过实验手段证明，细菌确实有两种不同的性别。[1]

在那次为期三天的会议期间，海斯作为“一匹黑马”一鸣惊人。在他做报告前，除了斯福尔扎，与会者中没有人知道他是谁。但一等到他以谦逊的措辞做完报告，

比尔·海斯在帕兰扎会议上做非正式报告

[1] 海斯在爱尔兰接受教育，在第二次世界大战期间，他成了一名派驻印度的英国卫生官员。后来，他在哈默史密斯医院成立了细菌遗传学实验室，1957 年该实验室转归英国医学研究理事会负责，并于 1968 年迁往爱丁堡。在细菌遗传学领域，除了在科学研究方面做出了重大贡献之外，海斯还撰写了该领域最重要的教材之一《细菌及其病毒的遗传》（*The Genetics of Bacteria and Their Viruses*，1964 年第 1 版）。

乔舒亚·莱德伯格和埃丝特·莱德伯格（Ester Lederberg）在冷泉港实验室基因和变异定量生物学研讨会上，摄于1951年

在场的听众就立即意识到：被莱德伯格一个人独占的世界被轰出了一个巨大的缺口。1946年，年仅20岁的乔舒亚·莱德伯格因宣布细菌会交配和证实了遗传重组而一举成名，他的成就轰动了整个生物学界。从那以后，他完成了无数个奇妙无比的实验，最终导致除了斯福尔扎之外，再没有其他人敢于从事这方面的研究。凡是听过莱德伯格那种拉伯雷式讲演（他只要一开口就3个小时甚至5个小时都停不下来）的人，都知道他是一个"可怕的顽童"，为人行事完全没有任何顾忌。不仅如此，他还有神一般的吹法螺的本事，尤其是近几年，他的法螺越吹越大，使得他本人大有誉满天下之势。[②]

尽管莱德伯格头脑非同凡响，细菌遗传学研究的发展状况却一年比一年混乱。莱德伯格的近作复杂无比、几近天书，只有他本人才可能欣赏它们。偶尔我也想找一篇他的论文来看一看，却总是如同嚼蜡，只好放到一边"改日再看"。[③]其实，即便是智力一般的学者也不难理解，当细菌的性别被发现后，对细菌的遗传分析可能很快就会变成一件轻而易举的事情。但是，在与斯福尔扎交谈了几次之后，我才知道，莱德伯格不愿意把事情想得这么简单。他依然固执地偏爱正统的遗传假设，即假设雄性和雌性细菌提供了数量相等的遗传物质，尽管在这种假设基础上进行分析极其复杂。与此相反，海斯的推论则是从以下这个

[②] 诺顿·津德（Norton Zinder）当时还是莱德伯格的研究生，对于莱德伯格在1951年于冷泉港实验室举行的基因和变异定量生物学研讨会上的表现，津德是这样描述的："莱德伯格发表了我们实验室的一篇论文，我敢夸口，它的'不可理解性'压倒了所有竞争对手。他一口气讲了6个多小时，我相信只有穆勒能勉强听懂它。"

[③] 莱德伯格的"复杂无比、几近天书"的论文启发鲍里斯·埃弗吕西、乌尔斯·利奥波德（Urs Leopold）、沃森和琼·韦格尔合作写了一篇论"细菌遗传学术语"的短文，发表在《自然》杂志上，但是《自然》杂志的编辑不知道的是，这是一个恶作剧。例如，他们在文中建议用"细菌间信息"（interbacterial information）来取代"转型"（transformation）。这篇短文的最后一句是故意用来泄露真相的，因为作者们建议"……未来必须认识到细菌层面控制论的潜在重要性"。

No. 4355 April 18, 1953 NATURE 701

miles and some of the treatments were destructive to other aquatic life as well as black-fly larvæ. In contrast with those results, during 1948–51 larvæ of *Simulium arcticum* Mall. were largely eradicated from sections of the Saskatchewan River for as long as 98 miles by single applications of DDT. The DDT was applied at rates as low as 0·09 p.p.m. for 16 min. as a 10 per cent solution in methylated naphthalene and kerosene.

Outstanding characteristics of the Saskatchewan River include its large rate of discharge (up to 120,000 cusec.), its freedom from aquatic vegetation, and the turbidity of the water during certain seasons of the year. During the tests, the suspended solids content of the water ranged as high as 551 p.p.m., and samples obtained by sedimentation from river water collected so far as 68 miles downstream from the point of application contained 0·24–2·26 μgm. of DDT per gram of solids. This material consisted mainly of clay and fine silt, and laboratory experiments showed that it would adsorb DDT from suspensions of 0·1 p.p.m. of DDT in distilled water.

A study of the feeding habits of the larvæ of *S. arcticum* showed that suspended particles in the river water, including much inorganic material, were consumed. It was also noted during the larvicide tests that the treatments produced much greater mortality of black-fly larvæ than of other aquatic insects, which normally do not feed on small particles suspended in the water. Quantitative samples of aquatic organisms collected before and after single applications of DDT indicated that, whereas black-fly larvæ were almost eliminated for distances ranging from 40 to 98 miles, populations of other aquatic insects were reduced by an average of 50 per cent in two tests and were unchanged in two others.

The results suggest that other fast-flowing rivers in which the water is turbid at the time of treatment might be treated similarly, and perhaps in certain clear-water streams and rivers, finely divided inorganic material with marked DDT adsorptive properties could be added along with the larvicide and kept in suspension.

F. J. H. FREDEEN

Division of Entomology,
Science Service,
Canada Department of Agriculture,
Saskatoon, Sask.

A. P. ARNASON

Saskatoon, Sask., now of Ottawa.

B. BERCK

Winnipeg, Man.
Jan. 12.

[1] Fredeen, F. J. H., Arnason, A. P., Berck, B., and Rempel, J. G. (in preparation).

[2] Garnham, P. C. C., and McMahon, J. P., *Bull. Ent. Res.*, **37**, 619 (1947). Gjullin, C. M., Cope, A. B., Quisenberry, B. C., and DuChanois, F. R., *J. Econ. Ent.*, **42**, 1 (1949). Hocking, B., Twinn, C. R., and McDuffie, W. C., *Sci. Agric.*, **29**, 2 (1949). Hocking, B., *Sci. Agric.*, **30**, 12 (1950).

Terminology in Bacterial Genetics

THE increasing complexity of bacterial genetics is illustrated by several recent letters in *Nature*[1]. What seems to us a rather chaotic growth in technical vocabulary has followed these experimental developments. This may result not infrequently in prolix and cavil publications, and important investigations may thus become unintelligible to the non-specialist. For example, the terms bacterial 'transformation', 'induction' and 'transduction' have all been used for describing aspects of a single phenomenon, namely, 'sexual recombination' in bacteria[2]. (Even the word 'infection' has found its way into reviews on this subject.) As a solution to this confusing situation, we would like to suggest the use of the term 'interbacterial information' to replace those above. It does not imply necessarily the transfer of material substances, and recognizes the possible future importance of cybernetics at the bacterial level.

BORIS EPHRUSSI

Laboratoire de Génétique,
Université de Paris.

URS LEOPOLD

Zurich.

J. D. WATSON

Clare College,
Cambridge.

J. J. WEIGLE

Institut de Physique,
Université de Genève.

[1] Lederberg, J., and Tatum, E. L., *Nature*, **158**, 558 (1946). Cavalli, L. L., and Heslot, H., *Nature*, **164**, 1058 (1949). Hayes, W., *Nature*, **169**, 118 (1952).

[2] Lindegren, C. C., *Zlb. Bakt.*, Abt. II, **92**, 40 (1935).

Histochemical Demonstration of Amine Oxidase in Liver

DIANZANI[1] has shown that ditetrazolium can be used for demonstrating the activity of, among other enzymes, tyramine (amine) oxidase in mitochondria isolated from liver and kidney. The essential reaction here is a dehydrogenation[2], and hydrogen acceptors other than oxygen may be used in the oxidation of tyramine by amine oxidase[3]. It is therefore of interest that amine oxidase activity can be demonstrated in frozen sections of the tissue, using a tetrazolium compound as the hydrogen acceptor; even though the method is not entirely satisfactory, it shows the general distribution of the enzyme. Neotetrazolium[4] was found to be much more satisfactory than blue (di-)tetrazolium.

Frozen sections (15–20 μ thick) of guinea pig and rabbit liver were well washed in phosphate buffer for about thirty minutes to remove all endogenous substrates and then incubated with equal parts of 0·1 per cent neo-tetrazolium, 0·1 *M* phosphate buffer of *p*H 7·4 and 0·5 per cent tyramine solution, for 2–4 hr. At the end of the incubation period, the sections were washed in distilled water, fixed in 10 per cent neutral formalin and mounted in dilute glycerol. The use of very thin slices of liver instead of frozen sections for the incubation was found to be advantageous; they can then be fixed in formalin and sectioned on the freezing microtome. Control sections were incubated with (1) octyl alcohol[5] for three hours before incubation with tyramine and (2) potassium cyanide in a final concentration of 3×10^{-3} *M*, which inhibits other oxidases but has no inhibitory effect on amine oxidase.

Fat stains red with neo-tetrazolium and, together with the precipitated blue formazan, gives a general purple colour. Large fat globules can be seen in the liver, staining a bright red. This red colour can be eliminated by treating the sections with acetone, which dissolves away the fat, leaving the true (blue) colour of the precipitate. The acetone is removed by washing with water. In many cases the red colour is of advantage as it serves as a counter stain.

For the same period of incubation guinea pig liver showed a more dense precipitate than rabbit liver.

莱德伯格的“复杂无比、几近天书”的论文（请参阅本章注释3）

参加帕兰扎会议时的沃森(后排左二)和雅克·莫诺(前排左二)

[4] 对此，沃森在写给他妹妹的信中是这样说的（1952 年 10 月 27 日）：

“……看来，我从帕兰扎回到剑桥大学后提出的这个理论很有可能是正确的，因为它完美地预测到了斯福尔扎近期得到的实验结果……接下来还有一个决定性的实验要做，如果它也支持我的理论，那么我的理论将会非常完美。它将解决一个 5 年来一直没有解决的导论，并将促使细菌遗传学进入一个迅速发展的阶段……这将是超越乔舒亚 · 莱德伯格（威斯康星大学）的毕生成就的好机会——当然，乔舒亚的‘毕生’到目前为止还很短，因为他才 28 岁左右。”

看上去似乎有些武断的假设出发的：雄性染色体物质只有部分进入雌性细胞。给定这个假设，进一步展开推论就简单多了。

一回到剑桥大学，我就以最快速度赶到了图书馆，找出了刊登莱德伯格近期研究成果的所有杂志。令我高兴的是，这一次我终于弄懂了以往迷惑不解的所有遗传杂交问题。不过，还是有一些交配机制令人费解。尽管如此，在将这些资料梳理好之后，我相信我们选择的道路是正确的。特别令我欣慰的是，莱德伯格可能会拘泥于他的正统思想方法，而我则可以采取新的思想方法，完成一项令人难以置信的工作——通过对他的实验结果作出正确的解释来击败他。[4]

我热切希望把莱德伯格的秘密搞个水落石出，但是这个愿望完全不能打动克里克。虽然细菌有雌雄之分确实非常有趣，但是这并没有激起他的兴趣。几乎整个夏天，克里克都在为他的博士论文收集烦琐的数据，这令他相当心烦。好在现在，他又开始进入了适于思考重要问题的心智状态。克里克认为，细菌究竟只有一个染色体，还是有两个甚至三个染色体，在这个问题上纠缠不清对我们研究 DNA 结构毫无助益，只要我时刻关注与 DNA 结构有关的文献，就有可能在就餐或喝茶时的讨论中突然冒出好想法。但是，如果我转向纯生物学研究，那么我们领先鲍林的微弱优势就会在顷刻之间彻底消失。

那个时候，克里克仍然固执地认为查加夫定律是真正的关键所在。在我去阿尔卑斯山旅游时，他曾经花了一个星期的时间，试图通过实验证明在水溶液环境中，腺嘌呤与胸腺嘧啶、鸟嘌呤与胞嘧啶相互之间都存在吸引力。然而他的努力毫无结果。另外，他与格里菲斯之间的讨论也不顺利，因为他俩的想法似乎总是格格不入。当克里克向格里菲斯详细阐述了某个假设的优点后，经常会出现令人难堪的冷场。因此，克里克没有理由不把腺嘌呤和胸腺嘧啶、鸟嘌呤和胞嘧啶相互吸引的可能性告诉威尔金斯。克里克 10 月下旬要去伦敦，他给威尔金斯写了封信，说想到伦敦国王学院去看一看。未曾想，威尔金斯马上写了一封热情洋溢的回信，还说到时候要请克里克一起吃午饭。因此，克里克非常期待能就 DNA 结构问题与威尔金斯进行实质性讨论。

可是等到他们真的共进午餐时，克里克却有点聪明反被聪明误了，他故意表现得对 DNA 不太感兴趣，反而一开始就谈到蛋白质。于是午餐的大部分时间都被浪费掉了。然后，威尔金斯又把话题扯到了富兰克林身上，唠唠叨叨地说她如何缺乏合作精神。[5]与此同时，克里克一直牵挂着另一些有趣的问题，直到吃完午饭时，他才想起 2 点 30 分还有个约会，于是便匆匆离开了。等他急匆匆跑出大楼来到了大街上之后，才猛然想起忘记把格里菲斯的计算结果和查加夫的实验资料相吻合一事告诉威尔金斯了。可是，那时候再回去跟威尔金斯说又显得有点愚蠢，于是他选择了直接离开。他在当天晚上就回到了剑桥大学。第二天早晨，克里克懊恼地告诉我，昨天午餐时与威尔金斯的讨论徒劳无益。但他还是奋力打起了精神，准备再次向 DNA 结构问题发起冲击。

然而，我却认为在那个时候，再次将全部注意力集中到 DNA 结构上并不合理。我们并没有得到什么新的发现，因此也就无法挽回去年冬天的失败。在圣诞节前，我们唯一有可能取得的新进展是，测定含有 DNA 的 T4 噬菌体的二价金属离子含量是不是较高。如果含量较高，就能有力地说明镁离子是和 DNA 结合的。有了这方面的证据，那么我或许至少能推动伦敦国王学院的研究小组去分析他们的 DNA 样品。可是，要想很快就得到过硬的数据的希望仍然非常渺茫。首先，得请马勒的同事尼尔斯·杰尼从哥本哈根寄来噬菌体样品。然后，我还得安排好一切，以便准确地测定样品中二价金属离子和DNA的含量。[6]最后，还必须说动富兰克林参与这项工作。

幸运的是，在研究 DNA 结构的这场竞赛中，鲍林看来还不至于构成一个迫在眉睫的威胁。彼得带来的内部消息可以说明这一点。他说他父亲正热衷于研究“头发蛋白”，即角蛋白的 α-螺旋问题。然而，对克里克本人来说这却不是什么好消息。在近一年多的时间里，为了搞清楚 α-螺旋究竟如何盘绕成卷曲螺旋状，他时而欢欣鼓舞，时而垂头丧气。主要困难在于，他的数学计算过程没有达到十分严密的程度，当别人的追问很深入时，他就会承认自己的论证过程仍有模糊之处。他很清楚，目前他面对的局势是，鲍林的解释虽然不比他的解释更加高明，但是卷曲螺旋领域的所有荣誉仍然有可能尽归鲍林。

克里克决定最后再拼一下，于是他停止了手头的实验（那是他的博士论文所必需的），以便全力以赴解决卷曲螺旋相关的数理方程问题。终于，他正确地解决了这个问题，而这至少应部分归功于克莱塞尔的帮助，那个周末克莱塞

[5] 威尔金斯后来给克里克写信说（1952 年初）：“富兰克林虽然经常说狠话，但是一直没能真的把我怎么样。因为我重新安排了我的工作，现在我已经能够集中精力，不再受她的干扰和影响了。我上次与你见面时，情况还没有好转。”

[6] 在 1952 年 5 月 20 日，沃森给德尔布吕克写了一封信，描述了他的设想：“我已经安排好，在一个政府实验室里对纯净的 T4 噬菌体样品进行完整的阳离子分析，样品将由尼尔斯·杰尼从哥本哈根寄来。我希望在罗伊奥蒙特会议召开前得到结果。”

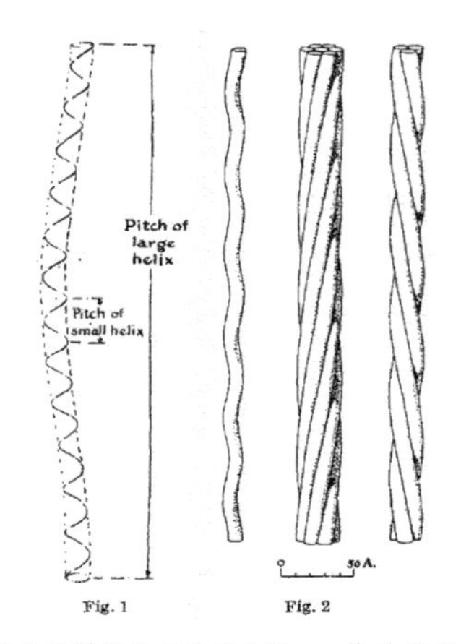

鲍林和科里关于角蛋白的 α－卷曲螺旋的论文中的插图。左图（Fig 1）表明，α－螺旋多肽链遵循一种更大的螺旋构型；右图（Fig 2）则说明了 α－螺旋是如何盘绕成“三股线”和“七股线”的

尔刚好到剑桥大学来找克里克。很快地，克里克就写好了准备投给《自然》杂志“通讯”栏目的论文，并把它交给了布拉格爵士，请他转给《自然》杂志的编辑。投稿信中还附了一张强调我们希望文章尽快发表的便条。如果编辑从权威人士口中得知，某位英国学者写了一篇非常出众的论文，他们通常都会尽可能地安排在第一时间发表。克里克很幸运，即使他这篇论文不能赶在鲍林的论文之前发表，至少也能享受到“尽快发表”的待遇。⑦

⑦ 克里克、鲍林和卷曲螺旋结构。

《自然》杂志编辑为了“尽快发表”克里克关于卷曲螺旋的论文，将鲍林的论文延期发表，这使克里克卷入了一场激烈的争论。鲍林的文章在 1952 年 10 月 14 日就寄到了《自然》杂志，而克里克的论文则是在一个星期之后才寄到的。而克里克的论文在 11 月 22 日就发表了，鲍林的论文却在 6 个星期后才发表，即 1953 年 1 月 10 日。据彼得 · 鲍林说，这是因为克里克和肯德鲁“……最终说服了布拉格爵士，让他写信给编辑把鲍林的文章‘挤’了下去”。

后来，这件事又进一步复杂化了，因为克里克暗示，鲍林当初是从他（克里克）这里了解到了关于卷曲螺旋的思想——1952 年夏天克里克和鲍林见面讨论过。听到了这个传闻之后，鲍林在 1953 年 3 月 29 日给佩鲁茨写了一封信这样说道：“我写这封信是想澄清我的立场。你得关注此事……有传闻说，你认为我关于角蛋白 α－螺旋结构的思想得自于克里克，但我却没有对他表示致谢……事实是，克里克先生问我，我有没有设想过 α－角蛋白的螺旋是彼此盘绕在一起的可能性。我对他的回答是……对我来说，这并不是一个新思想，不过我们还没有清楚地将这种卷曲螺旋结构揭示出来，而且在我看来，我们的方法（这在我们发表在《自然》杂志上的论文中有很详细的描述）与克里克先生的方法有很大区别。如果我对那次在剑桥大学的讨论内容记忆有误的话，我很欢迎克里克先生告诉我。”

对此，克里克于 1953 年 4 月 14 日回应道：“……因此，当彼得告诉我们你也在研究卷曲螺旋时，我曾经把有关思想告诉你的这件事就传扬出去了。这是自然而然发生的。”克里克证实，他们所采用的方法确实不同：“…… 对于我来说，没有理由认为两者完全一样，这是显而易见的。具体来说，你的模型是一个确定性模型，而我的不是，更加重要的是你还提出了导致卷曲的不同原因。”不过，克里克又补充道：“从事后结果来看，我认为如果你事先让我知道你正在上述思想的基础上写论文，情况就会好很多，因为那样的话，我就有机会同时提出我的想法了。无论如何，正如事实已经证明的，加州理工学院和卡文迪许实验室之间的沟通非常有效，这是一件好事。”

这样一来，剑桥大学内外承认克里克是一个天才的人就更加多了。不过还是有人坚持认为，克里克充其量只不过是“一台引人发笑的说话机器”。无论别人怎么看，克里克一眼就能看出问题的最终解决方法的能力实在令人惊叹。那年初秋，戴维·哈克（David Harker）邀请克里克到布鲁克林去工作一年，这件事也说明他的名声确实与日俱增。当时，哈克已经筹集到了100万美元用于解决核糖核酸酶的结构问题，正在四处招揽人才。哈克给克里克的承诺是年薪6 000美元，这在奥迪尔看来已经是非常大方了。[⑧]可是正如我们可以预料到的，克里克的内心非常矛盾。一方面，关于布鲁克林那边的实验室向来都有许多风言风语，那不会是完全没有原因的。另一方面，对于他这个从未去过美国的人来说，接受这份工作可能意味着一个很好的起点。在此基础上，他今后将有可能到其他更加理想的地方去。而且，如果布拉格爵士获悉克里克将离开卡文迪许实验室一年，那么他肯定更有可能同意佩鲁茨和肯德鲁的要求，即让克里克在提交了博士论文后再在卡文迪许实验室继续工作三年。不管怎样，最明智的决定是先暂时接受这个邀请。于是，克里克在10月中旬给哈克写了封回信，答应明年秋天去布鲁克林。

[⑧] 1949年，欧文·朗缪尔（Irving Langmuir）问著名X射线晶体学家戴维·哈克，如果有100万美元，他会用来研究什么？哈克的回应是，他会用10年时间（和这笔钱）来搞清楚蛋白质的结构。朗缪尔真的从各大基金会筹集到了100万美元。1950年，哈克在布鲁克林理工学院启动了蛋白质结构计划。

秋意渐浓，我仍然在为细菌交配问题而着迷。那段时间我经常去伦敦，在哈默史密斯医院的实验室里与比尔·海斯讨论。[⑨]也有那么几次，我在回剑桥大学之前，会拉着威尔金斯一起去吃晚饭，这时候，DNA结构问题就又会浮现在我的脑海里。那段时间，每到下午威尔金斯就会悄悄溜出去。实验室的人还以为他可能交了女朋友。后来终于真相大白，原来他是利用下午时间到体育馆去学习击剑。

[⑨] 海斯的实验室位于伦敦医学研究生院，即后来著名的皇家医学研究生院，建在伦敦西部的哈默史密斯医院的原址上。

威尔金斯和富兰克林的关系仍然像往常一样糟糕。威尔金斯刚从巴西回来见到富兰克林时，就有一个感觉（这个感觉肯定不会错）：富兰克林认定，与威尔金斯的合作是不可能的——甚至比以前更加不可能。为了缓和矛盾，威尔金斯甚至转移了自己的工作重心，即采用干涉显微镜来探索测量染色体的方法。让富兰克林另谋高就的问题已经摆到了威尔金斯的老板兰德尔的桌面上，但是，要最终解决此事最快也得再等上一年。仅仅因为富兰克林嘴角永远挂着冷笑就解雇她肯定是行不通的。[⑩]况且，富兰克林的X射线衍射照片也确实拍得越来越漂亮了。然而，仍然没有迹象表明她对螺旋的兴趣有任何变化。另外，富兰克

伦敦哈默史密斯医院

林还坚持认为，有证据表明糖－磷酸骨架是在分子的外部。要判断这个论断是否有科学根据并不是一件容易的事情。当时，克里克和我仍然无法接触他们的实验数据，因此，我们最好还是保持开放的心态。于是，我又把精力集中到对细菌性别的研究上去了。

⑩ 事实上，富兰克林也非常想离开伦敦国王学院，她心情的迫切程度不亚于威尔金斯希望她离开的心情。下面这两封信分别是富兰克林写给她的密友安妮·塞尔和她未来的老板伯纳尔的。

1952年3月，富兰克林给她的朋友安妮·塞尔和大卫·塞尔（David Sayre）写信，谈到了她在伦敦国王学院的处境："暑假结束回到国王学院后，我与威尔金斯之间的恶劣关系发展到了危机边缘，我恨不得一步就跨到巴黎来。从那时起，我们就约定各走各路、互不干涉，这样工作才得以继续下去——事实上，进展还真的可以说相当不错。1月份我回到巴黎停留了一个星期，真想再也不要回到国王学院去。后来，维托里奥开导了我，使我觉得就此退缩不太明智。无论如何，自暴自弃都是不可以的。于是我去找了伯纳尔，他说他认识我，见到我很高兴，并给了我一个希望，说有朝一日希望我可以加入他的研究团队……不管别人对这个人有什么看法，我认为他是一个杰出的、善于鼓舞人心的人，我愿意在他手下工作。"

安妮·塞尔对富兰克林在伦敦国王学院的处境很同情，3月8日，她给富兰克林写了一封回信，信中说："如果你在国王学院杀了人，我将会第一时间飞到伦敦当你的人格证人，我将发誓说你是正当杀人。"但是，对于富兰克林去伦敦大学伯贝克学院工作的想法，安妮·塞尔持保留意见："你知道，我一贯充满激情地反对伯纳尔，这种感情是真实的，所以我不看好你加入他的团队的计划。"不过，这个计划还是被执行了，富兰克林在6月2日从南斯拉夫给安妮·塞尔写信说："我又与伯纳尔见了一面，只要兰德尔表示同意，我随时都可以到他那里去。但是我认为在出来度假前的一个月与兰德尔谈这件事情，从'政治'角度来看很糟糕，因此我将把这种快乐保留到回去之后。"回到国王学院后，她就将离开的决定告诉了兰德尔，下面这封写给伯纳尔的信清楚地表明了这一点。

UNIVERSITY OF LONDON KING'S COLLEGE.
DEPARTMENT OF PHYSICS.
TEMPLE BAR 5651 (8 LINES).
STRAND, W.C.2.

June 19th 1952

Dear Professor Bernal,

I am sorry to have been so long in letting you know more about my position — I was away longer than I expected to be.

I have now spoken to Professor Randall about the possibility of moving to your laboratory and applying to the Fellowship Committee for permission to take the remains of my Turner & Newall Fellowship with me. Professor Randall has no objection to my doing this.

富兰克林写给伯纳尔的信，信中讨论了她到伦敦大学伯贝克学院任职的事情。这封信的年份（"1952"）是阿伦·克卢格（Aaron Klug）加上去的

亲爱的伯纳尔教授：

很抱歉，这么久之后才告诉您我的决定，因为我离开伦敦的时间比我原先预计的长很多。

现在，我已经和兰德尔教授讨论过我加入您的实验室的计划了，我还向奖学金委员会提出申请，请他们同意把我的特纳－纽沃尔奖学金一并转过来。兰德尔教授表示，他不反对我这样做。

我希望您会同意这样的安排。如果您同意的话，请您告诉我，我什么时间过来合适？以便进一步讨论有关的细节。

最真挚的

罗莎琳德·富兰克林

21 鲍林来信了

后来，我住进了克莱尔学院（C1are College）。在我来到卡文迪许实验室之后不久，佩鲁茨把我说成是一名研究生，从而让我“挤”进了克莱尔学院。说我打算再读个博士学位当然是无稽之谈，可只有利用这个借口我才可能在克莱尔学院获得一间宿舍。说真的，克莱尔学院之好出乎我的意料。这不仅是因为克莱尔学院位于剑桥大学之内，有着精致的花园，还因为它为美国人想得特别周到。这一点是我之后才知道的。[①]

① 克莱尔学院是剑桥大学第二古老的学院，始建于 1326 年，在弗雷迪 · 古特弗罗因德（Freddie Gutfreund）拍摄的那张著名的照片中（《沃森和克里克在国王学院的后院散步》），可以看到国王学院礼拜堂和克莱尔学院。

1952 年 10 月 8 日，沃森在写给他妹妹的信中说：“我现在住在剑桥大学克莱尔学院里，我非常喜欢它。我的房间大得令我惊喜，但是显得有些暮气沉沉，幸运的是，在奥迪尔的帮助下，它开始变得有生气起来了。”10 月 18 日，沃森又给他妹妹写信说：“……克莱尔学院的饭菜仍然无法下咽，因此我经常在国际英语口语联盟（English Speaking Union）那里吃饭。我还在我的宿舍里放了不少食物，因为每天晚上 12 点左右，我都会觉得非常饿。而且令我惊讶的是，我竟然还可以在宿舍里煮茶。”沃森对克莱尔学院一直很有感情，2005 年，他还向克莱尔学院捐赠了查尔斯 · 詹克斯雕塑的双螺旋模型。

不过，在进入克莱尔学院之前，我差一点进入了基督学院（Jesus College）。当时，佩鲁茨和肯德鲁都认为我无须等待多久就有可能被某个规模较小的学院

克莱尔学院大楼前，查尔斯 · 詹克斯（Charles Jencks）雕塑的双螺旋模型

接收为研究生。相对而言，小学院研究生的数量比那些更有名、更有钱的大学院（如三一学院和国王学院）要少。佩鲁茨去询问了物理学家丹尼斯·威尔金森（Denis Wilkinson），想要知道他所属的学院是否还有空余的留学生名额。威尔金森当时是基督学院的教授，第二天，他就告诉佩鲁茨，基督学院愿意接收我，还告诉我应该找个时间去了解一下入学手续。[2]

然而，在与基督学院的学监谈了一次话后，我就决定另找其他学院了。这个学院的研究生之所以极少并不是没有原因的。这个学院一向有着严苛的名声，它不接收住宿研究生，我要是进入这个学院，唯一可以预见的结果就是先交一大笔学费，但是我并不是真的要拿一个博士学位啊。与此相反，克莱尔学院研究古典文化的指导教师尼克·哈蒙德（Nick Hammond）却为来自国外的研究生描绘了一个更加绚丽多彩的前景。他说，我从第二学年起就可以搬进学院里住了，而且，我还可以在克莱尔学院遇到好几位来自美国的研究生。[3]

不过，在剑桥大学的第一年，我是和肯德鲁夫妇一块住在网球场路的，并没有经历过多少学院生活。注册成为克莱尔学院的研究生之后，我在餐厅吃了几顿饭，那里每天晚上供应的几乎都是相同的、难以下咽的饭菜：褐色的不明食材的汤、全都是筋的肉，还有味道极重的布丁等。把这些东西勉强咽下去至少需要 10 到 12 分钟，而且在此期间，整个餐厅里几乎看不到其他人。第二年，当我住进了克莱尔学院纪念广场 R 号楼的宿舍时，我仍然不愿在学院餐厅吃饭。惠姆饭馆的早餐营业时间要比克莱尔学院餐厅长得多。在那里，只需花三先令六便士，我就能找到一个还算暖和的座位边吃早饭边看《泰晤士报》，与此同时，我也经常看到许多戴着平顶帽的三一学院学生在那里翻阅《每日电讯报》或《新闻年鉴》。要想在镇上吃到一顿称心的

惠姆饭馆，沃森经常到这里吃早饭

[2] 丹尼斯·威尔金森后来成了牛津大学实验物理学教授，并于 1974 年被授予爵士爵位。他还是“威尔金森模拟数字转换器”的设计者。

[3] 尼克·哈蒙德是一名研究古希腊的学者，他因对亚历山大大帝的研究而闻名于世。他对希腊和阿尔巴尼亚的历史和地理非常熟悉，通晓多国语言，在第二次世界大战期间，哈蒙德的这些才能为盟军做出了重要贡献。他在英国特别行动处，直接参与了许多敌后破坏任务。第二次世界大战结束后，他重返学术界。20 世纪 50 年代初，他在剑桥大学克莱尔学院担任高级导师，并在那里遇到了沃森。

沃森"只有在特殊情况下才会偶尔去一次"的巴斯旅馆

晚餐就更加困难了。阿茨餐馆和巴斯旅馆的饭菜虽然不错，但价格昂贵，只有在特殊情况下我才会偶尔去一次。如果奥迪尔或伊丽莎白·肯德鲁没有邀请我去吃晚饭，那么我只好去当地的印度餐馆或塞浦路斯餐馆，勉强吞下侍者端给我的像毒药一样的饭菜。

到了11月初，我的胃终于无法继续忍受下去了，几乎每天晚上都会有剧烈的疼痛感。我试着交替使用发酵苏打和牛奶进行治疗，但毫无效果，因此，尽管伊丽莎白安慰我说这没什么大不了，我还是决定去看医生，于是我来到了当地医生在阴冷的三一街上开的一家私人诊所。那个医生让我欣赏了一会儿挂在诊所墙上各种各样的赛艇用桨后，用一张简单的处方把我打发走了。那是一瓶饭后服用的白色药水，[4]我差不多服用了两个星期，药水服完后，我担心自己患了胃溃疡，于是又去了那家诊所。然而，对我这个可怜的、有着长期不愈的胃病的外国人，那个医生连表示同情的话都没有多说一句，还是用同样的处方打发了我，

沃森所说的"白色药水"应该是氧化镁乳剂（Milk of Magnesia）

[4] 为沃森看胃病的"当地医生"爱德华·贝文（Edward Bavan）是一位狂热的划艇爱好者，当时他还在执教大学队，并且还作为英国无舵手四人艇中的一员，在1928年奥运会上赢得了金牌。值得指出的是，确诊路德维希·维特根斯坦（Lndwig Wittgenstein）患了前列腺癌并为他治疗的也是这位贝文医生，在生命的最后两个月，维特根斯坦这位大哲学家甚至搬进了贝文位于斯托里路（Storey Way）的家里，并于1951年4月在那里去世。那是沃森来剑桥大学半年前的事情。

“葡萄牙地”19 号克里克夫妇的寓所，由奥迪尔手绘，克里克用它来当明信片，作于 1960 年

克里克夫妇与弗雷迪·古特弗罗因德和克里斯蒂娜·贝内特（Christine Bennett）在“葡萄牙地”19号克里克的家中，摄于20世纪50年代中期

于是我只好再次去三一街配那种白色药水。

一天晚上配好药后，我来到了克里克和奥迪尔的新居楼下，希望和奥迪尔聊聊八卦新闻以减轻胃痛带来的痛苦。在那之前不久，克里克夫妇已经从“翠扉”搬到了“葡萄牙地”（Portugal Place）附近一处较大的寓所。那幢楼房底下几层原有的沉闷的墙纸已经完全剥落了，而奥迪尔正忙于为其中一个房间赶制帘子，这个房间很大，可以隔出一个浴室。她给我端了一杯热牛奶。一开始，我们谈到了彼得·鲍林的趣闻，他垂涎于佩鲁茨的女管家，一个名叫尼娜（Nina）的丹麦姑娘，接着又谈到了我怎样才能与在斯克鲁普巷八号开高级供膳寄宿处的卡米尔·普赖尔（Camille Prior）拉上关系的事情。其实，普赖尔那里的伙食并不比克莱尔学院食堂好多少，但许多在剑桥大学进修英语的法国姑娘都住在那里，那绝对是另外一回事！[5]然而，要想坐到普赖尔的餐桌边，直接去求肯定是不行的。奥迪尔和克里克都认为，要想在那里谋得一个座位，最好的策略是提出跟普赖尔学法语。她过世的丈夫在第二次世界大战前一直是一位法语教授。要是她同意，她就会邀请我去参加她举办的酒会，那样我就可以不时见到那些

[5] 1951年12月9日，在写给德尔布吕克的一封信中，沃森悲哀地谈到了在剑桥大学找到活泼的女性伴侣的困难：“毫无疑问，你肯定能够料到，剑桥大学和牛津大学的女性人数很少，要想找到一个漂亮可爱的女伴实在是不得不费尽心思。”

[6] 沃森后来真的去上法语课了，而且他在1952年最后几个月写给他妹妹的信中经常提到此事。在10月8日，沃森在信中说："我已经开始跟着那位著名的卡米尔·普赖尔夫人学习法语了。她经营着一家面向欧洲大陆各国年轻女孩的'高级供膳宿舍'，她们不但赏心悦目而且能够帮助我学习法语。"

卡米尔·普赖尔夫人在剑桥戏剧界声名卓著，人们将她描述为一个"各种各样的戏剧和音乐剧……的不知疲倦的制片人"。其中又以她本人每年都要亲自登台表演的历史剧最负盛名。

外国姑娘了。奥迪尔答应帮我打电话联系一下，看我是不是可以去跟普赖尔学习法语。后来，我骑自行车回了克莱尔学院，一路上一直在想着这次我的胃痛应该会好起来了吧。[6]

回到宿舍后，我马上点起了火炉，但是我知道，在上床之前这个房间是不会暖和起来的。我的手冻得抓不住笔，只得紧紧靠在壁炉边上取暖，同时想象着几条DNA链怎样才能以美好而又科学的方式折叠在一起。但没过多久，我就不想更多地考虑这个分子层面的问题了。我转过头来做了一件更加容易的事情，即阅读有关DNA、RNA和蛋白质合成之间的相互关系的生物化学论文。

事实上，当时所有的证据都使我相信，DNA是一个模板，RNA链就是在它上面合成的；而RNA链又是蛋白质合成模板的理想候补者。另外，一些利用海胆完成的实验也给出了一些含糊的资料，它们似乎表明DNA可以转化为RNA。但我却宁愿相信另外一些实验的结果，这些实验证明DNA分子一旦合成就非常稳定。"基因永存"这个想法听上去似乎相当合理。因此，我在书桌上方的墙上贴了一张纸，上面写着"DNA → RNA →蛋白质"。这里的箭头并不表示化学转化，只是用来表明遗传信息从DNA分子的核苷酸序列流向蛋白质分子的氨基酸序列。

在入睡的时候，我还在沾沾自喜地觉得自己已经搞清了核酸和蛋白质合成之间的关系。可是第二天起床穿衣时，房间内寒冷彻骨，我的头脑又清醒起来。是的，标语式的口号不能代替DNA结构。要是拿不出DNA结构模型，在附近那家酒吧里经常会遇到的生物化学家们就会进一步认定，克里克和我永远不可能懂得生物学复杂性的根本意义。更糟糕的是，如果克里克不再思考蛋白质卷曲螺旋结构，我也不再研究细菌遗传学，我们就仍然会在一年前的位置上原地踏步。很多次在饭馆吃饭时，我们俩都绝口不谈关于DNA结构的问题，只是饭后在后院散步时还偶尔会提到与基因相关的问题。

曾经有几次，我们散步时又谈到了DNA，而且激发起了我们的热情，于是回到办公室后，我们又摆弄起模型来。但是每一次，克里克都会立刻发现，散步时给了我们一线希望的推理其实只会把我们引入死胡同。于是，他又回过头去钻研血红蛋白的X射线衍射图谱了，因为他的博士论文离不开那些图谱。至

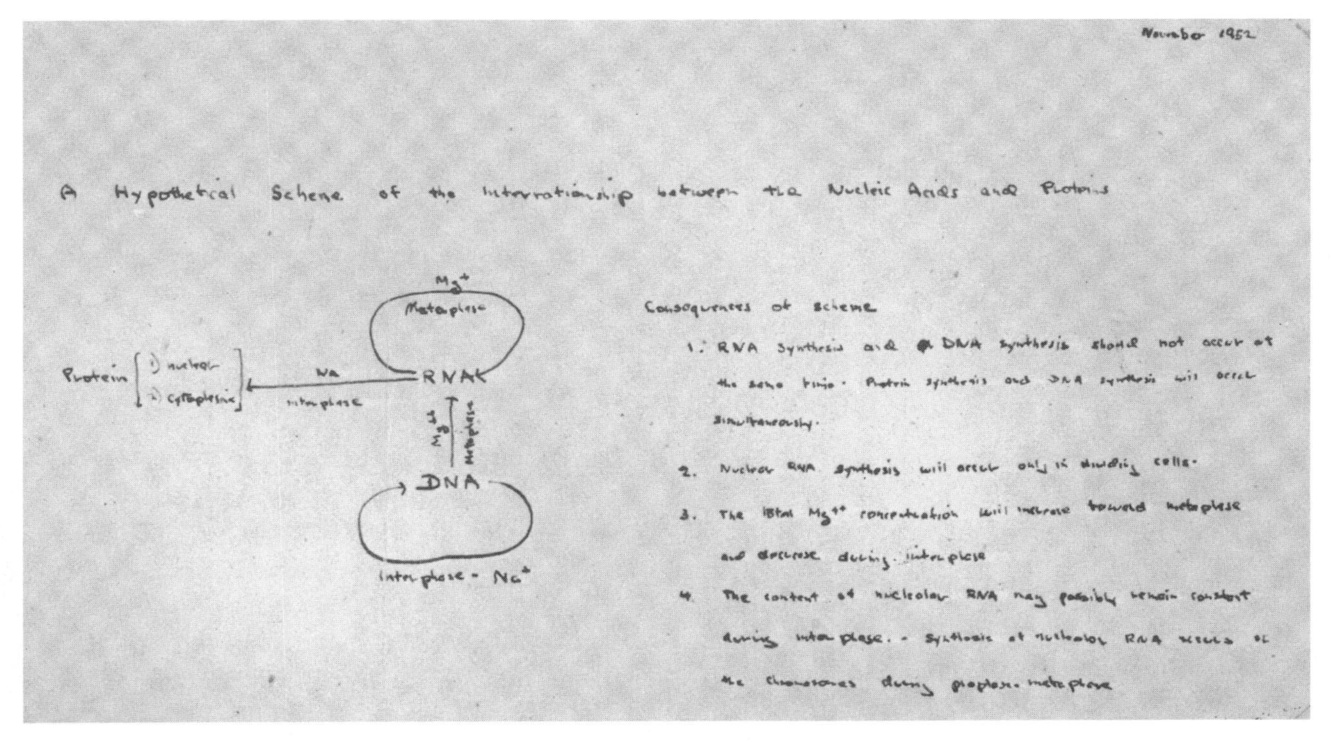

沃森关于 DNA-RNA- 蛋白质关系的早期思考，记录于 1952 年 11 月

于我，虽然通常能够独自坚持工作半小时或更长时间，但是没有克里克在一旁讨论和鼓励，我就无法解决 DNA 的三维结构问题，这一点显而易见。

对于我们要与彼得·鲍林合用一间办公室，我也没有觉得有什么不愉快的。他是肯德鲁的研究生，当时住在彼得豪斯宿舍。在研究工作没什么进展时，由于办公室有了彼得，我们就能够对英国、欧洲大陆和加州等地的女孩子的品貌展开“比较分析”了。12 月中旬的一个下午，彼得慢悠悠地晃进办公室，坐下来把双脚搁在了桌子上，他笑得龇牙咧嘴的，与他那张帅气的脸庞一点也不相称。他手里拿着一封来自美国的信，那是他在回彼得豪斯宿舍吃午饭的路上收到的。

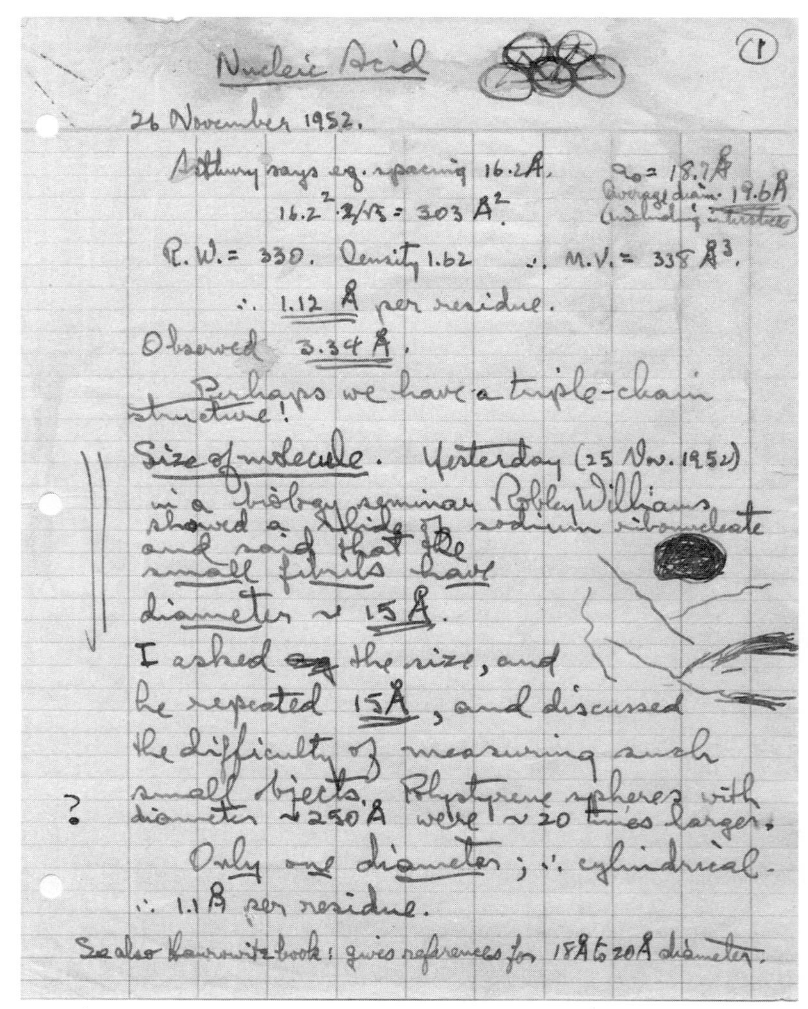

Nucleic Acid

(1)

26 November 1952.

Astbury says eq. spacing 16.2 Å.

$a_0 = 18.7$ Å
Average diam. 19.6 Å
(including interstices)

$16.2^2 \cdot 2/\sqrt{3} = 303$ Å^2.

R.W. = 330. Density 1.62 ∴ M.V. = 338 Å^3.

∴ 1.12 Å per residue.

Observed 3.34 Å.

Perhaps we have a triple-chain structure!

Size of molecule. Yesterday (25 Nov. 1952) in a biology seminar Robley Williams showed a slide of sodium ribonucleate and said that the small fibrils have diameter ~ 15 Å.

I asked the size, and he repeated 15 Å, and discussed the difficulty of measuring such small objects. Polystyrene spheres with diameter ~ 250 Å were ~ 20 times larger.

?

Only one diameter; ∴ cylindrical.

∴ 1.1 Å per residue.

See also Haurowitz book: gives references for 18 Å to 20 Å diameter.

鲍林思考 DNA 结构时留下的笔记（之一）

⑦ 鲍林在 1952 年 11 月花了很多时间思考 DNA 结构，这里给出了他那段时间留下的笔记中的两页。

在第一页笔记中（之一）鲍林声称：“我们很可能可以得到一种三链结构！”他在第二页笔记中画出的图形与发表的论文中的插图非常相似（请参阅本书第 22 章）。

⑧ 在收到这封信后，彼得·鲍林在 1 月 13 日给他父亲写了一封回信。在信中，彼得说自己想要他父亲的论文的复印件：

“我想得到您的论文的复印件。英国医学研究委员会的那帮家伙也想要一份。他们都非常感兴趣。几个月前，科里给多纳休（Donahue）或别的什么人写了一封信，说‘我们’正在写另一篇论文……‘我们’是被包括在引号中的。我不知道我是不是应该跟你讲这些事情：他们很有趣。”

这封信来自彼得的父亲莱纳斯·鲍林。信中除了一些家庭琐事之外，还包括了一条我们一直以来都很害怕听到的消息，那就是鲍林现在已经提出了一个关于 DNA 结构的设想。⑦⑧但信中对鲍林具体做了什么，接下来会怎么做等细节却一点没透露。这封信在我和克里克手中传来传去，我们两个越看

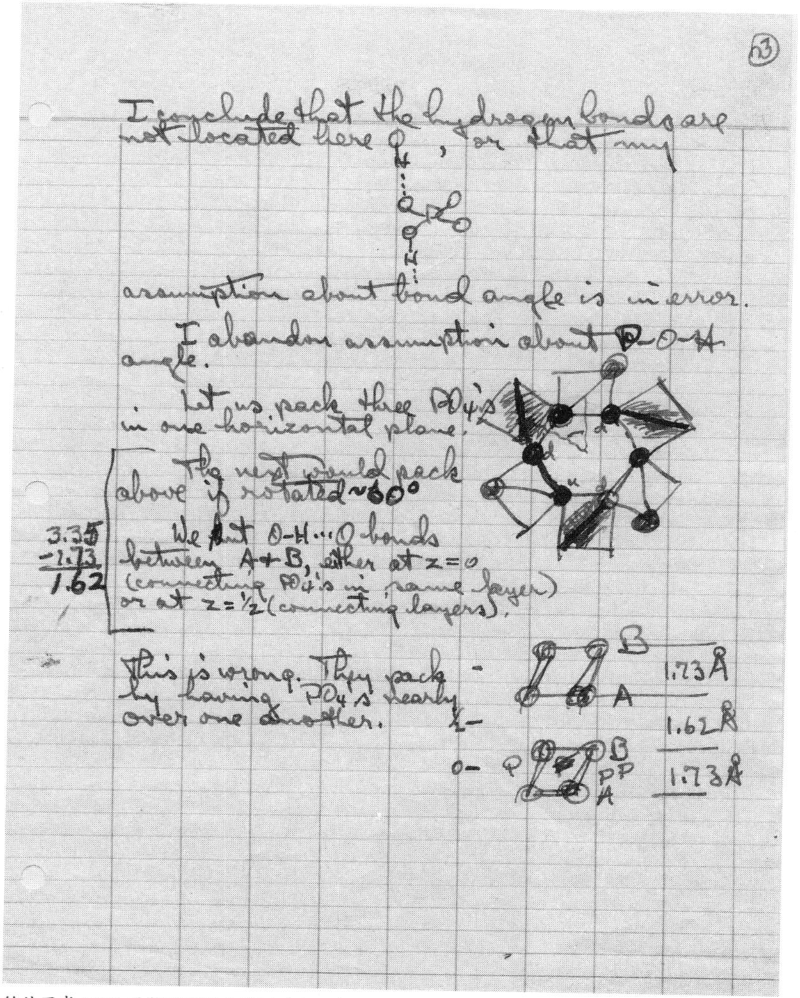
(3)

I conclude that the hydrogen bonds are not located here , or that my assumption about bond angle is in error.

I abandon assumption about P-O-H angle.

Let us pack three PO4's in one horizontal plane.

The next would pack above if rotated ~60°

We put O-H…O bonds between A+B, either at z=0 (connecting PO4's in same layer) or at z=½ (connecting layers).

3.35
-1.73
1.62

This is wrong. They pack by having PO4's nearly over one another.

1.73Å
1.62Å
1.73Å

鲍林思考 DNA 结构时留下的笔记（之二）

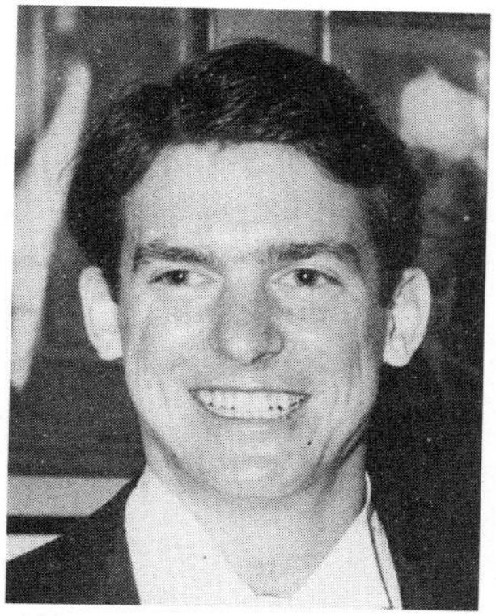

彼得·鲍林

越泄气。克里克在房间里走来走去，边思考边自言自语，他希望凭借自己的智慧和灵感，把鲍林已经得到的结果一一重构出来。鲍林并没有把他的结果告诉我们，因此，如果我们与他同时宣布发现了 DNA 结构，我们还是可以与他分享同等的荣誉。

休·赫胥黎、亚历克斯·里奇（Alex Rich）和奥迪尔·克里克在“葡萄牙地”19号克里克的家中

然而直到我们上楼喝茶，并将有关这封信的消息告诉佩鲁茨和肯德鲁之后，我们依然没有想出任何有价值的东西。布拉格爵士也进来了一会儿，但是我们谁也不想去“享受”那种尴尬——告诉他我们这个英国实验室可能又要在美国人面前丢脸了。当我们嚼着巧克力饼干的时候，肯德鲁还在给我们打气，说鲍林的发现也有可能是错误的，因为他毕竟没有看到过威尔金斯和富兰克林的X射线衍射照片。但是我们的内心仍然忐忑不安，唯恐事实正好相反。[⑨]

31 December 1952

Professor J. T. Randall, F.R.S.
King's College
University of London
Strand, W. C. 2
London, England

Dear Randall:

I am pleased to have your letter of 23 December, and to learn about the meeting on the Nature and Structure of Connective Tissues, that you are organizing for 26 and 27 March.

I am not sure at the present time whether any of the members of our staff will be able to attend the meeting. I myself am planning to come to Europe for the Ninth Solvay Congress, 8-14 April. This trip, however, requires me to be absent from the California Institute of Technology during term time, and I am accordingly planning to make it as short a trip as possible. It seems unlikely that I shall be able to leave Pasadena nearly two weeks earlier than would otherwise be necessary, in order to participate in your meeting, although, of course, I am very much interested in the subject.

Professor Corey and I are especially happy during this holiday season. We have been attacking the problem of the structure of nucleic acid during recent months, and have discovered a structure which we think may be the structure of the nucleic acids - that is, we feel that the nucleic acid molecule may have one and only one stable structure. Our first paper on this subject has been submitted for publication. I regret to say that our x-ray photographs of sodium thymonucleate are not especially good; I have never seen the photographs made in your laboratory, but I understand that they are much better than those of Astbury and Bell, whereas ours are inferior to Astbury and Bell's. We are hoping to obtain better photographs, but fortunately the photographs that we have are good enough to permit the derivation of our structure.

Sincerely yours,

Linus Pauling:W

莱纳斯·鲍林写给兰德尔的信，信中谈到了他的论文

⑨除了给彼得写了信之外，鲍林也于 12 月 31 日写信给兰德尔，告诉他自己发现了一个 DNA 结构的新可能，但是没有向兰德尔透露更多细节。

“这个假期，科里教授和我都特别高兴。最近几个月以来，我们一直致力于研究核酸的结构问题，并且已经发现了一个结构——我们认为它很可能就是核酸的结构。也就是说，我们认为，核酸分子有一个且只有一个稳定的结构。我们关于这一问题的第一篇论文已经投稿出去即将发表了。”

鲍林在写给兰德尔的信中还提到，鲍林的实验室也在拍摄 X 射线衍射照片。做这项工作的是亚历克斯·里奇。

22 鲍林的“三螺旋”论文

圣诞节前，从加州理工学院并没有传来什么新消息。[1]我们的精神又开始逐渐振作起来。因为，如果鲍林确实找到了一个令人振奋的答案，那么这个秘密不可能保守这么长时间。他的研究生中肯定会有人知道他的模型是什么样子。如果鲍林的模型有显而易见的重要的生物学意义的话，那么消息应该很快就会传到我们这里。看来，即使鲍林的模型在某些方面接近了正确的DNA结构，但是在探索基因复制的奥秘方面，他还是胜算不大。而且，随着对DNA的化学性质研究的逐渐深入，我们不相信一个完全忽视了伦敦国王学院研究小组的研究成果的人能够攻克DNA结构难题，即便是鲍林这样的天才人物也不例外。

[1] 帕萨迪纳是加州理工学院所在地，1927年到1964年期间，鲍林一直在加州理工学院化学系任教。

圣诞节就要到了，我取道伦敦准备前往瑞士滑雪度假，我告诉威尔金斯，鲍林已经冲进他的领地了。我原本希望，知道鲍林已经开始向DNA结构发起

加州理工学院克雷林化学实验室（Crellin Laboratory of Chemistry），位于帕萨迪纳，摄于20世纪40年代

冲击之后，威尔金斯会产生一种紧迫感，从而向克里克和我求助，但是威尔金斯似乎不为所动。如果说他也担心鲍林可能夺走诺贝尔奖，那么至少他在表面上完全没有流露出来。对威尔金斯来说，更加重要的是，富兰克林在伦敦国王学院的日子已经屈指可数了。她已经告诉威尔金斯，希望不久后就转到伦敦大学伯贝克学院的伯纳尔实验室去。[②]而且更好的消息是：富兰克林还表示她不会把 DNA 课题带到伯纳尔的实验室去，这令威尔金斯又惊又喜。在接下来的最后几个月里，富兰克林将把她的研究成果整理出来并发表。终于，威尔金斯的人生中不再会有富兰克林的阴影，他可以全力以赴地探索 DNA 结构的奥秘了。[③]

UNIVERSITY OF LONDON KING'S COLLEGE.

From The Wheatstone Professor of Physics.
J. T. RANDALL, F.R.S.

TEMPLE BAR 5653　　STRAND, W.C.2.

Miss R.E. Franklin,
Birkbeck College Research Laboratory,
21 Torrington Square,
London, W.C.1

17th April 1953

Dear Miss Franklin,

You will no doubt remember that when we discussed the question of your leaving my laboratory you agreed that it would be better for you to cease to work on the nucleic acid problem and take up something else. I appreciate that it is difficult to stop thinking immediately about a subject on which you have been so deeply engaged, but I should be grateful if you could now clear up, or write up, the work to the appropriate stage. A very real point about which I am a little troubled is that it is obviously not right that Gosling should be supervised by someone not specifically resident in this laboratory. You will realise that the necessary reorganisation for this purpose which arises from your departure cannot really proceed while you remain, in an intellectual sense, a member of the laboratory.

Yours sincerely,

J T Randall

兰德尔写给富兰克林的信

② 关于即将转换工作一事，富兰克林在 1953 年 3 月 10 日写信告诉了她的朋友阿德里安娜 · 威尔（Adrienne Weill）：“从下个星期开始，我就会到伦敦大学伯贝克学院工作了。这件事已经推迟了很多次，第一次是在秋季，有整整一个月，我因为患了流感和忙于其他事情无暇顾及。在那之后，我本来以为再多做一个月的实验就会得到更多的结果，可是天不遂人愿。现在，我为了尽早离开伦敦国王学院，不得不放弃未完成的研究项目……我不能再推迟了。从实验室的条件来说，我真可以说是从皇宫搬到了贫民窟，但是我很确信，在伦敦大学伯贝克学院，我将会开心得多。”到了伦敦大学伯贝克学院后，富兰克林确实变得更快乐了，但是安妮 · 塞尔所担心的那些东西也应验了。1953 年 12 月，富兰克林写信给塞尔，暗指伯纳尔同情共产主义：“与国王学院相比，伦敦大学伯贝克学院要好得多，因为不可能有比国王学院更糟糕的地方了。但是，伯纳尔的研究团队也有一些很明显的缺点，他们思想似乎很狭隘，那些不是党员的研究人员会面临很多障碍。”

③ 兰德尔于 1953 年 4 月 17 日写信给富兰克林，提醒她离开国王学院并加盟伦敦大学伯贝克学院后不得继续从事 DNA 研究。一个科学家离开原来的实验室，进入一个新的实验室后就要放弃原本的研究项目，这种情况实属常见，但是兰德尔这封信的语气还是显得过于专横了些，有失学者风度。

1月中旬，我一回到剑桥大学就立刻找到了彼得，问他最近的家信中都说了些什么。他说，信中除了有一则与DNA有关的简略消息以外，其余都是一些家庭琐事。然而，仅有的这一条消息却令我们无法安心。彼得说的是，鲍林已经完成了一篇关于DNA结构的论文，不久就会将一份复印件寄给彼得。不过，关于他的模型究竟是什么样子，鲍林仍然没有透露任何线索。在等待鲍林论文复印件的日子里，为了不让自己的神经绷得过紧，我对关于细菌性行为的研究成果进行了整理。在瑞士采尔马特（Zermatt）滑雪度假后，我曾顺道拜访了住在米兰的斯福尔扎。与他的讨论使我确信，我自己关于细菌如何交配的推测应该是正确的。我想和海斯合作撰写一篇论文，并尽快把它发表出来，因为我担心莱德伯格也可能很快就会发现这种现象。可是到了2月的第一个星期，我们的论文还没有定稿，鲍林关于DNA结构的论文复印件却已经从大西洋彼岸寄过来了。

事实上，鲍林将两份复印件寄到了剑桥大学，一份寄给了布拉格爵士，另一份则寄给了彼得。收到论文后，布拉格爵士的反应是先把它放到一边搁置一下。

GENETIC EXCHANGE IN ESCHERICHIA COLI K12: EVIDENCE FOR THREE LINKAGE GROUPS

BY J. D. WATSON* AND W. HAYES

MEDICAL RESEARCH COUNCIL UNIT FOR THE STUDY OF THE MOLECULAR STRUCTURE OF BIOLOGICAL SYSTEMS, THE CAVENDISH LABORATORY, CAMBRIDGE, ENGLAND; AND DEPARTMENT OF BACTERIOLOGY, POSTGRADUATE MEDICAL SCHOOL, LONDON, ENGLAND

Communicated by M. Delbrück, February 27, 1953

The genetic analysis of recombination within strain K-12 of *Escherichia coli* has, until recently, been considered entirely in terms of the hypothesis of an orthodox sexual mechanism involving union of entire cells, followed by a normal meiotic cycle of chromosome pairing, crossing over, and reduction.[1] The evidence in favor of this assumption was many-sided and included both the existence of unstable strains which behaved like heterozygous diploids by segregating out stable recombinant strains, and the inability of cell-free filtrates (in contrast to type transformation in pneumococcus) to induce recombination. Since recombination is a rare event, it has not been possible to observe zygote formation and the evidence for a classical genetic mechanism has remained circumstantial.

沃森和海斯合作的关于细菌性生活的论文后来发表在1953年5月的《美国国家科学院院刊》上

他不知道彼得也收到了论文复印件，所以他拿不定主意，是否要将他收到的论文拿到佩鲁茨的办公室去。如果拿过去，克里克肯定会看见，那么他肯定又会去做一些白费力气的事情。根据当时的日程安排，如果克里克的论文能按期完成，那么布拉格爵士就只需再忍受他（的笑声）8 个月左右。然后，克里克将远赴布鲁克林工作一年（或更多时间），而卡文迪许实验室则得以重归和平与安宁。

午饭后，当布拉格爵士还在考虑是不是应该冒险把论文给大家看时（他担

Chemistry

A Proposed Structure for the Nucleic Acids

By Linus Pauling and Robert B. Corey

Gates and Crellin Laboratories of Chemistry,* California Institute of Technology, Pasadena 4, Calif.

(Communicated December 1952)

The nucleic acids seem to be comparable in importance to the proteins, as constituents of living organisms. There is evidence that they are involved in the processes of cell division and growth, ~~and~~ that they participate in the transmission of hereditary characters, and that they ~~seem~~ are ~~to be~~ important constituents of viruses. ~~as well as of bacteria.~~ An understanding of the molecular structure of the nucleic acids should ~~prove~~ be of value in the effort to understand the fundamental ~~biological~~ ~~processes~~ phenomena of ~~biology~~ life.

Only recently has reasonably complete information been gathered about the chemical nature of nucleic acids. ~~They consist of~~ The nucleic acids are giant molecules, composed of complex units. Each unit consists of a phosphate ion, HPO_3^{--}, a sugar (ribose in the ribonucleic acids, deoxyribose in the

鲍林和科里提出的三链 DNA 螺旋结构模型的论文草稿中的一页

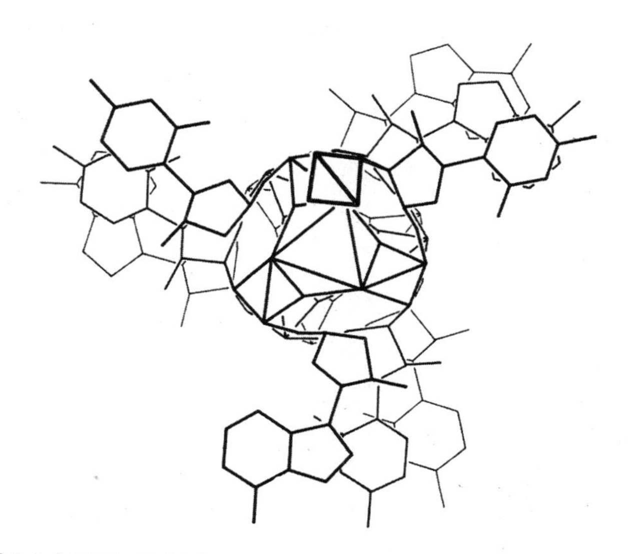

鲍林和科里的论文《核酸的可能结构》（*A Proposed Structure for the Nucleic Acid*）中的一张插图（该文发表于1953年2月出版的《美国国家科学院院刊》）。这是三螺旋结构的俯视图：里面是三条糖-磷酸骨架，外面是从中心向外延伸的碱基

心克里克看到后将不再继续安心写他的博士论文），我和克里克却已经在仔细研究彼得拿来的那份论文复印件了。彼得进门的时候脸上就挂着一副“发生了重要事情，你们要完蛋了”的表情。我的心立即沉了下去，担心这一次真的全完了。彼得发现克里克和我都显得急不可耐，就马上告诉我们：鲍林的模型是一个以糖-磷酸骨架为中心的三条链螺旋。听他这么说，我马上就想到，这个模型从表面上看和我们去年中途放弃的那个模型极其相似。如果这类模型真的可以成立的话，那么就要怪布拉格爵士了：如果当初不是他横加阻拦，也许我们早就因这个伟大发现而享尽荣誉和声名了。没等克里克提出想看看那个复印件，我就直接把它从彼得的外衣口袋里抽了出来急切地翻阅起来。花了不到一分钟时间扫了一下摘要和前言后，我就直接盯着那些显示基本原子位置的图表开始看。

我立刻就觉得鲍林的模型有点不对劲，但一下子又指不出错在哪里，直到我又仔细地把那些示意图研究了一番之后才意识到，原来鲍林的模型里的磷酸基团根本没有离子化，相反，每一个羟基都含有一个束缚氢原子，这样也就没有净电荷了。从某种意义上来说，鲍林的核酸根本就不是一种酸。而且，不带电荷的磷酸在鲍林这个模型中绝不是一个无足轻重的特征。模型中三条相互盘绕的多核苷酸链是由氢键相连的，而氢原子则是氢键的组成部分。如果没有氢原子，多核苷酸链就会立刻分散开来，结构也将不复存在。[④]

我所拥有的核酸化学知识表明，磷酸基团绝不可能含有束缚氢原子。迄今为止从来没有人对 DNA 是一种中等强度酸的说法表示过置疑。因此，在生理条件下，总是会存在像钠离子和镁离子这样的带正电荷的离子，以便中和它们附近带负电荷的磷酸基团。如果氢原子同磷酸紧密相连的话，我们提出的通过二价离子把多核苷酸链结合在一起的推测就失去了意义。可是鲍林——一个被公认为全世界最机敏的化学家——却得出了和我们完全相反的结论。

当克里克表示他也对鲍林这种古怪的化学推理感到愕然不解时，我大大地松了一口气。在那一刻我就知道鹿死谁手还未可知。当然，至于鲍林为什么会误入歧途，我们一无所知。假如一个学生犯了同样的错误，人们肯定会认为他根本不配在加州理工学院化学系学习。因此，我们在一开始也有另外一种担忧：莫非鲍林对大分子的酸碱性进行了革命性的重估，然后才提出这样一个模型？但从整篇论文的语气来看，化学理论应该还没有出现这种革命性的变化。对第一流的理论突破进行保密是毫无理由的。相反，如果鲍林真的做出了这种突破，那么他应该会写两篇论文：一篇报告他的新理论，另一篇则介绍如何应用这种新理论来解决 DNA 结构问题。

鲍林犯的这个错误是如此令人难以置信，要想保守这种秘密是不可能的。我马上直奔罗伊·马卡姆的实验室，一方面是赶快向他报告这个新闻，另一方面也是想进一步求证鲍林这个化学推理确实疯癫古怪。像他这样的大人物居然也会忘记大学一年级学生就应该掌握的基本化学常识。与我预料的一样，马卡姆对此也感到非常好笑，而且他还忍不住跟我讲了剑桥大学某个大学者在基本化学常识上犯错的笑话。接着，我又跑去找了一些有机化学家，他们肯定地告诉我，DNA 当然是一种酸，听到后我更加放心了。

④ 据说，鲍林在加州理工学院的同事弗纳·肖梅克（Verner Schomaker）对鲍林这个模型的评论是："如果 DNA 模型就是这个，那它早就爆炸了！"

到了喝茶时间，我回到了卡文迪许实验室。克里克正在与肯德鲁和佩鲁茨交谈。克里克说，大西洋此岸的人（我们）也不能浪费时间，一旦鲍林发现了自己的错误，他就会重整旗鼓，直到找出正确的结构为止。目前我们最希望的是，鲍林的同事会因此更加敬佩他的才能，因此不会去仔细推敲他的模型的细节。但鲍林的论文已经投给了《美国国家科学院院刊》，最迟到 3 月中旬，他这篇论文就会在全世界范围内广泛流传。他的错误暴露在光天化日之下只不过是一个时间问题。总之，在鲍林重新回过头来全力研究 DNA 结构之前，我们最多还有 6 个星期的时间。

这件事也应该提醒一下威尔金斯，不过我们决定还是不要立即给他打电话。因为克里克说话逻辑的跳跃性太大，威尔金斯很可能在没有完全搞清楚鲍林的谬误之前就中断谈话。几天后，我要去伦敦与比尔·海斯见面，由我亲自把鲍林的论文带给威尔金斯和富兰克林看显然更好。

由于连续几小时情绪高度紧张，克里克和我已经无法继续有效率地工作下去了，于是我们索性提早前往老鹰酒吧。那里的晚餐刚刚开始供应时，我们就已经为鲍林的失败干了几杯了。我没有要平时喝的雪利酒，相反，我让克里克替我要了杯威士忌。尽管我们成功的希望仍然不太大，但是鲍林毕竟还没有获得诺贝尔奖。[5]

[5] 两年后的 1954 年，鲍林获得了诺贝尔化学奖，后来他于 1962 年又获得了诺贝尔和平奖。

23 第 51 号照片

当我走进威尔金斯的实验室时已经快下午 4 点了，我告诉他，鲍林的模型是一个彻头彻尾的错误，但是当时威尔金斯正忙得不可开交，于是我穿过走廊去富兰克林的实验室找她。实验室的门虚掩着，我推开门走了进去，发现富兰克林正俯身在映片箱上，全神贯注地观察着放在上面的一张 X 射线衍射照片。我的突然出现令她受到了惊吓，但是她马上就又镇定下来，直勾勾地盯着我的脸，好像在用眼光责备我：你这个不速之客总得有点礼貌啊，难道先敲一下门都不懂吗？

我对她说，威尔金斯正在忙，没等她出言攻击威尔金斯，我马上又问她想不想看看彼得带来的他父亲的论文复印件。我很想知道，富兰克林要花多长时间才能发现鲍林的错误，但是她却不想和我玩这个游戏。于是我马上跟她指出了鲍林的模型出错的地方。同时，我还忍不住告诉她，鲍林这个三链螺旋模型与我和克里克在 15 个月前给她看的那个模型极其相似。鲍林关于 DNA 结构对

罗莎琳德·富兰克林在实验室中工作，这张照片是她在法国时拍摄的

称性的推理并不比我们一年前得出的结论高明，我原本还以为这一点会使富兰克林觉得相当有趣。但事实恰恰相反，由于我一再提及螺旋结构，富兰克林变得越来越恼火。她毫不客气地指出，无论是鲍林还是任何其他人，都没有任何根据可以认定 DNA 是螺旋结构的。在她看来，我讲的绝大部分东西全都是废话，在我刚一提到螺旋这两个字的时候，她就认定鲍林错了。

我打断了富兰克林的高谈阔论并坚持说，对于任何有规律的聚合分子，最简单的结构形式就是螺旋。我猜富兰克林可能会用 DNA 的碱基序列就是没有规律的事实来反驳我，于是进一步强调说，既然 DNA 分子能够形成晶体，核苷酸顺序就肯定不会影响总的结构了。这时，富兰克林终于按捺不住她的怒火提高嗓门冲我直嚷，她说，这些东西简直愚不可及，根本用不着多费唇舌，只要去看一下她的 X 射线衍射照片，一切就全都清楚了。

富兰克林不知道，我对她的那些资料其实已经相当了解了。早在几个月之前，威尔金斯就把富兰克林的所谓“反螺旋”实验的结果告诉了我。我和克里克讨论后已经确定，那些结果都不过是一种障眼法，没有任何实质意义。因此，我这次决定冒险捅一下她的“马蜂窝”。于是我毫不迟疑地向她暗示，她根本就没有能力正确解释她得到的 X 射线衍射照片：只要稍微懂点理论就肯定会看出来，她想象中的那些“反螺旋”特性，其实源于 DNA 的微小变形，而这种微小变形正是将有规律的螺旋容纳于晶格之中所必需的。①

富兰克林突然离开了那张把我们两人隔开的工作台，冲着我走了过来。我怕她在气头上会动手打我，于是赶紧抓起鲍林的论文向门口退却。但是我的逃跑路线被探头进来找我的威尔金斯阻断了。他们两人隔着狼狈不堪的我相互瞅了一会，我则结结巴巴地对威尔金斯说，我和富兰克林的谈话已经结束了，正准备到茶室去找他。我一边说着，一边一步一步地从他们俩当中挪了出来，留下威尔金斯和富兰克林面面相觑地站在那里。在那一刻，我真担心威尔金斯由于不能立刻脱身，会转而出于礼貌邀请富兰克林和我们一起喝茶。可是富兰克林却转过身子“砰”的一声关上了门。威尔金斯如释重负。

在过道上，我对威尔金斯说，幸亏他出其不意地到来，否则我可能已经遭到了富兰克林的袭击。他慢条斯理地告诉我，这种事确实完全有可能发生。几

① 富兰克林与 DNA 螺旋结构的“恩怨”。

富兰克林对“反螺旋”观点最令人难忘的一次宣示是在 1952 年 7 月，她用白纸黑字写下了一则公告，公告中宣称“DNA 螺旋已经死亡”。这则公告采用了葬礼卡的形式（被加上了黑色边框），下面有富兰克林和戈斯林的亲笔签名。威尔金斯和斯托克斯也收到了这则公告，但他们并不觉得这件事有趣。

IT IS WITH GREAT REGRET THAT WE HAVE TO ANNOUNCE THE DEATH, ON FRIDAY 18TH JULY 1952 OF D.N.A. HELIX (CRYSTALLINE)
DEATH FOLLOWED A PROTRACTED ILLNESS WHICH AN INTENSIVE COURSE OF BESSELISED INJECTIONS HAD FAILED TO RELIEVE.
A MEMORIAL SERVICE WILL BE HELD NEXT MONDAY OR TUESDAY.
IT IS HOPED THAT DR. M.H.F. WILKINS WILL SPEAK IN MEMORY OF THE LATE HELIX
R. E. Franklin　　R.G. Gosling

富兰克林和戈斯林发出的“公告”，宣称 DNA 螺旋结构“已死”，发布于 1952 年 6 月 18 日

不过，关于富兰克林到底在多大程度上认为 DNA 不是螺旋结构的看法，仍然存在很多争论。那则公告特别提到了 A 型（结晶）DNA，富兰克林关注的主要就是这种 DNA 的结构。直到 1953 年 2 月，她和戈斯林才仔细观察了他们在数月前获得的（但被弃置一边）B 型 DNA 的有关数据。从富兰克林的笔记来看，她当时显然认为 B 型 DNA 确实是螺旋结构的（请参阅本书第 28 章）。不过，从她在 1953 年 1 月底在伦敦国王学院召开的研讨会上的讲演来看，她仍然没有提及 B 型 DNA 和螺旋结构，也没有提及她拍到的第 51 号照片。她关注的焦点一直是 A 型 DNA，它所给出的是明确的“反螺旋”证据，使她在整个 1952 年都没有认真考虑螺旋结构。

克里克也曾经告诉过富兰克林，她误解了在 A 型 DNA 中观察到的不对称现象，那并不意味着对螺旋结构的否定。几个月前，他们两人都参加了在剑桥大学动物学博物馆举行的一个会议，并在会议期间简单地交换了意见。正如霍勒斯 · 贾德森和布伦达 · 马多克斯后来所描述的，克里克本人也说过：“我觉得，我们总是习惯于对她采取一种——怎么说好呢——屈尊俯就的态度。当她告诉我们，DNA 不可能是螺旋结构时，我们就会说她在‘胡说八道’。而当她说她的测量结果证明 DNA 确实不可能是螺旋结构时，我们又会说：‘别说了，肯定是测量错了。’”克里克和沃森对自己的理论很有信心，他们在完成整个模型之前没有认真看过 A 型 DNA 的 X 射线衍射照片，这也可能正是他们自信的原因之一。1953 年 6 月 5 日，在写给威尔金斯的一封信中，克里克承认：“这是我第一次有机会仔细研究 A 型 DNA 的结构图谱。我不得不承认，我很高兴自己没有过早地看到它们，如果很早之前看到的话，它们肯定会令我非常担心。”

个月前，富兰克林也对威尔金斯发过飙。那是在他的办公室里，在他们的辩论过程中富兰克林差点动起手来；当威尔金斯想逃开时，富兰克林又堵住了门口，直到最后富兰克林才放了他。而且，那一次没有第三人在场。

② 威尔逊在 1952 年 9 月加入了威尔金斯的实验室进行博士后学习。他来自威尔士大学，研究重点是 DNA 和核蛋白的 X 射线衍射结果。威尔逊和斯托克斯都是威尔金斯 1953 年发表在《自然》杂志上的那篇论文的合作者。在后续的几年时间里，他和威尔金斯都在对 DNA 结构展开研究。后来，威尔逊到了苏格兰，致力于研究核酸的具体结构和组成成分。

③ 1952 年，伦敦国王学院进行了一系列 DNA X 射线衍射实验，从这页实验记录来看，有一些是富兰克林完成的将 A 型（结晶）DNA 转变为 B 型（湿）DNA 的实验，还有一些是威尔金斯做的完整的乌贼精子头部的 X 射线衍射实验（如，Plate 578），他的目的是在更加自然的条件下观察 DNA 和染色体的构型。值得注意的是，在记录本上，富兰克林被称为“富兰克林女士”，而威尔金斯则被称为“威尔金斯博士”，这是那个时代的表达习惯。

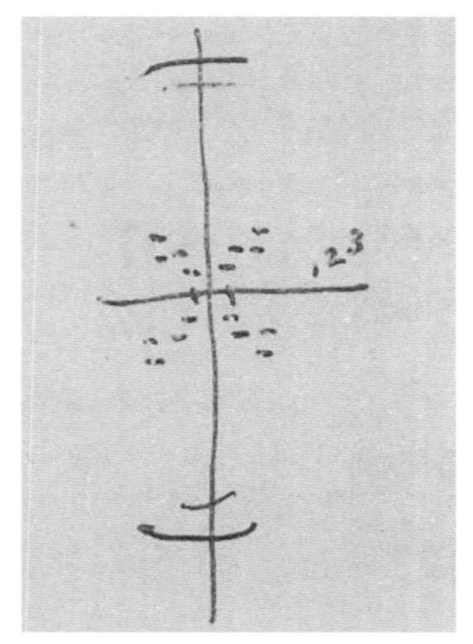

威尔金斯拍摄的 X 射线衍射照片的一个示意图

Plate No	Date	Description
573	Feb 1952	Rotation photograph of unknown substance. (Miss Franklin)
574	"	Microphotograph of Signer D.N.A. "crystalline state" (42 c) X.R.22
575	"	Signer D.N.A. Transition from crystalline to "wet" state. X.R.24
576	"	Signer D.N.A. Transition from "crystalline" to dry state." X.R23
577	" X-ray	Microphotograph of Signer D.N.A. crystalline state (10 A)
578	"	X-Ray photograph of Sepia Sperm. (Dr Wilkins)
579	"	neg 15 X-Ray photograph B. Coli D.N.A.

伦敦国王学院进行的 DNA X 射线衍射实验的记录本中的一页

与富兰克林的正面冲突使我对威尔金斯有了进一步的了解。现在，我自己也亲身体验过了，这让我更加理解他在过去两年里所遭受的精神上的折磨。威尔金斯现在几乎完全把我当成了一个亲密伙伴，而不仅仅是点头之交了（对泛泛之交的过度信任，只会造成令人痛苦的误解）。使我吃惊的是，威尔金斯向我透露，在助手赫伯特·威尔逊（Herbert Wilson）的协助下，[②]他一直在悄悄地重做富兰克林和戈斯林的某些 X 射线工作。[③④]这样一来，威尔金斯要全面开展 DNA 研究工作，就不需要很长的准备时间了。而且，他还透露了一个更加重要的秘密：自仲夏以来，富兰克林就已经取得了可以证明 DNA 有一种新的三维构型的证据——当 DNA 分子被大量水包围起来时，就会出现这种构型。当我问这种构型究竟是什么样子时，威尔金斯立刻就从隔壁房间里拿出了一张他们所称的 B 型结构的照片给我看。

一看到那张照片，我立即惊得目瞪口呆，心跳也加快了很多。无疑，这个图谱比他们以前得到的 A 型图谱要简单得多。而且，呈现在照片上的那种醒目的交叉形的黑色反射线条只有螺旋结构才有可能形成。在只有 A 型照片的时候，我们对螺旋结构的存在的论证永远不可能是直截了当的，而且，对 DNA 结构中存在的到底是哪一种螺旋对称性的认识也含糊不清。而在有了 B 型 DNA 的情况下，只要看一下相应的 X 射线衍射照片，就能得到不少至关重要的螺旋参数了。不难想象，只要花几分钟计算一下，就能确定分子内多核苷酸链的数目了。我追问威尔金斯他们利用 B 型照片做了些什么工作。他告诉我，他的同事布鲁斯·弗雷泽很早以前就一直在认真研究一个三螺旋模型，但是迄今尚未得到令人满意的结果。[5]威尔金斯也承认，有关螺旋结构的证据现在已经不容置疑了——斯托克斯－科克伦－克里克理论明确指出，DNA 结构中必定存在螺旋——但是这一点对威尔金斯说来并没有太大的意义。毕竟，他也在很久以前就认为 DNA 结构是螺旋状的。真正的问题在于，现在依然没有一个关于螺旋结构的具体假说，一个能够把碱基有规律地安排在螺旋内部的假说。当然，这也意味着富兰克林提出的碱基在中心、骨架在外面的设想是对的。威尔金斯对我说，在这一点上他深信富兰克林是正确的，但是我仍然对此表示怀疑，因为我和克里克仍然没有看到确切的证据。[6]

赫伯特·威尔逊

[4] 威尔金斯拍摄的乌贼精子头部的 X 射线衍射照片取自 1952 年初威尔金斯写给克里克的一封信。在同一封信中，威尔金斯谈到了研究项目暂时中止一事，但是他又说："……希望与你就我们所有最新的想法和结果进行讨论，你下次来伦敦时我们一起吃午饭吧。"

[5] 弗雷泽的 DNA 模型从未公开发表过，尽管沃森和克里克在 1953 年 4 月发表他们的论文时也将弗雷泽的论文列入了参考文献，说它"即将发表"。对此，本书后面的章节还将讨论。弗雷泽的模型是一个三链螺旋模型，但是与沃森和克里克在 1951 年、鲍林在 1953 年提出的模型不同，在弗雷泽的模型中，碱基在里面，磷酸骨架在外面，各条链是通过碱基堆积（而不是碱基配对）的相互作用而结合在一起的。

在去吃晚饭的路上，我又谈起了鲍林的论文草稿，并且强调我们不能将太多时间花在嘲笑鲍林的错误上，那很危险。我们最多只能认为鲍林犯了一个错误，而不能认为他像个傻瓜，这才是一种更加保险的态度。虽然说鲍林现在还没有发现自己的错误，但他也有可能很快就会发现，到那时，他必定会夜以继日地努力工作来加以补救。如果鲍林再派一个助手去拍摄 DNA X 射线衍射照片，那么就更危险了，因为在加州理工学院，DNA 的 B 型结构也肯定会被发现。如果真是那样，那么最多一个星期，鲍林就会解决 DNA 结构问题。[7]

布鲁斯·弗雷泽

威尔金斯并没有表现出很激动的样子。我一再强调 DNA 结构问题随时都有可能迎刃而解，这股唠叨劲简直比得上前段时间的克里克了。多年来，克里克一

[6] 著名的第 51 号照片。

雷蒙德·戈斯林（2012）回忆了富兰克林将第 51 号照片交给威尔金斯的过程：

“在卡文迪许实验室的沃森和克里克提出令人惊叹的 DNA 结构模型很久之前，伦敦国王学院的气氛就已经变得非常压抑了，原因是富兰克林和威尔金斯两人势不两立。兰德尔勉强同意让富兰克林离开国王学院。而在富兰克林一方，她早就与伦敦大学伯贝克学院的伯纳尔达成约定，她将去伯纳尔实验室研究烟草花叶病毒的结构。兰德尔将她的特纳-纽沃尔奖学金转了过去，并允许她于 1953 年 3 月离职。

富兰克林和我一直在认真计算 A 型 DNA 结构的帕特森函数，尽管兰德尔已经下令让富兰克林立即停止所有与 DNA 有关的工作。兰德尔这个禁令是毫无道理的，因为我们有太多的论文要写。事实上，当时我们正在对后来发表在《晶体学报》1953 年 1 月刊的两篇论文进行最后的润饰。也就在那个时候，富兰克林认识到，对于 B 型 DNA 的结构，她已经没有时间去进一步分析了（尽管我们已经进行了初步分析）。因此她决定留一个‘礼物’给威尔金斯，那就是我们得到的最好的一张 B 型 DNA 的 X 射线衍射图——我们的一系列单纤维样品在 X 射线下第 51 次曝光的原片，它在不同的湿度条件下都非常稳定。

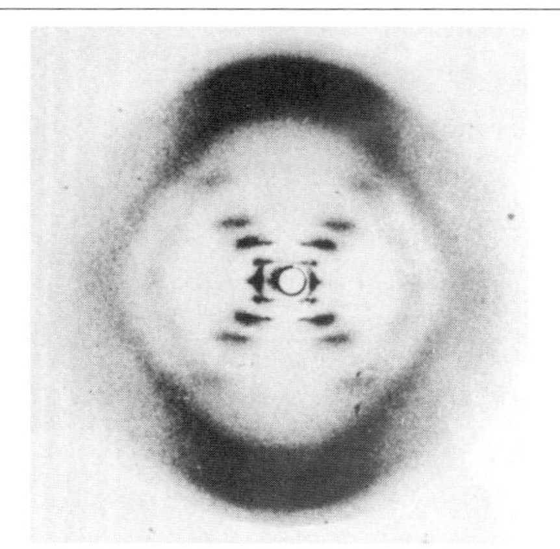

第 51 号照片。这是一张 B 型 DNA 的 X 射线衍射照片，威尔金斯给沃森看的就是这张照片

因此，1953 年 1 月的某一天，我沿着走廊走进了威尔金斯的实验室兼办公室，把这张美丽的照片送给了他。威尔金斯很惊讶，并要求我保证富兰克林真的同意他将这张照片用于任何可能的用途。当然，这张照片证实了威尔金斯和亚历克斯·斯托克斯的想法，即 DNA 结构是螺旋形的。事实上，在看到了沃森和克里克的模型之后，尤其是观察到了与通过氢键结合起来的特定碱基配对相对应的 X 射线等价影像后，富兰克林就已经改变了主意，她承认 A 型 DNA 也必定包含着螺旋结构。

尽管兰德尔已经有话在先，但是富兰克林和我仍然决定利用帕特森数据绘制一幅矢量差图，它与双链螺旋对称单元拟合得非常好，这令我们既满意又开心。”

威尔金斯在他的自传中也描述了得到第 51 号照片的经过：

“1953 年 1 月 30 日，戈斯林在走廊上拦住我并递给我一张质量很高的 B 型 DNA 照片，那是富兰克林和他拍摄的。对我来说，以这种方式获得原始数据是从来没有过的事情……不止于此，戈斯林说得非常清楚，以后照片就归我了……我之前听说过富兰克林将会离开我们实验室，她在伯贝克学院已经获得了一个职位，因此她正在进行一些收尾工作。我认为，富兰克林之所以给我这张照片，表明她已经做好了离开的计划，而她交出来的数据，使我们能够及时跟进她和戈斯林的工作……戈斯林还特意向我说明，富兰克林既然把照片交给我了，就同意我以任何我愿意的方式利用它。”

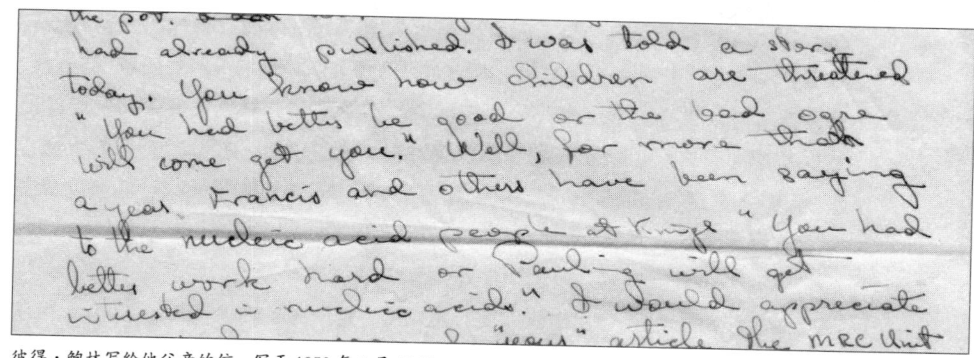
had already published. I was told a story
today. You know how children are threatened
"You had better be good or the bad ogre
will come get you." Well, for more than
a year, Francis and others have been saying
to the nucleic acid people at Kings "You had
better work hard or Pauling will get
interested in nucleic acids." I would appreciate
"your" article the MRC Unit

彼得·鲍林写给他父亲的信，写于1953年1月13日

直试图告诫威尔金斯什么工作才是重要的。但是，威尔金斯在考虑自己的人生目标时越冷静，就越明白根据自己的预感行事才是最明智的。饭店里的侍者弯着腰站在威尔金斯身后，等待我们点菜，但威尔金斯仍在竭力说服我，如果我们对科学发展方向的看法完全相同，那么任何事情都将迎刃而解，届时我们也就用不着多费心思，只要做好自己的事就行了。

菜上齐以后，我想把话题转移到多核苷酸链的数目上来。我认为，只要测量一下位于第一、二层线上的深部反射位置，就可以把我们引入正轨。可是，威尔金斯却一直吞吞吐吐，他的回答完全文不对题，因此我无法确定他究竟是说伦敦国王学院没有人会测量这些反射，还是他只是想趁饭菜还热时多吃点。我勉强地扒着饭，心里想着等喝完咖啡，在陪威尔金斯回公寓的路上，我应该能从他嘴里得到更多的细节。但在喝掉我们点的那瓶夏布利白葡萄酒后，我已经有些醉了，对获取最可靠的事实的热情也大为下降。在我们离开饭店穿过牛津大街时，威尔金斯只对我说了一句话，他想在某个比较安静的地段买一套不那么幽暗的公寓。[8]

在回剑桥大学的火车上，我在阴冷的、几乎感觉不到暖气的车厢里，凭着记忆在报纸的空白处画出了B型DNA结构图。火车哐当哐当地向前奔驰着，我必须在双链模型和三链模型之间做出选择。就我目前所知的情况来看，伦敦国王学院的研究小组之所以对双链模型不感兴趣并非毫无理由。这是由于DNA样

[7] 彼得·鲍林在1953年1月13日的信件中告诉他父亲，沃森和克里克一直在试图推动伦敦国王学院的研究小组加紧研究DNA："……今天，有人给我讲了一个故事。您知道，人们通常是这样恐吓小孩的：'你要乖一点，如果不乖的话，大灰狼就会来把你叼走！'沃森和克里克也是这么干的。一年多来，他们一直在恐吓伦敦国王学院的人：'你们得努力工作，因为鲍林很快就会变得对DNA结构问题感兴趣起来。"

[8] 几个月后，威尔金斯真的买了一套公寓，他在1953年6月3日写给克里克的信中谈到了这一点。这套公寓可能位于大库伯兰地（Great Cumberland Place）59号，英国军情五处的档案中提到了这个地址。

品的含水量会影响实验结果，而且他们承认这个数值可能有很大的误差。下火车后，我骑自行车回到了克莱尔学院，大门已经关闭，我只得从后门爬了进去。直到这个时候，我才下定决心要制作一个双链模型。克里克肯定会同意的，虽然他是个物理学家，但是他懂得重要的生物体都是成对出现的。[9]

[9] 本章所述的事件发生不久之后，威尔金斯给克里克写了一封信，里面有一句话："请转告沃森，他的问题'你最后一次与富兰克林交谈是在什么时候'的答案是：今天早上，而交谈的全部内容就只有我说的一个词。"

24 开始制作双螺旋模型

那个星期六早晨，克里克也许并没有躺在家里的床上翻阅《自然》杂志。他可能在照料他的女儿们：克里克左边为杰奎琳（Jacqueline），右边为加布里埃尔（Gabrielle）

第二天早晨，我几乎是冲进佩鲁茨的办公室的，因为我急于把获悉的情况告诉他。布拉格爵士正巧也在那儿。那天是星期六，克里克还没来（也许他还躺在床上翻阅早上刚刚收到的《自然》杂志呢）。我立即开始向他们描述起 B 型 DNA 的具体细节来，还画了一张简略的草图，说明了 DNA 结构是每 3.4 纳米沿螺旋轴重复一次的螺旋。不久之后，布拉格爵士就打断我的话，提出了一个问题。于是，我知道我的观点已经得到了认可。我趁热打铁谈起了鲍林的模型，我认为，如果我们继续无所事事，听任鲍林得到第二次机会再次尝试解决 DNA 结构问题就太“危险”了。我接着提出，我计划在卡文迪许实验室找一个技师来制作嘌呤和嘧啶的模型。说完我停了下来，等着布拉格爵士理清思路后做出决定。

布拉格爵士不但没有表示反对，反而鼓励我一定要把构建模型的工作做好，于是我大大地松了一口气。很显然，他对伦敦国王学院研究小组的内讧很不以为然，尤其是当这种内讧有可能会给鲍林机会，让他因发现另一个重要分子的结构而享尽风光的时候。谁都可以，就鲍林不行！当然，我在烟草花叶病毒领域的研究成果也很重要，它们给布拉格爵士留下了一个印象，即我有能力独当一面。我想，那天晚上他应该可以安然入睡，不再为噩梦所困扰了。布拉格爵士曾梦见由于放任克里克尽情地在别的领域里探索，导致克里克发展到了丝毫不顾大局的地步。我跑下楼冲进了机工车间，告诉那里的技师，我将提供一些模型的设计图，请他们务必在一个星期内完成。

卡文迪许实验室的机工车间

我回到办公室后不久，克里克就走了进来，他告诉我，昨天的晚餐聚会非常成功。我妹妹带去的法国小伙子把奥迪尔迷得神魂颠倒。我妹妹伊丽莎白一个月前来到了这里，她本来打算在回美国途中来这里短暂停留，结果住到了现在。幸运的是，我不但把她安排进了卡米尔·普赖尔的供膳住宿处，而且我自己也可以去那儿与普赖尔以及住在她那里的外国姑娘共进晚餐了。[①]这真是一举两得：不但伊丽莎白用不着去住那些典型的英国宿舍，我的胃病也有望可以减轻一些。

那时，伯特兰·富尔卡德也住在普赖尔的供膳住宿处。他可以说是整个剑桥大学最英俊的男人。富尔卡德打算临时在剑桥大学停留几个月，进修一下英语。当然，对于自己出众的仪容他也并非不自知，因此能够陪同一位穿着打扮并不比他逊色的姑娘（我妹妹）出席朋友聚会，他当然非常开心。刚一听说我们认识这位外国美男子，奥迪尔就高兴得跳了起来。无论是富尔卡德在国王学院广场上悠然漫步的时候，还是他在业余戏剧俱乐部演出幕间休息时风度翩翩地站在那里，只要看到他，剑桥大学里许多女孩子的眼睛就再也离不开他了。在这方面，奥迪尔也是一样。于是，我们干脆让伊丽莎白邀请富尔卡德，请他有空时和我们一起到“葡萄牙地”与克里克夫妇共进晚餐。

沃森、奥迪尔和伊丽莎白的合影，摄于 1953 年

[①] 1952 年 12 月 11 日，在写给他妹妹的信中，沃森谈到了她来剑桥时的住宿问题：“我刚刚上了一堂法语课，教我的老师是卡米尔·普赖尔……我和她谈了你想在剑桥找个住处的事情。她非常好心，愿意安排你住她家里，或者，至少你可以在她家里吃饭。”后来，伊丽莎白虽然在普赖尔家里吃饭，却没长期住在那里，有一段时间，她与弗朗西丝·康福德（Frances Cornford）一起住在米林路。弗朗西丝·康福德是查尔斯·达尔文（Charles Darwin）的孙女，后来成为一位著名的诗人，她最著名的一首诗是《致火车车窗外所见的胖姑娘》（*To a Fat Lady Seen from a Train*）。弗朗西丝·康福德的侄儿格温·拉维拉特（Gwen Raverat）即将出版的回忆录《时代乐章：剑桥儿童》，就是献给弗朗西丝的。

时间终于安排好了，可那一天我要到伦敦去。于是，当我无奈地注视着威尔金斯慢吞吞地把盘子里的所有东西都吃得一干二净时，奥迪尔却在尽情地欣赏着富尔卡德完美的面孔。而富尔卡德则一直大谈特谈不知该选谁做伴的“苦恼”——他打算来年夏天去里维埃拉度假。[②]

一天早上，克里克说，他发现我对那个法国阔佬的事情不像往常那样兴致盎然了。有那么一刻，他甚至觉得我突然变得令人生厌起来。事实上，这是因为克里克宿醉未醒。如果我跟他说，一个过去的“观鸟者”现在居然能解决DNA结构问题，这样对待一个宿醉状态的朋友似乎并不可取。可当我把B型DNA图谱的细节告诉他后，他立即完全清醒过来，他知道我不是在开玩笑。我告诉他，我坚持认为子午线方向上0.34纳米处的反射（经向反射）比其他反射都强这一点特别重要。因为这个现象只能意味着厚度为0.34纳米的嘌呤和嘧啶碱基是相互堆叠在一起的，而且是垂直于螺旋轴的。另外，根据电子显微镜显示的结果和X射线衍射照片，我们可以断定，螺旋的直径大约为2纳米。

我还断言，生物系统中频繁出现的配对现象表明，我们应该制作双链模型。但是，克里克怎么也不肯接受我的观点。他认为要想继续把研究推进下去，唯一的途径就是先把一切不符合核酸化学常识的观念排除掉。他认为我们现在掌握的实验证据还不足以区分双链和三链模型，既然如此，就应该同等对待这两种模型。尽管我对他的看法很怀疑，但又不想与他过多争论：我已经决定要首先制作双链模型。

然而，几天过去了，我们没能制作出任何一个像样的模型，这不仅是因为缺乏嘌呤和嘧啶组件，还因为我们以前并没有让机工车间提前把磷原子装配起来。技师制作最简单的磷原子至少需要三天时间。于是午饭后，我又回到了克莱尔学院，仔细推敲我正在撰写的关于细菌遗传学的论文。夜幕降临，我骑车去普赖尔的寄宿处吃晚饭，结果发现富尔卡德和我妹妹正在同彼得谈话。一个星期以前，彼得费尽心思讨好普赖尔让她同意他在那里吃饭。当时彼得正在抱怨说，佩鲁茨没有权利在周末晚上把尼娜关在家里。尽管彼得没能遂愿，但他现在倒是显得非常开心，因为他们刚刚乘坐一位朋友的劳斯莱斯轿车去贝德福德（Bedford）附近的一幢有名的乡村别墅参观回来。[③]别墅的主人是一位热爱文物的建筑大师，

[②]当年，富尔卡德来剑桥大学进修英语是为了获得英语资格证书，以便入读哈佛商学院。后来，在《新闻周刊》工作了一段时间后，富尔卡德在巴黎加入了《时尚》杂志，担任广告总监。富尔卡德有三个兄弟。文森特（Vincent）是一位富有传奇色彩的室内设计师，他与他的合伙人罗伯特·丹宁（Robert Denning）在纽约和巴黎都开设了工作室，他们的风格是“华丽，更华丽”，那也是20世纪80年代的时代精神的反映：“我们的客户想要的就是极度奢华。我们已经教会他们喜欢奢侈品了。”泽维尔（Xavier）是一位当代艺术经销商，他的公司设在纽约，他认识很多艺术家，包括威廉·德·库宁（William de Kooning）等人。多米尼克（Dominique）则是一位诗人和艺术评论家。

[③]这辆劳斯莱斯汽车属于斯里兰卡籍学生杰弗里·巴瓦（Geoffrey Bawa），他当时是来建筑协会学习的，一年之后去了伦敦。在回到斯里兰卡后，巴瓦成了一个世界知名的建筑师，他是“热带现代主义”的奠基者。

他不喜欢现代文明生活，因此他的别墅一直没有用上煤气和电。这位建筑师想尽一切方法，把自己在那幢别墅里的生活安排得与18世纪的绅士的生活一模一样。他甚至还为那些陪他在院子里散步的客人预备了手杖。④

晚饭还没有完全吃好，富尔卡德就把伊丽莎白带走了，他们赶着去参加另一个聚会。彼得和我一时不知做什么才好。一开始，我们俩想去装配彼得的高保真音响设备，不过后来却去看了一场电影，一直玩到深夜，彼得开始喋喋不休地向我诉起苦来。他说，罗斯柴尔德男爵不邀请他女儿萨拉（Sarah）和自己一起共进晚餐，这是在逃避作为父亲的义务。⑤对此，我无法表示异议，因为如果彼得能够跻身上流社会，那么说不定我也能在校园之外找到一个太太呢。

三天后，磷原子模型终于准备就绪了。我把糖－磷酸骨架的几个短片段串连了起来，然后又花了一天半时间，想制作出一个骨架在中心的双链模型。但是试来试去却发现，从立体化学的角度来看，所有与B型DNA X射线衍射证据相符的骨架在中心的双链模型，甚至还不如我们在15个月前搞出来的那个三链

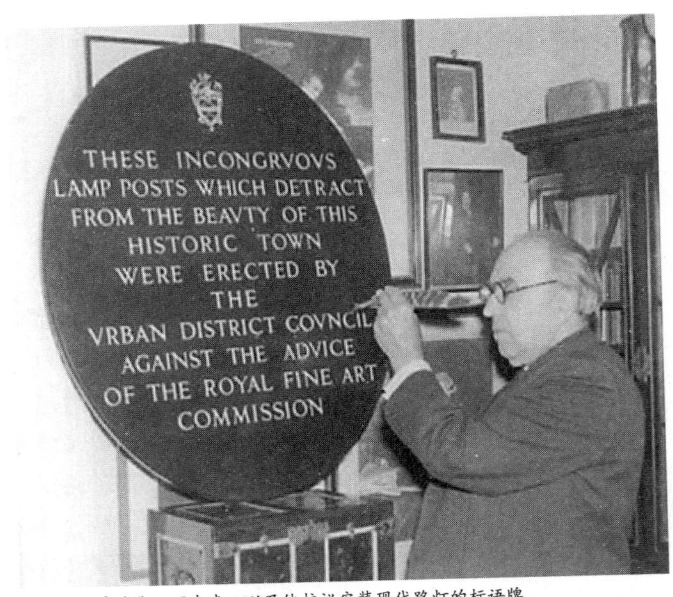

艾伯特·爱德华·理查森，以及他抗议安装现代路灯的标语牌

④这幢别墅的主人是艾伯特·爱德华·理查森（Albert Edward Richardson），他是一位建筑师，他最喜欢的是乔治王时代后期的建筑。理查森曾担任过皇家艺术学院的院长，并于1956年被任命为维多利亚骑士团的指挥官。他的家位于贝德福德镇安特希尔村。正如沃森所描述的，理查森的家不通电，为的是能体验（至少是部分地体验）乔治王时代的生活方式。理查森还对在安特希尔村安装现代路灯表示了抗议（当然，这种抗议毫无效果）。

⑤这里所说的罗斯柴尔德男爵指纳撒尼尔·迈耶·维克托·罗斯柴尔德（Nathaniel Mayer Victor Rothschild），即第三位罗斯柴尔德男爵。他是剑桥大学三一学院的毕业生，对生育和精子进行过生理学研究，他的同事包括默多克·米奇森。在第二次世界大战期间，罗斯柴尔德男爵曾在军情处工作，并被授予了乔治勋章。他还是北安普顿郡板球队的队员。他与同在三一学院读本科的金·菲尔比（Kim Philby）、唐纳德·麦克莱恩（Donald Mclean）、盖伊·伯吉斯（Guy Burgess）和安东尼·布伦特（Anthony Blunt）交往甚密，这四个人后来都被发现是苏联间谍。据说，还有第五个人也是苏联间谍，20世纪70年代，罗斯柴尔德本人被怀疑就是这“第五个人”。直到1980年，公众才终于得知，这“第五个人”是约翰·凯恩克罗斯（John Cairncross），他也是从三一学院本科毕业的。

模型那么完善。那时，克里克正在全神贯注地埋头写他的博士论文，于是我索性和富尔卡德打了一下午网球。喝过下午茶后，我到实验室对克里克说，打网球可比做模型舒服多啦。克里克面对大好春光却显得无动于衷，听我这么说后，他立即放下了笔，正儿八经地对我说，DNA 才是真正重要的，而且总有一天我会发现室外运动也是有缺点的。

维克多·罗斯柴尔德，摄于 1965 年

在“葡萄牙地”吃晚饭时，我又回过头来思考我们的模型究竟错在哪里。尽管我坚持认为应该把骨架放在中心，可是我知道，我的理由没一个站得住脚。饭后喝咖啡时，我向克里克承认，我不愿把碱基放在模型内的部分原因是，我怀疑这样做将有可能制造出无数个类似的模型来，到那时，我们就会无法断定究竟哪一个模型才是正确的。但真正的绊脚石还是碱基。如果碱基在外部，我们实际上就不用考虑它们了。而要是碱基在内部的话，问题就麻烦了：两条或多条多核苷酸链与不规则的碱基序列是如何堆积在一起的呢？这个问题很难解释，克里克也不得不承认，他也一筹莫展。因此，当我们从克里克家位于地下室的餐厅走出来时，我提醒克里克，他必须提出一个可能行得通的理论，我才能认真对待将碱基放在中心的模型。

不过，到了第二天早晨，在拆毁了一个特别令人讨厌的将骨架置于中心的分子模型后，我做出了一个决定：我要花几天时间制作一个骨架在外部的模型。这显然不会有什么害处。这样做意味着我可以暂时不考虑碱基。事实上，无论我想不想，在那个时候都没有办法考虑碱基，因为至少还要再等一个星期，机工车间的技师们才能将嘌呤和嘧啶的锡板模型制作出来。

将一个位于外部的骨架加工成与 X 射线衍射图谱相符的形状并不是什么难事。事实上，克里克和我都认为，两个相邻碱基之间最合适的旋转角度是 30° ～ 40°。相反，如果该角度大一倍或小一半，看上去都不符合有关的键角。因此，如果骨架在外部，X 射线衍射图谱上每 3.4 纳米的重复必定表明了沿螺旋轴方向完全旋转一周的距离。到了这个阶段，克里克对 DNA 模型的兴趣又提升了，他开始越来越频繁地停下手头的计算工作，转而关注我的模型。然而到了周末，我们还是毫不犹豫地放下了所有工作。星期六晚上，三一学院将举行一个晚会。而星期日威尔金斯将到克里克夫妇家里做客，这是在我们收到鲍林的论文草稿之前的几个星期就安排好的。

我们可不想让威尔金斯忘掉 DNA。他刚从车站赶到克里克家，克里克就开始向他打听 B 型 DNA 结构的详细细节。可直到吃完午饭，克里克打听到的细节还不如我上星期了解到的多。甚至当彼得来了之后，说他父亲马上就会采

莫里斯·威尔金斯的素描肖像。这是由“顽童”雨果·达金格（Hugo “Puck” Dachinger）画的，画于 1980 年

取行动去研究 DNA 时，威尔金斯也打定主意不改变他的计划。威尔金斯再次强调，在富兰克林离开之前，或者说从那时起 6 个星期以内，他要把构建模型的大部分工作都停下来。克里克趁机追问威尔金斯，如果我们重新开始研究 DNA 模型他会不会介意。威尔金斯缓缓吐出了一个“不”字。⑥他真的不介意！这时，我的心跳总算恢复了正常。其实就算他介意，我们制作模型的工作也已经走在了他前面。

⑥威尔金斯在他的自传中也回忆了这个关键情节。当沃森和克里克问他，他们能不能再次开始研究 DNA 时，他“……发现他们提出了一个可怕的问题……但当我评估了伦敦国王学院在 DNA 研究方面取得的进展后，我认为自己不能再要求克里克和沃森推迟制作 DNA 模型了，显而易见……DNA 研究不是谁的私有财产，它是向所有人开放的，任何人都不应该‘欺行霸市’。我没有别的选择，只能接受他们的观点。我有自己的原则，不能阻碍科学的进步。当然，他们的问题令我很沮丧，我无法掩饰这一点”。

25 曙光初现

在那之后的几天时间里，我一直没有全身心投入到制作分子模型中，这令克里克越来越恼火。虽然在他 10 点左右来实验室之前，我早就在那里了，但是这没有什么用。因为他知道我几乎每天下午都会在网球场打球，他经常会扭过头不满地看看无人问津的多核苷酸模型。[①]下午茶以后，我通常也只会在实验室里停留几分钟，随便摆弄一下东西就急急忙忙地赶到普赖尔的寄宿处和女孩子们一起喝雪利酒去了。克里克也为此经常抱怨我，但是我从不把这种抱怨当一回事。如果不能正确地解决碱基在模型中的位置，那么无论怎么改进最近制作出来的糖－磷酸骨架，也不能让我们的工作取得真正意义上的进展。

我把大部分夜晚都消磨在看电影上，幻想着说不定什么时候答案就会突然出现在脑海里。不过，对电影的过分着迷偶尔也会产生副作用，最糟糕的一次发生在看电影《入谜》（*Ecstasy*）的那个晚上。以前，彼得和我的年龄太小，还不能看有海蒂·拉玛（Hedy Lamarr）裸体调情画面的原版电影。在一个盼望已久的晚上，我们带着伊丽莎白一起来到了雷克斯电影院。[②]可是，在英国审查官无情的“巨剪”之下，那个精彩的游泳镜头只剩下了水池中的

雷克斯电影院

[①] 沃森非常热爱网球。他经常下午不去实验室而去打网球。在写给他妹妹的信中，沃森也经常提到他打网球花费的时间。例如，在写于 1952 年 4 月 27 日的一封信中，沃森这样说道：“近来，我已经养成了定期打网球的习惯：每个星期三次。”又如，在写于 7 月 8 日的一封信中，沃森说：“过去几天里，我打了好几次网球，而且我打得相当好，令我自己都有点吃惊……看到自己打出了一个反手好球，确实很开心。”

[②] 雷克斯电影院在剑桥大学的学生当中非常受欢迎，它经常放映艺术片和经典影片，其经理是从剑桥大学毕业的莱斯利·哈利韦尔（Leslie Halliwell），他后来因出版《观影指南》一书而成名。

一点倒影。电影还没有放映到一半，我们就和其他大失所望的大学生一起喝起了倒彩，而电影院里还回荡着男女主角在无法掩饰的激情驱使下说出的绵绵情话。[3]

电影《入谜》的海报

[3]《入谜》是一部捷克电影，拍摄于1933年。女演员海蒂·拉玛（当时的名字是博·罗格兹）因出演此片一炮而红。游泳那场戏之所以被删，是因为它的内容就是拉玛一丝不挂地在游泳，接着光着身子跑入了树林，这场戏在当时引发了很大的争议。

其实，即便是很好看的电影，也无法使我忘记DNA结构模型。我们已经为糖-磷酸骨架提出了一个构型，从立体化学的角度来看，它无疑是合理的。而且，我们也不担心它会与实验数据不一致。我们已经用富兰克林的精确照片对其进行了检验。当然，富兰克林并没有直接把她的实验数据交给我们。也正因为如此，伦敦国王学院才没有人会想到我们已经掌握了这些资料。说来也巧，英国医学研究委员会为了调查兰德尔实验室的研究工作，成立了一个委员会，而佩鲁茨正是这个委员会的成员，这样我们才获得了这些资料。兰德尔想让来自第三方的独立委员会相信他的研究团队非常多产，因此指示他的助手们对工作进行了一次全面总结，并在适当的时候把这些材料油印装订好，按惯例发给了委员会的每个成员。佩鲁茨看到与富兰克林和威尔金斯有关的章节后，就立即把报告拿给了克里克和我。克里克匆匆浏览了报告的内容，令他感到放心的是，这份报告证实了我从伦敦国王学院返回后准确地向他报告的B型DNA的基本特点，因此，我们的骨架结构只需稍稍进行一些改动就可以了。[4][5]

一般而言，我都是在深夜回到房间后才会尽力开动脑筋，思考如何揭示碱基的奥秘。J. N. 戴维森（J. N. Davidson）写的那本小册子《核酸生物化学》（*The Biochemistry of Nucleic Acids*）里就有碱基的分子式。我在克莱尔学院放了一本《核酸生物化学》。所以，我肯定自己在卡文迪许实验室的便笺纸上画的碱基图是正确的。我的目标是在使外面的骨架表现出具有规则性的前提下，再排列中心碱基的位置。这也就是说，必须假定每个核苷酸的糖和磷酸基团都有完全相同的三维构型。但每一次在试图找到一个答案

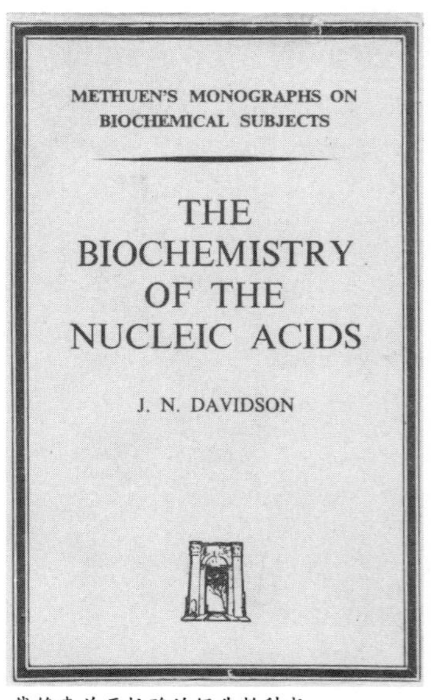

戴维森关于核酸的经典教科书

MEDICAL RESEARCH COUNCIL

MRC.53/74

BIOPHYSICS COMMITTEE

The twelfth meeting of the Biophysics Committee was held at the Biophysics Research Unit, King's College, London, on Monday, the 15th December, 1952, at 12 noon.

Present: Sir Edward Salisbury (Chairman)
Professor W.T. Astbury
Dr. Honor Fell
Dr. L.H. Gray
Dr. E.R. Holiday
Dr. A.S. McFarlane
Dr. M.F. Perutz
Professor J.T. Randall
Mr. J.W. Boag (Secretary)

Apologies for absence were received from:-

Dr. R.B. Bourdillon
Sir Charles Lovatt Evans
Sir Charles Harington
Professor J.S. Mitchell
Sir Rudolph Peters
Dr. E.E. Pochin

Sir John

It seems to me that it is more suitable that you, rather than I, reply to Perutz concerning the question of how proper it was for him to pass on the Report to Watson and Crick. My guess is that you would have sent a rather different Report to Head Office if you had known that the members of the Committee were going to hand it round generally? If Perutz thinks that the only documents one should not show to other people are those marked "Restricted" or "Confidential", he seems to me to be living in a funny world!

I enclose a draft copy of my reply to Perutz.

I wonder how many more repercussions there will be of the Watson book?

MHFW
19 December '68

兰德尔为英国医学研究委员会生物物理学委员会准备的报告的第一页

④兰德尔为英国医学研究委员会生物物理学委员会准备了翔实的报告，他的研究小组的每个成员都阐述了自己的贡献，该委员会于 1952 年 12 月 15 日完成了评估。

沃森和克里克从这个报告中了解到的最重要的新发现是晶体的空间群。在《双螺旋》一书出版后，马克斯·佩鲁茨因将报告透露给克里克和沃森一事招致了严厉的批评，特别是查加夫在《科学》杂志上发表的对《双螺旋》一书的书评中，指责佩鲁茨让沃森和克里克看到了一份“机密”报告。针对这个书评，佩鲁茨、威尔金斯和沃森也给《科学》杂志写了一封信，澄清了他们对这件事的看法。在信中，他们指出，这份报告是兰德尔为英国医学研究委员会下属的一个委员会准备的，而这个委员会成立的目的就是确保英国医学研究委员会各单位可以共享信息，它没有标明是机密的，也不应该被理解为是机密的。不过，佩鲁茨也承认，作为一种礼貌，他在给沃森和克里克看之前应该先征求兰德尔的意见。本书附录 5 收录了查加夫的书评和佩鲁茨等人的回应。

对于佩鲁茨将报告给沃森和克里克阅读一事，威尔金斯也在 1968 年 12 月 19 日给兰德尔的信中明确表达了自己的意见。

⑤C2 空间群的重要意义：

罗莎琳德 · 富兰克林获得的非常出色的衍射图谱，使她有可能确定 A 型 DNA 晶体的空间群。当她前往牛津大学拜访霍奇金这位“晶体女王”时，富兰克林已经将可能性减少到了最后三种。霍奇金一眼就看出其中两种绝对不可能存在。这件事发生在 1952 年年中，自那之后，富兰克林就知道空间群是 C2 了。但当时她还不理解这个发现的意义，而克里克却在英国医学研究委员会的报告中看到它时，立即看出了它的意义。

在那个时候，有两个研究小组（沃森和克里克，以及富兰克林和戈斯林）都在考虑双螺旋模型。克里克从空间群看到的是，两条链在DNA分子内极性相反。1968年，阿伦 · 克卢格在评价富兰克林在 DNA 研究上的成果时指出，富兰克林其实已经非常接近于成功地得到 DNA 的双螺旋结构模型了。在讨论这个问题时，克卢格说：

“非常值得注意的一点是—— 正如她后来告诉我的，富兰克林不明白 A 型 DNA 的空间群是 C2 这个事实的重要意义。这意味着晶胞要么包含四个不对称的分子，要么包含两个对称的分子（每个分子都有一条两重轴对称垂直于纤维轴）。富兰克林通过测试密度已经排除了第一种可能，但她不是一位受过足够多的正规训练的晶体学家，很显然，伦敦国王学院没有任何人是。因此，他们也就无法据此推断 DNA 分子必定拥有相互垂直的二分体。在这个故事的各位主角当中，似乎只有克里克充分认识到了这个事实的重要性，因为他曾经研究过的马的血红蛋白的晶体空间群也是 C2，与 A 型 DNA 相同。

的时候，我总会碰到这样一个障碍：四个碱基每一个的形状都完全不同。此外，我还完全有理由相信，每一条多核苷酸链的碱基排列顺序都是不规则的。这样一来，除非找到什么特别的诀窍，否则，随便地把两条核苷酸链盘绕在一起只能导致一团糟。在某些地方，那些比较大的碱基应该互相靠在一起。而相对而言较小的碱基之间必定留有空隙，否则它们的骨架区域就会塌陷。

另一个令人头痛的问题是，相互交织的多核苷酸链是如何通过碱基之间的氢键联结在一起的。一年多以来，克里克和我一直在否定碱基由氢键联结的可能性。可是现在情况很清楚：我们完全错了。碱基上的一个或几个氢原子可以

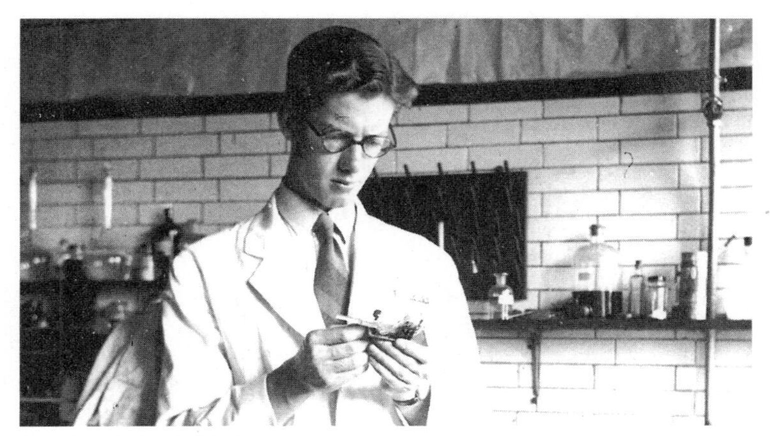

詹姆斯·迈克尔·克里思（James Michael Creeth）

从某个位置移到另一个位置，当初，我们认为这种互变异构移位表明，一个碱基所有可能的互变异构体出现的频率都是相等的。但最近在阅读了 J. M. 格兰德（J. M. Gulland）和 D. O. 乔丹（D. O. Jordan）关于 DNA 酸碱滴定的文章后，我非常信服他们的有力结论：大部分碱基都能够形成与其他碱基相连的氢键。[⑥]更重要的是，在浓度很低的 DNA 中，这些氢键依然存在。这足以说明正是这些氢键把同一个分子中的碱基联结在了一起。此外，X 射线的实验结果也

火车脱轨事故夺去了格兰德的生命

D. O. 乔丹

[⑥]这项研究最早是由格兰德和乔丹在诺丁汉大学学院进行的，后来他们的研究生迈克尔·克里思也参加了进来，负责实验部分，他们的相关论文发表于 1947 年。

不幸的是，这项研究因一场灾难的发生戛然而止。1947 年 10 月 26 日，一辆 11 点 15 分从爱丁堡开往伦敦的快车运行到距离伯威克大约 10 千米的戈斯威克时飞出了轨道，格兰德和车上其他 27 名乘客不幸遇难。灾难发生的时间为中午 12 点 45 分。

J. M. 格兰德

表明，迄今研究过的所有纯碱基都能构成不规则氢键——只要在立体化学规律允许的范围内，数量不受限制。这样一来，问题的关键就在于寻找支配碱基之间氢键形成的规律。

无论是在看电影或是做其他事情的时候，我都会漫不经心地在纸上画一些碱基图，一开始，它们对解决氢键问题毫无帮助。即使把《入谜》从我的脑子里完全清除出去，也无法帮助我得出一个合理的结论。一天晚上，看完电影回来后，我在入睡的时候还在盼望着第二天下午在唐宁街举行的大学联欢会上出现很多漂亮姑娘。可第二天到了会场，我只看到了一队健壮的曲棍球队员和一群初出茅庐的拘谨少女，不禁大失所望。同行的富尔卡德也立即发觉这儿不适合我们。出于礼貌，我们在那儿停留了一会儿后悄悄溜了出来。我告诉富尔卡德，我正在和彼得的父亲竞争诺贝尔奖。

不过，直到第二个星期过了大约一半的时候，我才恍然大悟。当时我正在纸上画着腺嘌呤的结构式，突然有了一个看似平凡实则非常重要的想法。我忽然意识到在 DNA 结构中，腺嘌呤残基之间形成的氢键与在纯腺嘌呤结晶中发现的氢键相似。这个发现意义深远。如果确实是这样的话，那么在一个腺嘌呤残基和一个通过 180° 旋转与它相连的腺嘌呤残基之间就可以形成两个氢键，最重要的是两个对称氢键也可以把一对鸟嘌呤、一对胞嘧啶或一对胸腺嘧啶联结起来。于是，我开始思考每个 DNA 分子是否都是由这样的相同碱基序列的双链构成，而这两条链又是通过相同碱基对之间的氢键结合在一起的。然而困难在于，这样的结构不可能有一个规则的骨架，因为嘌呤（腺嘌呤和鸟嘌呤）和嘧啶（胸腺嘧啶和胞嘧啶）的形状不同。这样结构的骨架会随着嘌呤对或嘧啶对在中心的交替出现，而呈现出凸出或凹进的起伏形态。

尽管骨架凹凸不平、毫无规则的问题没能解决，我的心跳却在急剧加快。如果 DNA 的结构确实是这样，那么我将因为这个发现而一鸣惊人。生物体内存在着两条碱基序列完全相同并相互缠绕在一起的多核苷酸链，这不可能是一种偶然现象。恰恰相反，这个事实有力地说明，在某个早期阶段，DNA 分子的一条链充当了另一条链的合成模板。根据这种理论，基因复制始于 DNA 分子中两条相同链的分离。接着在两条亲代模板上便会产生出两条新的子代链，最终合

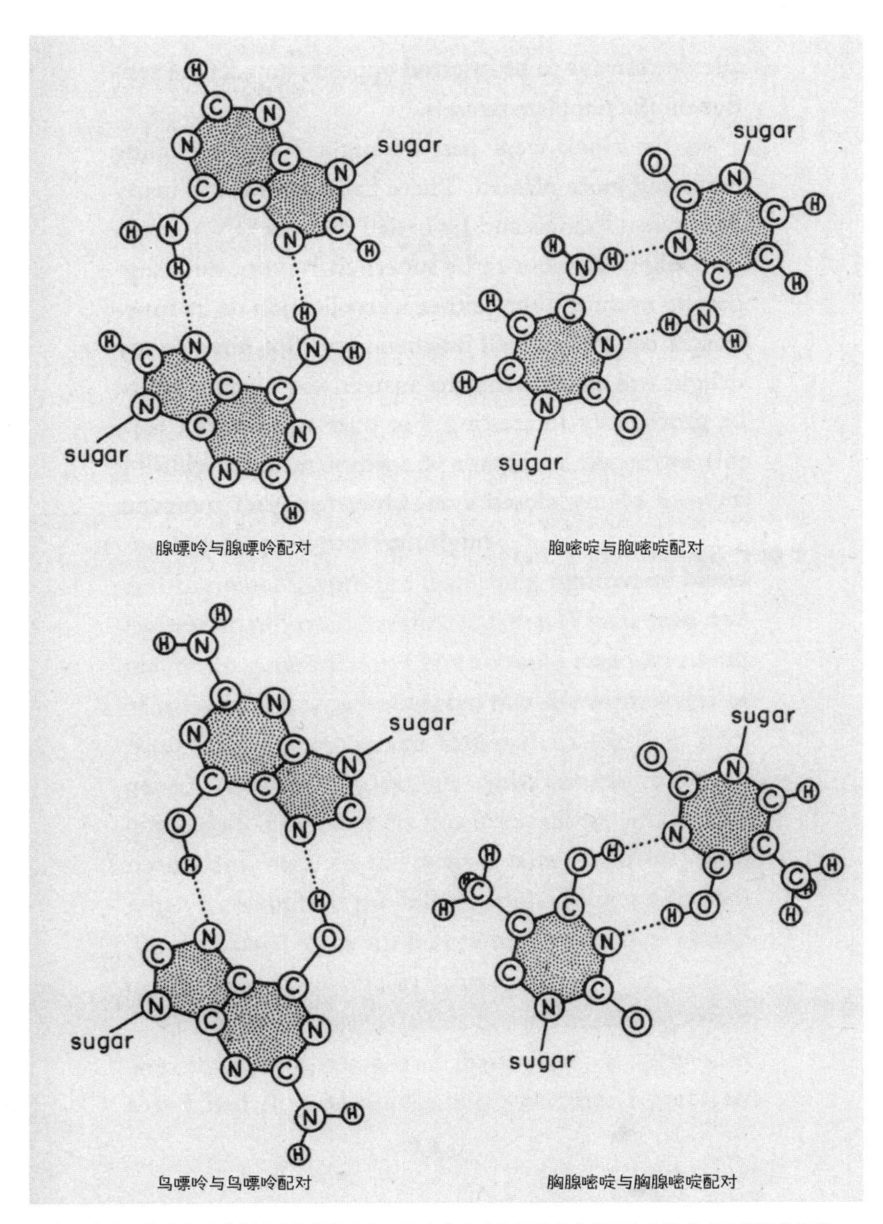

同类配对的四种碱基对（氢键用虚线表示），沃森在此时使用的是鸟嘌呤和胸腺嘧啶的烯醇式构型

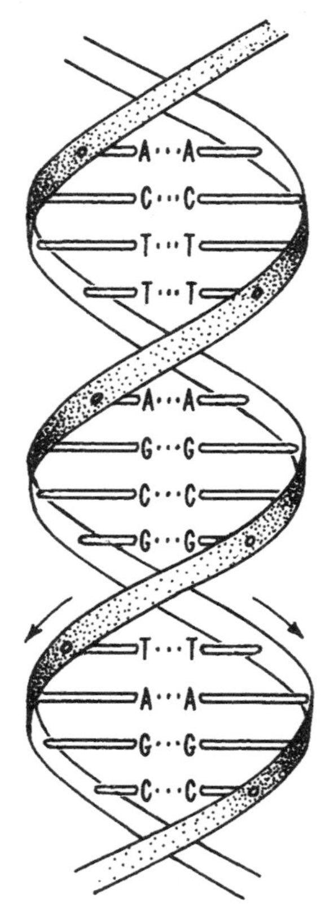

根据同类配对原理构建的 DNA 分子结构模型示意图

成了两个和原来 DNA 分子一样的新 DNA 分子。因此，基因复制的关键奥秘很可能就在于新合成链中的每个碱基总是通过氢键和一个相同的碱基相连。可那天晚上我仍然没有搞清楚，为什么鸟嘌呤的通常的互变异构体不能与腺嘌呤形成氢键。类似地，其他一些错误配对也可能会发生。但是，既然没有理由排除某些专一性酶的作用，我也就用不着为此过分担心了。例如，有可能存在着某种专门针对腺嘌呤的专一性酶，它能使腺嘌呤总是嵌入到与模板链上的腺嘌呤残基相对应的位置上。

时钟已经敲过 12 响，可我却觉得自己的心情越来越愉快。我想起过去的漫长日子里，克里克和我一直在担心 DNA 结构表面上可能看上去非常枯燥无味：这种结构既不能说明它的复制机理，也不能说明它如何控制细胞的生物化学功能。但现在问题的答案竟然如此有趣，令我感到十分惊喜。整整两个多小时，我躺在床上兴奋得难以入眠，成对的腺嘌呤残基影子在我眼前翩翩飞舞（尽管我紧闭着双眼）。中间偶尔有几次，我也因担心这个想法是否有差错而感到不安。

26 欣喜若狂

然而到了第二天中午，我的整个框架就裂成了碎片。我选择的鸟嘌呤和胸腺嘧啶的互变异构体是错误的，这个低级的化学错误令我尴尬万分。在发现这个苦恼的事实之前，我在惠姆饭馆匆匆吃完了早餐，立即回到克莱尔学院给德尔布吕克写了封回信。他在回信中告诉我，加州理工学院的一些遗传学家认为我的那篇关于细菌遗传学的论文似乎有不妥之处。尽管如此，他仍同意我的要求把论文寄给了《美国国家科学院院刊》。这样的话，即使我干了一件蠢事，发表了一篇观点荒谬的论文，但我还年轻，在完全走上歧途之前清醒过来还为时不晚。①

一开始，这个消息的确产生了德尔布吕克想要它产生的后果——引起了我的不安。但是现在，我却因为可能发现了 DNA 的结构而情绪高昂。在回信中，我重申了信心：我很清楚细菌交配到底是什么情况。我还忍不住又添上了一句：我刚刚发现了一个非常美妙的 DNA 结构，它和鲍林的那个结构完全不同。我甚至还一度想告诉德尔布吕克接下来打算推进的工作的一些细节，但是由于时间很紧，最终还是放弃了。我急匆匆把信投入邮筒后就赶回了实验室。

① 尽管对沃森的论文有所保留，但是德尔布吕克还是在 1953 年 2 月 25 日把它转给了《美国国家科学院院刊》的编辑威尔逊。

德尔布吕克把投稿信的复印件寄给了沃森，他在附言中说，阿尔弗雷德·斯特蒂文特（Alfred Sturtevant）和玛格丽特·沃格特（Marguerite Vogt）都对此抱有疑虑。德尔布吕克的结论是：

“无论如何，既然你已经不想再改了，而我也因忙于做实验没有时间来重写你的论文，恰好它也可以让你明白发表不成熟的论文有什么害处。因此，我只改了几个标点、加上了一两个漏掉的字就把它寄出去了。”

Jim: Sturtevant thinks your theory is all wrong. He thinks the anomalies may all be due to using radiation mutants which contain ugly translocations etc. Marguerite thinks your theory has a chance but that it is written much too positively. We all think the evidence is very thin, and the formulation difficult to read. However, since you don't want to change it, and since I want to do experiments rather than to rewrite your paper, and since it will do you good to learn what it means to publish prematurely, I sent it off today with only a few commas and missing words amended. M

德尔布吕克写给沃森的“附言”

but had stopped because the Kings group did not like competition or cooperation. However since Pauling is now working on it I believe the field is open to any body. I thus intend to work on it until the solution is out. Today I am very optimistic since I believe I have a very pretty model, which is so pretty I am surprised noone has thought of it before. When I have the proper coordinates worked out, I shall send a note to Nature, since it accounts for the X-ray data, and even if wrong, is a marked improvement on the Pauling model. I shall send you a copy of the note.

沃森写给德尔布吕克的信中的一段。在这里，沃森说他已经找到了“……一个非常美妙的 DNA 模型”，写于 1953 年 2 月 20 日

距离那封信寄出还不到一个小时，我就知道了我的所谓重大发现其实只是一派胡言。当我走进办公室开始阐释我的理论时，来自美国的晶体学者杰里·多诺霍（Jerry Donohue）就大声反驳说，这个理论不可能成立。在多诺霍看来，我从戴维森的书中引用来的互变异构体其实是一种错误的结构。我立即告诉他，在许多其他教科书中，也都是用烯醇式来表示鸟嘌呤和胸腺嘧啶的。这当然不可能驳倒多诺霍，相反，他笑了。多诺霍乐呵呵地说，多年来有机化学家们一直喜欢某些互变异构形式，而轻视另外一些形式，其实这是一种完全主观的做法，并没有什么可靠依据。实际上，那些有机化学教科书中所画的互变异构图，基本上全都是不太可能的。很明显，我拿给他看的那张鸟嘌呤图就属于这种臆造品，他的化学直觉告诉他，鸟嘌呤只可能以酮式构型存在。多诺霍还确信，将胸腺嘧啶说成是以烯醇式构型存在也是错误的，而他强烈主张胸腺嘧啶是以酮式构型存在的。②

②对后人来说，这是一个小小的谜。多诺霍指出，沃森在构建 DNA 模型时使用了不太可能出现的胸腺嘧啶和鸟嘌呤构型。虽然戴维森的第一版《核酸生物化学》中的鸟嘌呤示意图是错的，但其中胸腺嘧啶的示意图是正确的。因此，沃森所用的胸腺嘧啶结构如果不是来自其他地方，那么就是在复制戴维森的教科书时出了差错。

6 THE BIOCHEMISTRY OF THE NUCLEIC ACIDS

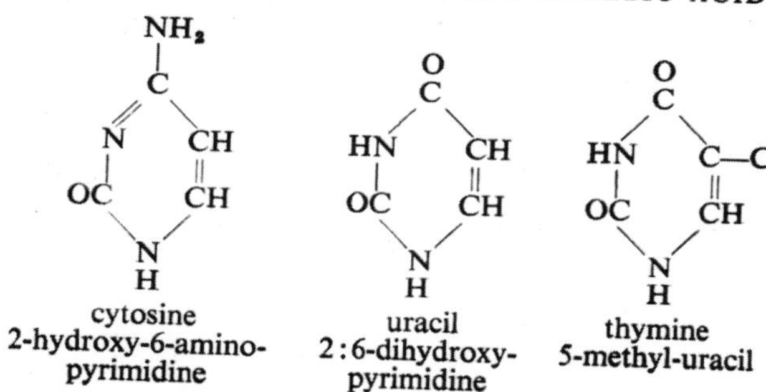

2.3 *Purine bases*

Both types of nucleic acids contain the same purine bases, adenine and guanine. They are derivatives of the parent compound purine which is formed by the fusion of a pyrimidine ring and an iminazole ring.

Purine

Adenine and guanine have the following structures:

adenine
(6-aminopurine)

guanine
(2-amino-6-hydroxypurine)

戴维森在《核酸生物化学》第一版中给出的各种碱基示意图

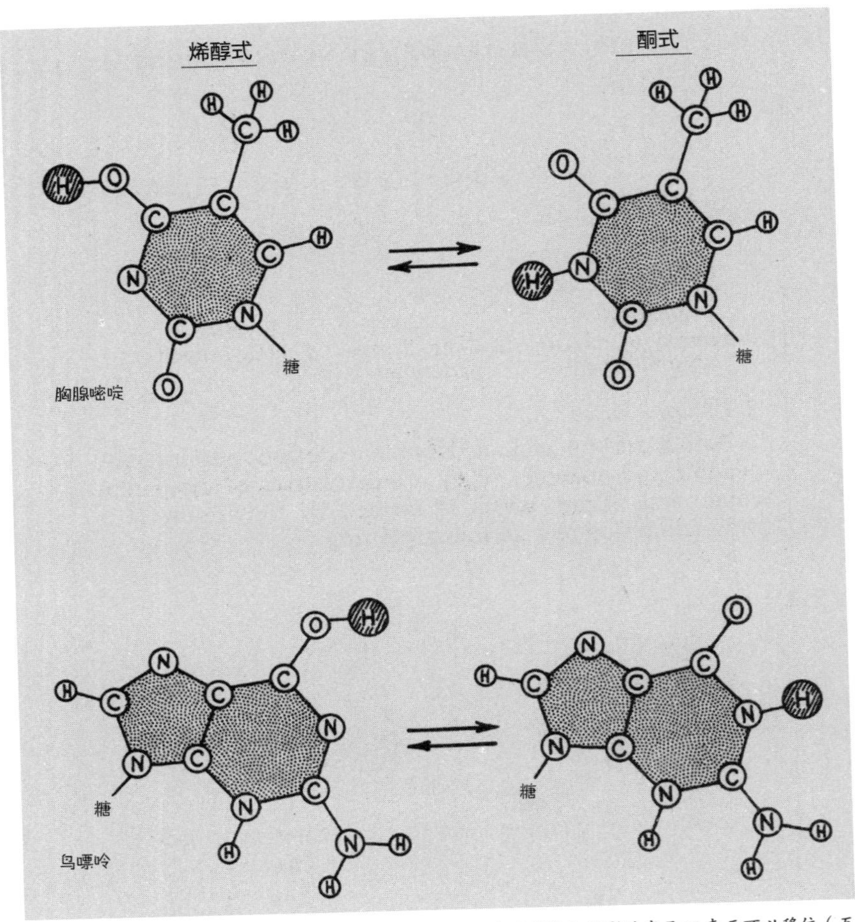

DNA 中可能出现的胸腺嘧啶和鸟嘌呤的互变异构体。图中用斜线加阴影的字母 H 表示可以移位（互变异构移位）的氢原子

然而，对于为什么倾向酮式，多诺霍也没有给出一个可靠的理由。他承认，只有一种化合物的晶体结构与此有关，那就是二酮哌嗪。鲍林的实验室几年前就把它的三维构型研究出来了。毫无疑问，这个化合物结构是酮式，而不是烯醇式。再者，多诺霍还确信量子力学用于证明二酮哌嗪是酮式结构的理

论也同样适用于鸟嘌呤和胸腺嘧啶。多诺霍竭力敦促我不要继续在那个异想天开的理论框架上浪费时间。

对于多诺霍的说法，我的直觉反应是他在吹牛，但是我并没有忽视他的批评。除了鲍林以外，多诺霍可以称得上是世界上最熟悉氢键的人。在加州理工学院的时候，他曾经对小型有机分子晶体结构进行了多年研究。我不能自欺欺人地认为他对我们的问题缺乏了解，至少他在我们办公室工作的6个月，我从没听见他对自己不了解的事情信口开河。

杰里·多诺霍，这张照片摄于加利福尼亚

于是，我十分沮丧地回到办公桌旁，希望能找到什么绝招来拯救我的“同类配对”理论。但是，多诺霍提出的新结构对我的观点显然是一个致命性打击。把氢原子移到它们的酮式结构位置上，会使嘌呤和嘧啶的大小差别比它们以烯醇式结构排列时更加突出。除非能够找到特别有说服力的理由，否则无法想象多核苷酸链会弯曲到足以适应如此不规则碱基序列的程度。然而，当克里克走进办公室后，这种可能性也不复存在了。他很快发现只有当每条多核苷酸链每 6.8 纳米旋转一周时，“同类配对”结构才能在 X 射线图谱上呈现出每 3.4 纳米的重复。但这也就意味着相邻碱基之间的旋转角度只有 18 度。克里克相信，从他最近对模型进行的细致研究来看，这个数值可以完全排除掉。此外，这种模型还有一点无法令克里克满意，那就是它不能解释查加夫定律（腺嘌呤数量与胸腺嘧啶相等，鸟嘌呤数量与胞嘧啶相等）。不过，我对查加夫定律仍然抱持着不冷不热的态度。好在午饭时间到了，克里克和我闲聊起来，暂时打断了我的思路。那一天，我们的话题是，为什么我们学院的大学生不能博得外国女孩子的欢心。

午饭后，我还不想立即回去工作，因为我担心如果削足适履地勉强用酮式结构去“凑”某种新结构，不仅可能会走进死胡同，而且可能会迫使我面临这样的情况，即没有任何一种规则的氢键结构能符合 X 射线证据。我站在办公室外面盯着一朵藏红花出神，希望某种完美的碱基序列会像这朵鲜花一样绽放出来。幸运的是，回到楼上后，我发现我有了一个借口可以把艰巨的模型制作工作往后推迟——至少可以推迟好几个小时，因为系统检验可能的氢键所需的嘌呤和嘧啶的金属模型尚未及时制成。至少要再过两天，这些东

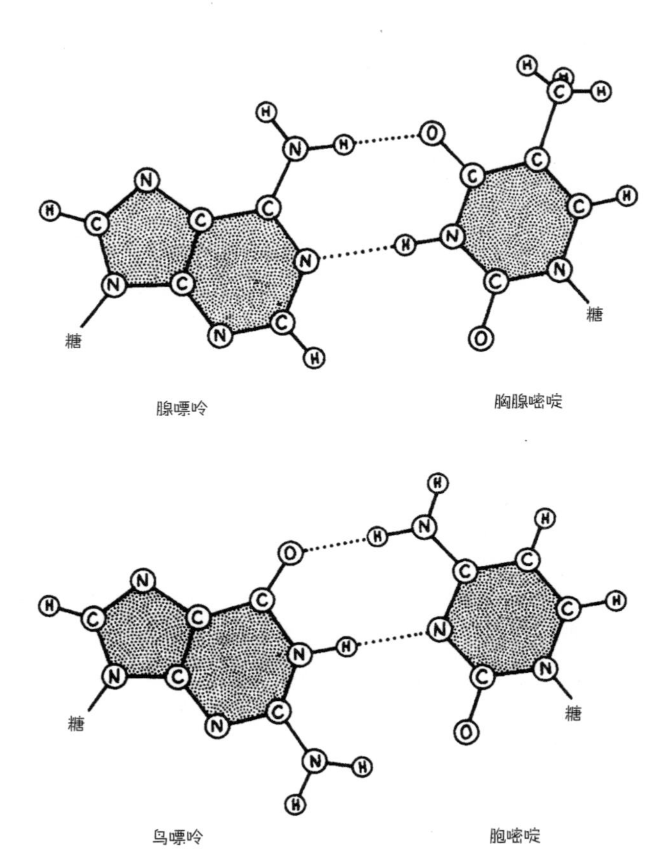

用来构建DNA双螺旋的腺嘌呤－胸腺嘧啶、鸟嘌呤－胞嘧啶碱基对结构图。鸟嘌呤和胞嘧啶之间是否会形成第三个氢键的可能性也曾经被考虑过，然而，当时对鸟嘌呤进行晶体衍射分析的结果表明，这一氢键非常脆弱，于是这个可能性被排除了。但现在已经知道这种分析和排除是错误的，鸟嘌呤和胞嘧啶之间可以形成三个强氢键

西才能送到我们手中。即将有整整两天时间无事可做，这令我觉得度日如年，于是，我就利用那天下午剩下的时间用硬纸板剪出了精确的碱基模型。等到剪完时，我才发觉时间已晚，只有留待第二天再继续进行下去了。晚饭后，我就和住在普赖尔的寄宿处的一帮人看戏去了。

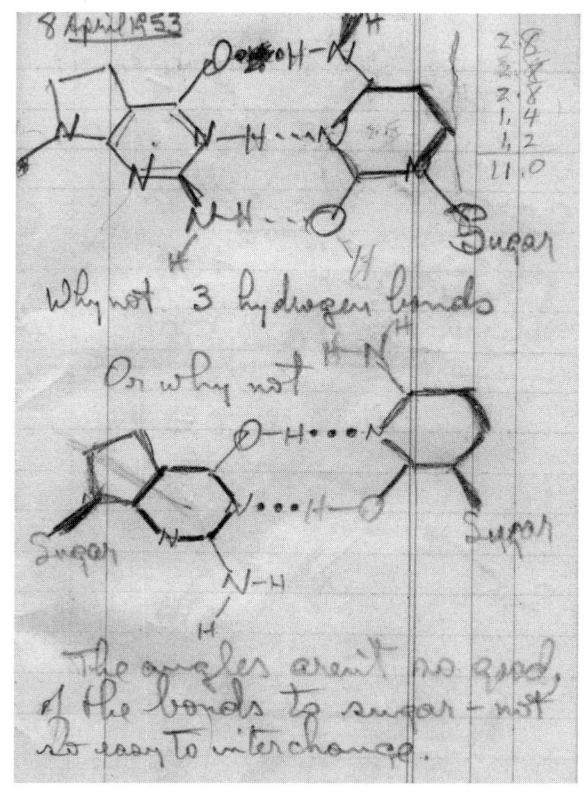

沃森的笔记，指出了存在三个氢键的可能性，写于 1953 年 4 月 8 日

次日清晨，我来到办公室时，那里还是静悄悄的。我急急忙忙把办公桌上的论文和其他东西清理干净，空出桌面以便对通过氢键维系的碱基配对进行试验。一开始，我仍然抱着“同类配对”的偏见不放，可我知道坚持这种偏见不会有任何结果。多诺霍进来时，我还以为是克里克到了，抬起头看到是他后，我就低下头继续把碱基移来移去，尝试各种可能的配对方法。突然之间，我发现一个由两个氢键维系的腺嘌呤－胸腺嘧啶对的形状，竟然与一个至少由两个氢键维系的鸟嘌呤－胞嘧啶对相同。[③]看来，所有的氢键都是自然形成的，不需

[③]沃森在《双螺旋》一书关于碱基的插图说明中写道：“我也曾考虑过在鸟嘌呤和胞嘧啶之间是否会形成第三个氢键的可能，但根据当时对鸟嘌呤进行晶体衍射分析的结果，这个氢键非常脆弱，于是放弃了……”确定鸟嘌呤和胞嘧啶之间存在三个氢键的人正是鲍林和科里。鲍林在 1953 年 4 月访问了剑桥大学，并在与布拉格爵士一起前往斯德哥尔摩参加萨尔维国际会议前看到了沃森和克里克的双螺旋模型（请参阅本书第 29 章）。沃森在 1953 年 4 月 8 日的笔记中也指出了第三个氢键存在的可能。

要人为干预，两个碱基对就会自然呈现出相同的形状。我马上把多诺霍叫来，问他对于我刚刚得到的这些碱基对是不是依然持反对意见。

多诺霍说他没有任何反对意见。我欣喜若狂，因为我觉得嘌呤的数量与嘧啶数量完全相同这个难解之谜马上就要被我解开了。如果一个嘌呤总是通过氢键与同一个嘧啶相连，那么就可能把两条不规则的碱基序列规则地安置在螺旋的中心。而且，必须形成氢键这个要求意味着腺嘌呤总是和胸腺嘧啶配对，而鸟嘌呤只能和胞嘧啶配对。突然之间，查加夫定律就不证自明了——它只是 DNA 双螺旋结构的必然结果。更加令人兴奋的是，这种双螺旋结构还意味着一种 DNA 复制机制，而且这种机制比我曾经设想过的“同类配对”复制机制更加令人满意。腺嘌呤总是与胸腺嘧啶配对、鸟嘌呤总是与胞嘧啶配对，这意味着两条相互缠绕的链上的碱基序列是彼此互补的。只要确定其中一条链的碱基序列，另一条链的碱基序列也就自然而然确定了。由此，一条链如何作为模板用于合成另一条具有互补碱基序列的链，也就很容易想象了。

这时候克里克进来了，没等他把两只脚都跨进门里，我就迫不及待地告诉他，我们已经掌握了全部答案。一开始，他还“在原则上”抱着一种谨慎怀疑的态度。但不出我所料，那些相同形状的腺嘌呤 - 胸腺嘧啶和鸟嘌呤 - 胞嘧啶碱基对，很快就深深打动了他。克里克急忙把这些碱基按其他不同方法进行了配对，但没有一种方法符合查加夫定律。几分钟后，他就发现每个碱基对的两个糖苷键（连接着碱基和糖）是由与螺旋轴垂直的一根二重轴有规则地连接起来的。这样一来，两个碱基对都可以转到相反方向，同时它们的糖苷键却仍然保持着原有的方向。这就导致了一个非常重要的结果：一条特定的核苷酸链可以同时包含嘌呤和嘧啶。同时，这也有力地说明两条链的骨架一定是方向相反的。

这样一来，面对的问题是：腺嘌呤 - 胸腺嘧啶和鸟嘌呤 - 胞嘧啶碱基对是不是很容易就能装进我们两个星期前设计好的骨架构型中。乍一看，这个问题似乎不难解决，因为我们在螺旋中心为碱基留下了一大块空间。然而我和克里克都很清楚，我们只有制作出一个完整的、完全符合立体化学原理的模型，才算大功告成。还有一个显而易见的事实是，发现 DNA 结构的意义极其重大，我

老鹰酒吧中纪念发现 DNA 双螺旋结构的牌匾

们决不能容许出现“喊狼来了狼却没来”的错误。因此，当克里克飞一般地跑进老鹰酒吧，用在那里用餐的人都能听得见的声音大声宣布我们已经发现了生命的奥秘时，我多少感到有点不自在。④

④克里克后来说，他并没有“飞一般地跑进老鹰酒吧，用在那里用餐的人都能听得见的声音大声宣布我们已经发现了生命的奥秘”，但这一点其实无关紧要。

27 尘埃落定

不久之后，克里克放下了他的博士论文，全力以赴地投入了 DNA 研究工作。在发现腺嘌呤－胸腺嘧啶和鸟嘌呤－胞嘧啶碱基对有相同形状的第二天下午，他又回过头去测量他博士论文中的某些数据，可惜根本没有什么效率。他不时地从椅子上站起来，焦虑不安地盯着硬纸板模型，尝试用其他一些方法配对碱基对。在短暂的怀疑期结束后，他又变得满面春风，经常兴奋地谈论着我们的工作有多么重要。我很乐意听克里克说这些，尽管这种做派与剑桥大学遇事稳重和留有余地的传统风范迥然不同。DNA 结构已经搞清楚了，结果是如此激动人心，我们的名字将永远和双螺旋联系在一起，就像鲍林的名字永远与 α－螺旋联系在一起一样。这一切是多么令人难以置信。

克里克正在摆弄双螺旋模型

老鹰酒吧下午 6 点开门，我和克里克一起去那里吃饭，顺带商量一下接下来几天的工作内容。克里克认为，立即制作出一个完善的三维结构模型是我们最迫切的任务，不能继续让遗传学家和核酸生物化学家白白浪费他们的时间和仪器设备了，我们必须尽快把问题的答案告诉他们，以便他们及时根据我们的理论调整研究方向。当然，我也同样迫切想要制作出一个完善的模型。但让我更加关注的是鲍林的研究进展，我担心在把结果告诉他之前，他也许会碰巧发现碱基对的奥秘。

然而，那天晚上我们始终没能制作出一个稳定的双螺旋模型。事实上，在拿到金属制成的碱基模型之前，我们制作的所有分子模型都很粗糙，没有太强的说服力。我回到普赖尔的寄宿处后对伊丽莎白和富尔卡德说，我和克里克很可能已经击败了鲍林，我们的发现结果将使生物学发生一场革命。他们对此都由衷地感到高兴。伊丽莎白是为她的哥哥感到自豪，而富尔卡德则因为他的一个朋友将会获得诺贝尔奖，自己可以向国际协会的人炫耀而感到高兴。意外的是，彼得对此也表现得兴高采烈。虽然他的父亲可能因此在科学上遭到重大挫败，他却并未流露出任何不快。

克莱尔桥

第二天早晨醒来，我感到格外地精神焕发。在去惠姆饭店吃早饭的路上，我慢步走向克莱尔桥（Clare Bridge），抬头眺望着国王学院的哥特式礼拜堂，在明媚的春光下，它的尖顶高耸入云。[①]随后，我在最近整修一新的吉布斯大楼（Gibbs Building）前停留了一会，仔细地观赏了这栋完美的乔治王时代风格的建筑。那一刻我不禁想到，今日的成功在很大程度上应归功于我们在这里度过的平静岁月。长期以来，我们几乎每天都在这几个学院之间散步，在赫弗书店（Heffer's

[①] 克莱尔桥是所有现存的跨越康河的桥梁中最古老的一座，它是由托马斯·格伦姆博尔德（Thomas Grumbold）在 1640 年建成的。

剑桥大学国王学院的礼拜堂和吉布斯大楼

Bookstore）阅读着新进的各类图书。[2][3] 在惠姆饭店悠然自得地翻了一会《泰晤士报》后，我去实验室找了克里克。他早就到了，我走进实验室的时候，他正在按自己的想象用硬纸板制成的碱基对拼凑模型。仅凭一只圆规和一把直尺，他就完全可以确定这两种碱基对都能很好地安放在骨架结构中。那天上午，佩鲁茨和肯德鲁也先后来到了我们的实验室，他们想知道我们是否依然确信我们找到了正确答案。克里克向他们简洁、准确地介绍了我们的发现。就在克里克向肯德鲁介绍时，我走下楼来到了机工车间，看看他们能不能在那天下午提前制成嘌呤和嘧啶的金属模型。

赫弗书店 1953 年的一则广告

在稍加催促之后，技工车间的技师们在几个小时之内就完成了最后的焊接工作。我们开始着手用那些闪闪发光的金属片来制作

[2] 吉布斯大楼是剑桥大学国王学院最古老的建筑之一，仅次于礼拜堂（礼拜堂始建于 1446 年，而吉布斯大楼始建于 1724 年）。吉布斯大楼取名于它的设计师詹姆斯 · 吉布斯（James Gibbs），在他之前，尼古拉斯·霍克斯莫尔（Nicholas Hawksmoor）的设计曾两度被否决。

[3] 到 20 世纪 50 年代初，赫弗书店已经在剑桥开店 70 多年了。在沃森经常光临的那个年代，赫弗书店还在位于佩蒂柯里街的旧址。20 世纪 70 年代，它搬到了位于三一街的现址，即马修父子公司的原址。

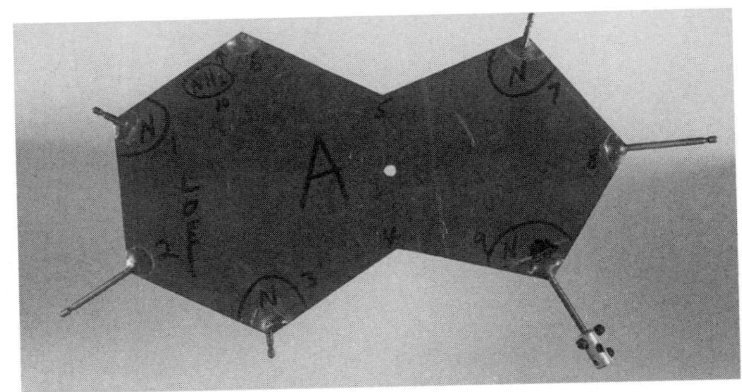

沃森和克里克最早制作的 DNA 模型中用来代表碱基的金属片

模型。在这个模型中，DNA 结构的“组件”终于第一次配备齐全了。[4]一个小时之后，我就把各个原子的位置安排妥当了——既符合 X 射线数据，又与立体化学原则相一致。我制成的是一个右旋的 DNA 双螺旋模型，它的两条链方向相反。[5]由于空间不够，只容许一个人操作模型，于是，直到全部装配完成让出位置之后，克里克才走上前来检查。有一处原子间距稍稍偏离了最优值，但是并没有超出当时公认的标准，因此我还用不着太过担心。克里克整整检查了 15 分钟，中间几次他皱起眉头的时候，我的心都提到了嗓子眼儿，但是最终他并没有发现任何错误。他检查得非常仔细，只有在一处原子间距完全满意后，才会接着检查下一处。克里克检查好之后，我们回到了克里克家与奥迪尔一起共进晚餐。看起来一切顺利。

吃晚饭时，我们的话题集中在了如何对外界宣布这个重大发现，特别是我们认为应该尽早告诉威尔金斯。但是，在回忆起 16 个月前的惨败之后，我们又觉得在没有把原子间的确切关系彻底理顺之前，还是应该暂时对伦敦国王学院的研究小组保密。随便拼凑出一些看上去合理的原子间距并不难，但是这会导致从局部来看似乎是可行的，但整个结构却完全不合理。我们估计自己没有犯过这种错误，但 DNA 分子结构的互补性在生物学上的优点，完全有可能使我们的判断出现偏差。因此，在接下来的几天，我们还必须用铅垂线和测量尺准确地测定核苷酸中所有原子的相对位置。由于双螺旋的对称性，

[4]沃森和克里克制作的第一个 DNA 模型后来被拆掉了。不过，这里所说的模型也是“第一个”，它是第一个用卡文迪许实验室机工车间制成的金属碱基片建构的模型。

[5]DNA 双螺旋是右旋的，但是人们见到的几乎所有 DNA 双螺旋图片呈现的都是左旋形态。看起来制作模型的“艺术指导”不明白左螺旋和右螺旋的拓扑性质不同。他们还经常把 DNA 图像反转过来。左旋 DNA 结构也是存在的，如 Z-DNA，它的发现者是亚历克斯·里奇。但那是一个截然不同的结构。

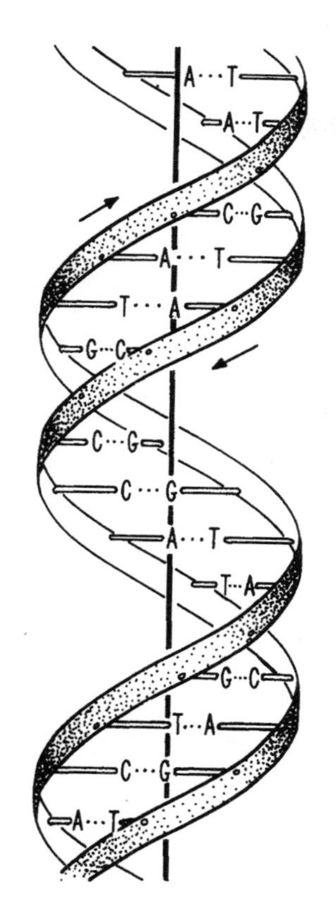

DNA双螺旋结构示意图。外部有两条糖-磷酸骨架相互盘绕在一起，在内部，通过氢键结合起来的碱基对形成了平面。因此，DNA结构很像一架螺旋形的楼梯，其中的平面碱基对就像一个个台阶。图中的虚线表示氢键

一旦得到了一个核苷酸的原子位置，就可以自然而然地推导出其他核苷酸的原子位置。

喝过咖啡后，奥迪尔问起，如果我们的工作真的会引发一场革命，那么她和克里克是否仍有必要到布鲁克林过那种流放般的生活。或许，我们应该继续留在剑桥大学，研究其他同样重要的问题。我试图打消奥迪尔的疑虑，于是信誓旦旦地说，在美国并不是所有男人都会剃光头，也不是所有女人都会穿白色短袜在大街上乱逛。我还告诉她，美国的最大优点是那里有大片从未有人涉足的处女地，但是我的话似乎没有什么说服力。奥迪尔一想到她将不得不与那些不修边幅的人长期相处，就觉得惴惴不安。而当时的我就穿着

UNIVERSITY OF CAMBRIDGE DEPARTMENT OF PHYSICS

CAVENDISH LABORATORY
Free School Lane,
Cambridge.

21st January 1953.

Dr. David Harker,
Polytechnic Institute of Brooklyn,
The Protein Structure Project,
55 Johnson Street, 4th Floor,
Brooklyn 1, New York.

Dear Dr. Harker,

Thank you for your letter of 7th January. I have heard from Wyckoff who seems to think there will be little difficulty in getting our visa interview rather earlier. I shall write to the Embassy as soon as I have cleared Michael with the Divorce Court. Naturally I did not expect the travelling money before we got the visa. I will let you know later on how things can most easily be arranged.

As to the apartment, I suggest you relax first the price, and go higher, say up to $.120. If there are still difficulties I think we should not worry too much about the neighbourhood. We certainly don't want to buy furniture, and we really need three bedrooms if this is at all possible. It is really very kind of you to do this for us.

克里克写给戴维·哈克的信

一件刚让裁缝做好的紧身运动衫，它与美国人穿的便装（“搭在肩膀上的口袋”）没有任何联系，因此奥迪尔不相信我说的是真话。[6]

第二天早上，我发现克里克又比我提前来到了实验室。我进去的时候，他正在把模型牢牢地固定在支架上，这样他就可以准确地读取原子间距了。当他在那儿把原子挪前挪后的时候，我则坐在办公桌边想着写投稿信的事情：如果要尽快宣布我们这个有趣的发现，我该用什么格式来写这封信呢？我想得入了神，没有注意到克里克已经显露出不满的神情，他要我帮他扶住模型，免得他在调整环形支架时模型会倒下。

直到这时我们才明白，以前我们对镁离子的重要性的强调根本就是搞错了大方向。看来，威尔金斯和富兰克林坚持研究 DNA 中的钠盐的思路似乎更

[6] 克里克一家即将开始的布鲁克林“流亡”生涯，是因为克里克较早前接受了戴维·哈克的邀约，到他的实验室工作。奥迪尔的忧虑是可以理解的。正如这里这封信所表明的，他们在布鲁克林很难找到一个合适的公寓。尽管沃森一直在安慰他们，但是他们在布鲁克林的那一年过得并不幸福。经济拮据、居住条件差，奥迪尔挣扎着才能将家人照顾好。而克里克对于新工作环境的适应也不是很好，远远不如在剑桥大学那么熟门熟路。

正确一些。但说到底，既然糖－磷酸骨架是在外面的，那么究竟是哪种盐其实无关紧要。镁和纳这两种盐都能适用于双螺旋结构。

那天临近中午的时候，布拉格爵士第一次看到了我们的模型。因为患了流感，他在家待了好几天。听说克里克和我提出了独创性的、对生物学可能有重大意义的DNA结构模型时，他正躺在床上养病。回到卡文迪许实验室后，他马上就来到了我们这儿，想亲眼看一看DNA模型。一看到模型，他立即就明白了双链之间的互补关系，他也理解为什么腺嘌呤与胸腺嘧啶、鸟嘌呤与胞嘧啶的等量关系是糖－磷酸骨架有规律地重复这种形态的必然结果。但他不了解查加夫定律。所以，我又向他介绍了DNA各种碱基含量相对比例的实验数据。在这个过程中，我发现布拉格爵士越来越为这个模型在基因复制机制研究中的巨大潜在意义而感到兴奋。谈到有关X射线的证据时，布拉格爵士说，他明白我们为什么还没打电话告诉国王学院的研究小组。可是令他感到困惑不解的是，我们为什么到现在还没有征求过亚历山大·托德的意见。我们向他解释说，我们已经解决了有机化学方面的问题，但这仍然不能让他完全放心。虽然他也认为我们使用错误的化学结构式的可能性非常小，但看到克里克的语速还是那么快，布拉格爵士觉得很难相信他会有足够的耐心放慢研究节奏，以保证掌握确切无误的证据。我们同意了这种安排，一旦把原子间距调整好就请托德过来看一看。

对原子间距的最后调整工作在第二天晚上完成了。由于缺乏准确的X射线证据，我们还不敢百分之百断定这个构型绝对正确。不过，这并没有太大关系。因为我们的主要目的是要证明，从立体化学的角度看，这种特定的两条链互补的螺旋结构是可能成立的。我们必须先证明这一点，否则别人可能会提出这样一种反对意见：虽然从美学的角度来看，这个构型非常优雅，但是糖－磷酸骨架的形状可能不允许这种结构存在。现在我们已经知道这种反对意见并不正确。随后，我们去吃饭的时候还互相打气，这种结构是如此美妙，不可能不存在。

最紧张的阶段已经过去了，我和富尔卡德一起去打了场网球。我告诉克里克，下午晚些时候我会写一封信给卢里亚和德尔布吕克，把发现DNA双螺旋结构一事告诉他们。我们还约定让肯德鲁打电话告诉威尔金斯，让他来看看我和克里克刚刚发现了什么。我和克里克都不愿打这个电话，就在那天的早些时候，克里克刚刚收到威尔金斯通过邮局寄来的一封短信，信中说，他打算全力以赴研究 DNA，并将把工作重点放在制作模型上。⑦⑧

⑦1953 年 3 月 7 日，威尔金斯给克里克写了一封信，信中说：

“我想，你可能会对这个消息有兴趣：我们这里的‘黑夫人’将在下个星期离开，现在大部分三维数据都已经归我掌管了。我已经结束了其他工作，开始全力向 DNA 这个大自然的‘秘密据点’发起总攻，我们将在以下各条战线上齐头并进：模型、理论化学和晶体数据的对比及解释。现在，甲板已经清理完毕，马达已经启动！目标离我们已经不远了！

代我问候所有的人

你永远真诚的威尔金斯

又及：我下个星期可能会来剑桥大学。”

威尔金斯暗地里将富兰克林称为“我们的黑夫人”，“黑夫人”这个典故出自莎士比亚的十四行诗《黑夫人》（*The Dark Lady*）。几个世纪以来，莎士比亚笔下的“黑夫人”的真实身份一直是人们激烈争论和炒作的题材。

⑧关于克里克对威尔金斯这封信的反应，贾德森是这样描述的（1975 年 9 月 10 日）：“这事值得一提。克里克说：‘我走到我的办公桌旁打开了威尔金斯的来信。哦，他说到了‘黑夫人’，还有其他一些事情。我看完信后，不知道该笑还是该干什么好。你知道的，我几乎有些悲伤起来。他说到了模型。唉，模型。’”

BIOPHYSICS RESEARCH UNIT,
KING'S COLLEGE,
STRAND,
LONDON, W.C.2.
TELEPHONE: TEMPLE BAR 5651

Sat.

My dear Francis,

Thank you for your letter on the polypeptides.

I think you will be interested to know that our dark lady leaves us next week & much of the 3 dimensional data is already in our hands. I am now reasonably clear of other commitments & have started up a general offensive on Nature's secret strongholds on all fronts: models, theoretical chemistry & interpretation of data crystalline & comparative. At last the decks are clear & we can put all hands to the pumps!

It won't be long now.

Regards to all

yours ever

Mau

P.S. may be in Cambridge next week.

威尔金斯谈到“黑夫人”（富兰克林）的那封信

28 来自威尔金斯和富兰克林的证据

威尔金斯看到我们的模型后，立刻就喜欢上了它。肯德鲁事先已经告诉过他，这是一个由腺嘌呤－胸腺嘧啶和鸟嘌呤－胞嘧啶碱基对连接成的双链模型。所以威尔金斯一走进我们的办公室，就开始研究起它的具体特征来。模型是双链而不是三链，这一点并没有使他觉得不妥，因为他知道现有的X射线证据并不能明确区分结构到底是双链还是三链。只见威尔金斯一声不响地盯着这个金属模型，克里克则站在旁边喋喋不休地谈论着这种模型应该会产生哪种X射线图像。不过，当他察觉到威尔金斯的愿望只是想好好看看这个双螺旋模型，而不是来听他讲演X射线晶体学理论的时候（因为这种理论威尔金斯自己早就掌握了），就突然闭口不语了。把鸟嘌呤及胸腺嘧啶看成酮式结构没有问题，如果看成其他结构则会破坏碱基对。威尔金斯对多诺霍的这个观点没有提出质疑，似乎这是一件很平常的事。[①]

①在威尔金斯的回忆录中，他描述了第一次看到这个模型时的感受："一种感觉涌上了我的心头：这个模型虽然只是放在实验台上的一堆铁线，但它已经拥有了自己的生命。它就像一个令人难以置信的、能够为自己辩护的新生儿，它似乎在说：'我不在乎你心里想些什么，我知道我是正确的。'"

让多诺霍、克里克、彼得和我共用一个办公室，竟然带来了这种意想不到的好处。对于这一点，我们彼此心照不宣。要不是多诺霍来剑桥大学和我们共处一个办公室的话，我很可能还在盯着"同类配对"结构穷追不舍。[②]由于威尔金斯的实验室里没有结构化学家，所以就没有人告诉他教科书上那些图片都是错的。多诺霍认为，除了他之外，恐怕只有鲍林才有可能做出正确选择，并且用正确的方法达到最终目的。

②关于自己在这项世纪大发现中发挥的作用，杰里·多诺霍的心情比较复杂。直到1970年，他才发表了一篇论文，声称腺嘌呤－胸腺嘧啶和鸟嘌呤－胞嘧啶碱基配对实际上还没有得到证明。这种说法引发了克里克的尖锐批评。克里克说："如果多诺霍认为同样有效的DNA模型可以用其他碱基对生成，那么就请他构建一个出来……当然，他必须完成相当多的工作，但是我看不出还有其他什么方法能给这事一个明确的答案。"

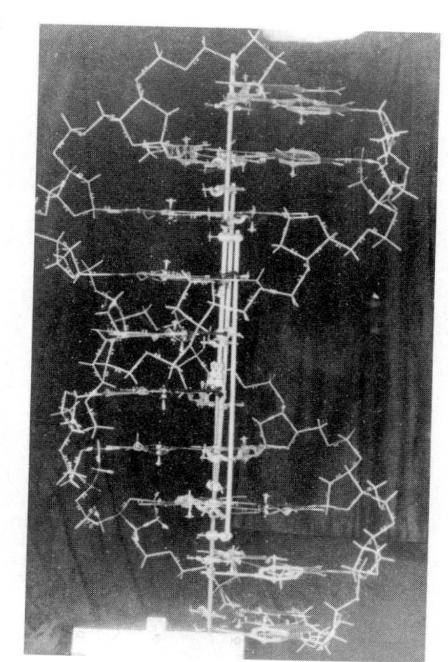

最早的DNA双螺旋模型

至此，接下来的研究步骤就是对

这个模型的X射线衍射预测图谱与实验数据进行细致比较。威尔金斯返回了伦敦，临走时他说，这种关键的反射现象很快就能测度出来。他的言谈举止中没有流露出任何痛苦的迹象，这令我十分欣慰。在威尔金斯来访前，我一直担心他会因为我们夺走了本应全部归于他和他同事们的一部分荣誉而郁郁寡欢、情绪消沉。但是在他脸上我们没有找到丝毫惆怅之色。他的言谈举止十分克制，但在面对这个日后必将证明对生物学有重大意义的螺旋结构时，依然显得激动万分。[③]

回到伦敦仅仅两天后，威尔金斯就打电话告诉我们，富兰克林和他都发现他们的X射线衍射数据为双螺旋结构提供了强有力的证据，而他们正在抓紧时间把这些结果整理成文，与我们宣布碱基对的论文同时发表。《自然》杂志是快速发表科学创见的理想刊物。如果布拉格爵士和兰德尔两人都强烈支持这些文章的话，那么编辑在收到投稿后一个月内就可以发表了。但伦敦国王学院的研究小组要发表的文章并非只此一篇。除了威尔金斯和他的同事外，富兰克林和戈斯林也将单独发布他们的研究成果。[④⑤]

富兰克林如此痛快地接受了我们的DNA结构模型，令我惊讶不已。我曾担心她那敏锐而又固执的头脑会将她自锢在她自己提出的反螺旋结构的陷阱之中，我还担心她会节外生枝地挖出各种无关事实，进而导致人们对双螺旋结构正确性的怀疑。然而，与其他人一样，她也立刻领悟到了碱基对的妙处，并且承认如此美妙的结构不可能有错。再者，在得知我们的模型之前，X射线证据已经迫使她不得不朝着螺旋结构的方向迈出了一步。骨架必须位于分子外部，这是她的X射线衍射数据的必然“要求”。而且，只要承认氢键联结碱基对，她就没有任何理由对腺嘌呤－胸腺嘧啶和鸟嘌呤－胞嘧啶碱基对的独特性提出异议。

与此同时，我和克里克对富兰克林的强烈反感也骤然消失了。一开始，我们十分犹豫，不知该不该和她讨论双螺旋。我们担心她会像以前那样怒气冲天。但当克里克前往伦敦与威尔金斯讨论X射线衍射图谱的细节时，就已经注意到富兰克林的态度改变了。克里克原本以为，富兰克林肯定不想与他有什么瓜葛，因此主要与威尔金斯进行了交谈。但是他慢慢发现，富兰克林希望在

[③]但在威尔金斯的记忆中，当时的情景却有所不同。在沃森的坚持下，克里克和沃森提议威尔金斯以共同作者的身份在他们的论文上署名，但是威尔金斯拒绝了这个提议。他说：“我的语气显得有些苦涩，克里克说我这样做不公平。我并不这么认为，我应该感谢克里克和沃森提议我在论文上署名的慷慨……我坚定地认为，真正重要的是能否促进科学进步。我完全不看重名声，当沃森和克里克大方地提出了他们的提议时，我觉得有些受辱，原因可能就在这里。”

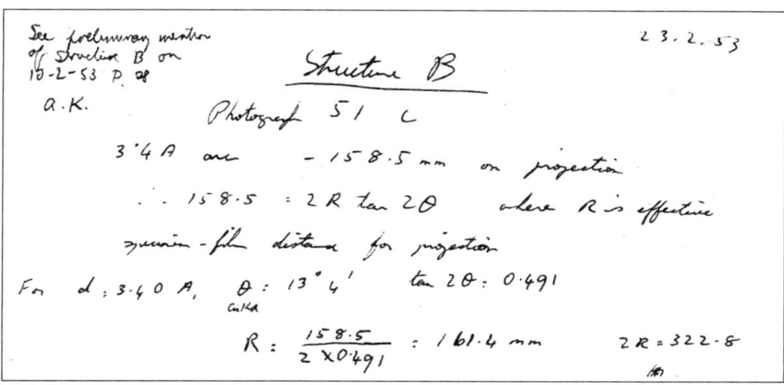
See preliminary mention of structure B on 10-2-53 p. 28
A.K.

23.2.53

Structure B

Photograph 51 C

3·4 A arc = 158.5 mm on projection

∴ 158·5 = 2R tan 2θ where R is effective specimen-film distance for projection

For d = 3·40 A, θ = 13° 4′ (CuKα) tan 2θ = 0·491

R = 158.5 / 2 × 0.491 = 161.4 mm 2R = 322.8

富兰克林的笔记

ROUGH DRAFT 1.

A NOTE ON MOLECULAR CONFIGURATION IN SODIUM THYMONUCLEATE

Rosalind E. Franklin and R. G. Gosling

17/3/53.

Sodium thymonucleate fibres give two distinct types of X-ray diagram. The first, corresponding to a crystalline form obtained at about 75% relative humidity, has been described in detail elsewhere( ). At higher humidities a new structure, showing a lower degree of order appears, and persists over a wide range of ambient humidity and water content. The water content of the fibres, which are crystalline at lower humidities, may vary from about 50% to several hundred per cent. of the dry weight in this structure. Other fibres which do not give crystalline structure at all, show this less ordered structure at much lower humidities. The diagram of this structure, which we have called structure B, shows in striking manner the features characteristic of helical structures ( ). Although this cannot be taken as proof that the structure is helical, other considerations make the existence of a helical structure highly probable.

富兰克林和戈斯林的一篇论文的草稿

④富兰克林的笔记表明她是从 1953 年 2 月开始分析 B 型 DNA 的（左上角的字迹是阿伦 · 克卢格留下的注释）。

⑤沃森、克里克和威尔金斯不知道的是，富兰克林和戈斯林早就在撰写一篇论文，文章总结了他们在前一阶段的工作，并且可能很快就将指向沃森和克里克的模型。这里显示的是他们于 1953 年 3 月完成的一个比较成熟的版本。

X 射线晶体学方面得到他的建议，并打算彻底放弃以往那种毫不掩饰的敌意，代之以平等的讨论。因此到后来，富兰克林十分高兴地给克里克看了她的数据，克里克也因此第一次认识到，富兰克林关于糖－磷酸骨架位于分子外部的论断确实有着可靠的证据支持。她过去在这个问题上发表的毫不妥协的言论，恰恰反映了她一流的学术水平，而不是一个迷茫的女权主义者感情用事的表现。

导致富兰克林的态度出现大转弯的原因在于，她认为我们构建分子模型代表了一种严肃的科学方法，而不是像那些逃避艰苦工作的懒汉一样从事着容不得半点虚假的科学事业。她很欣赏这一点。同时，我们也了解到，富兰克林与威尔金斯以及兰德尔之间的冲突，是由于她想与共事者保持平等关系造成的。这一点很明显，她来到国王学院的实验室不久就向传统的等级观念提出了挑战，并因自己在晶体学方面的卓越才能得不到正式承认而大为光火。

那个星期从加州理工学院来的两封信都提到了一个消息，即鲍林还没有开始考虑碱基对。第一封信是德尔布吕克写的，信中说，鲍林刚刚参加了一个研讨会。在会上讲演时，鲍林已经对 DNA 结构模型做了一些修正。这与一件非同寻常的事情有关：在他的同事罗伯特·科里精确测定原子间距前，鲍林和科里的论文就已经发表了（就是此前寄到剑桥大学的那篇论文），但在等到科里完成了精确测量后，他们却发现有几处原子间距是错的，而且这种错误不是通过小修小改能够弥补的。[⑥]因此，即便是从简单的立体化学角度看，鲍林的结构模型也不现实。然而，他还想通过采纳同事弗纳·肖梅克的修改意见来挽回败局。[⑦]在修改后的结构中，磷原子旋转了 45°，这样就可以使氧原子形成氢键。在鲍林讲演后，德尔布吕克告诉肖梅克，他仍然不认为鲍林是正确的，因为他刚刚收到我的信，知道我已经对 DNA 结构提出了新的见解。

德尔布吕克的评论立即传到了鲍林耳中。他很快就给我来了封信，信的第一部分暴露了他的紧张不安——信中没有直奔主题，只是邀请我去参加一个蛋白质会议，鲍林还决定在这个会议上增加一个讨论核酸的环节。不过，接下来他就有话直说了，他要求把我在给德尔布吕克的信中提到的美妙的 DNA 新结构的详细内容告诉他。读到这里，我不由得倒吸了一口凉气，因为我意识到在鲍

[⑥] 1953 年 2 月 18 日，鲍林给彼得写了一封信，告诉他：“我正在重新修正核酸结构模型，试图对参数进行精练。我认为原来的参数不是很准确。很显然，这个结构几乎要求所有原子都要紧紧地挤在一起。”

[⑦] 罗伯特·科里是鲍林的得力助手，他是一个严谨的实验专家，主要负责检验鲍林的理论和进行 X 射线分析。科里还提出了 CPK 空间填充原子模型。

弗纳·肖梅克是加州理工学院的化学家，他的专长是电子和 X 射线衍射研究，因兴趣广泛、才智惊人而闻名于世。

罗伯特·科里

弗纳·肖梅克

林发表讲演时，德尔布吕克还不知道碱基互补双螺旋结构的事，他所指的还是我后来放弃的同类配对观点。好在信件寄到加州理工学院时，我对互补碱基对的思考已经有了结果，不然的话，我就会处于一种可怕的境地：我将不得不告诉德尔布吕克和鲍林，说我写那封信完全是一时冲动，信中提及的想法其实刚刚诞生 12 个小时，而且仅仅存活了 24 个小时就夭折了。

那个星期晚些时候，托德和他的几位年轻同事一起从化学实验室到我们这里进行了一次正式访问。在那之前的一个星期，克里克几乎每天都要向不止一个人“宣讲”这个结构模型的内容和重要意义。他的热情一直有增无减。每次当我和多诺霍看到克里克一边喋喋不休一边把一张张陌生的面孔领进办公室时，我们就会主动避到外面去，直到那些被说服了的客人们陆续离开，办公室重新恢复秩序之后，我们才回来继续工作。[8]但对于托德，我可不能采取这种态度，因为我希望他告诉布拉格爵士，我们完全在按照他指点的关于糖－磷酸骨架的化学常识行事。托德也赞同酮式构型，他说，他那些有机化学家朋友在画烯醇式基团结构时根据的其实是一些完全主观武断的理由。后来，他对克里克和我在化学方面的出色成就表示祝贺后就离开了实验室。[9]

⑧这张照片是安东尼·巴林顿·布朗(Antony Barrington Brown)在沃森和克里克关于DNA双螺旋结构的论文出版那段时间拍摄的。作为一名在冈维尔和凯厄斯学院主修自然科学的学生，巴林顿·布朗却把自己的大部分时间都花在了办学生报纸上，而不是自己的研究工作。作为图片编辑，他还曾经开除过一个名叫安东尼·阿姆斯特朗－琼斯（Anthony Armstrong-Jones）的年轻摄影师（即后来的斯诺顿勋爵）。毕业后不久，巴林顿·布朗成了一名专业摄影师，也正因为如此，当他的一个朋友试图将沃森和克里克的故事卖给《时代周刊》时，请他拍摄了双螺旋照片。但《时代周刊》最终决定不发表这个故事，将底片退了回来（支付了一半报酬作为补偿）。据信，这些现在很著名的照片一直没有公布，直到1968年《双螺旋》一书出版。就在拍摄这张照片的同一天，巴林顿·布朗还拍摄了沃森和克里克在办公室喝早茶的照片和克里克摆弄DNA模型的照片。

⑨事实上，沃森说托德恭维了他和克里克的“化学成就”，这是一种暗讽的手法。在自传中，托德确实恭维了沃森和克里克的成就，不过不是“化学成就”。托德是这样说的：“那一天，当我在他们的实验室里看到沃森－克里克模型时，我立即认识到这是一个极大的飞跃，他们不仅解决了一个自我复制的大分子的结构问题，而且打开了通往全新的基因世界的大门。”

沃森和克里克在他们的DNA结构模型前

此后不久，我离开剑桥大学前往巴黎，准备在那里停留一个星期。与我同行的是鲍里斯·埃弗吕西和哈丽雅特·埃弗吕西，这次巴黎之行是几个星期前就安排好的，既然工作的主体部分已经完成，我没有理由推迟这次访问。这次访问使我有机会第一个把双螺旋结构告诉埃弗吕西和利沃夫实验室的工作人员。然而，克里克却对我这次访问很不高兴。他说，把有如此重大意义的工作中断整整一个星期，实在太久了。然而，我向来不喜欢那些要求我严肃认真工作的忠告，尤其是在肯德鲁刚给克里克和我看了一封查加夫的来信的情况下。那封信里提到了我们：查加夫想打听一下我们这两个科学界的“小丑”有没有搞出什么名堂。[10]

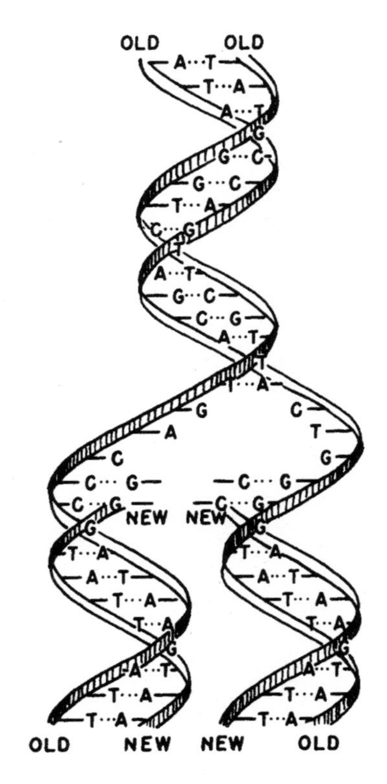

DNA 复制方式的示意图，前提是给定两条链上的碱基序列的互补性

[10] 正如本页示意图所表明的，双螺旋的两条链在 DNA 复制过程中必须先分离开来。然而，正如德尔布吕克对沃森解释时所说的，这会导致一些问题：“我敢打赌，你的模型中的链的相缠螺旋肯定错得离谱……因为在我看来……解开这两条链的困难似乎不可逾越……”（1953 年 5 月 12 日）1953 年 7 月，霍尔丹在英国皇家学会的《对话》中看到了 DNA 模型，他的态度显得更加务实。根据雷蒙德 · 戈斯林的描述，霍尔丹“……嘴里叼着伍德拜恩牌香烟（这是一个英国的廉价香烟名牌），鼻孔喷着烟……盯着模型看了好长一段时间，然后说道：‘所以，你需要的是一种没有螺旋的酶。’”他没有说错，确实存在一种拓扑异构酶，但是在 18 年后才被正式发现。

29 我们的论文在《自然》上发表了

鲍林是从德尔布吕克那里第一次听说双螺旋的。在那封通报有关互补链信息的信件结尾，我要求德尔布吕克不要把这个消息告诉鲍林。[①]我多少还有点担心我们会忙中出错，而且，我们暂时还不希望鲍林考虑碱基对的氢键问题，这样我们就可以有更多时间来消化我们的理论了。可我的请求没有得到德尔布吕克的重视，他把它告诉了他的生物学实验室中的每个人。德尔布吕克当然很清楚，几个小时之内这个消息就会从他的实验室传到鲍林的办公室。而且，鲍林也曾要求德尔布吕克一有消息就告诉他。更重要的是，德尔布吕克对科学研究中保守秘密的做法一向深恶痛绝，他不想让鲍林再为此事疑神疑鬼。

[①] 在 1953 年 3 月 12 日写给德尔布吕克的一封信中，沃森说："又及：请不要将这封信的内容告诉鲍林。等我们投给《自然》杂志的论文写好后，我们会寄给他一份复印件的。"本书附录 1 收录了这封信。

像德尔布吕克一样，鲍林得知这个消息后也由衷地感到高兴。如果在其他情况下，鲍林肯定会为自己观点的优越性极力辩解。但这一次，鉴于自体互补 DNA 分子压倒性的重要生物学意义，他决定主动退出角逐。不过，在正式认输之前，他很想看看伦敦国王学院的研究小组得到的证据。鲍林希望在三个星期后，也就是在 4 月份的第二个星期，在前往布鲁塞尔参加一个关于蛋白质的索尔维会议途中，在伦敦短暂停留时，可以看到这方面的材料。[②]

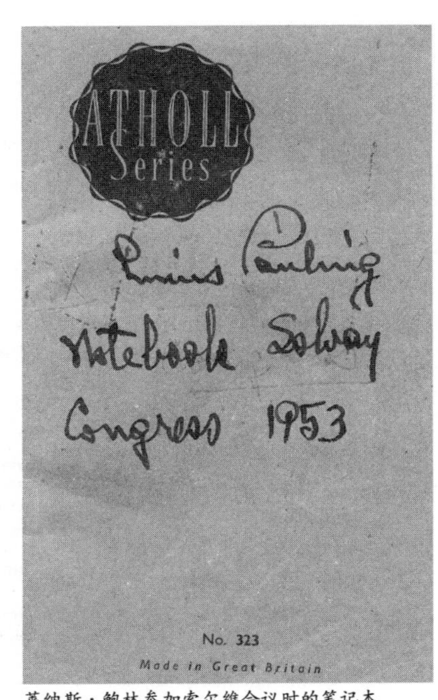

莱纳斯·鲍林参加索尔维会议时的笔记本

[②] 索尔维系列会议由实业家欧内斯特·索尔维（Ernest Solvay）资助召开。第一届索尔维物理学会于 1911 年召开，第一届索尔维化学会议则在 1922 年召开，这两个会议在后来分别成了各自领域内最有影响力的系列会议之一。1953 年召开的这次索尔维会议是第九届索尔维化学会议，会议主题是蛋白质。布拉格爵士也参加了这个会议，并在会上第一次公开宣布了 DNA 的双螺旋结构。

3 月 18 日，我刚从巴黎回来就从德尔布吕克的来信中得知，鲍林已经知道我们的 DNA 模型了。那个时候我们得到的支持碱基对的证据越来越多，所以也就不在乎了。我碰巧在巴斯德研究所得到了一个关键性信息。在那里，我遇到了格里·怀亚特（Gerry Wyatt），一名加拿大生物化学家。他知道许多有关 DNA 碱基比率的信息，并且刚刚分析过 T2、T4 和 T6 噬菌体的 DNA。过去两年里，许多人都在传说这种 DNA 有一个非常奇怪的性质，即缺少胞嘧啶。但是从我们的模型来看，这无疑是不可能的，因此怀亚特的发现就显得非常重要。怀亚特说，他和西摩·科恩（Seymour Cohen）以及赫尔希证明，这些噬菌体内含有一种修饰胞嘧啶，也就是 5－羟甲基胞嘧啶。最重要的是，这种修饰胞嘧啶的数量与鸟嘌呤相等。既然 5－羟甲基胞嘧啶与胞嘧啶一样，可以形成氢键，这就又为双螺旋结构提供了一个绝佳的证据。还有一件事情也很令人高兴，那就是这些数据都非常精确，从而能够比以前的分析工作更加坚实有力地证明腺嘌呤与胸腺嘧啶数量相等、鸟嘌呤与胞嘧啶数量相等。[③④]

我不在剑桥大学的这段时间，克里克已经开始进行 A 型 DNA 分子结构的研究了。威尔金斯实验室以前的研究表明，结晶的 A 型 DNA 纤维在吸收了水

③在 1953 年 3 月 22 日写给德尔布吕克的一封信中，沃森描述了这一系列令他高兴的结果：“关于我们对碱基对的假设（腺嘌呤与胸腺嘧啶数量相等、鸟嘌呤与胞嘧啶数量相等），几天前，我在巴斯德研究所遇到了怀亚特，他告诉我，他越改进自己对碱基的分析，上述 1:1 的比例就越清楚。而且，他的分析表明，这种比例在 5－羟甲基胞嘧啶上也是成立的——其数量等于鸟嘌呤。

④怀亚特这篇论文发表的时间（1953 年 4 月 11 日）早于沃森和克里克关于 DNA 双螺旋结构的论文发表的时间（1953 年 4 月 25 日），但是该论文的脚注表明，怀亚特已经知道了沃森和克里克的模型的内容。

The Bases of the Nucleic Acids of some Bacterial and Animal Viruses: the Occurrence of 5-Hydroxymethylcytosine

BY G. R. WYATT
Laboratory of Insect Pathology, Sault Ste Marie, Ontario, Canada
AND S. S. COHEN
Department of Pediatrics, Children's Hospital of Philadelphia and Department of Physiological Chemistry, University of Pennsylvania, Philadelphia, Pennsylvania

(*Received* 11 *April* 1953)

Recent studies on the multiplication of viruses have directed attention increasingly toward their nucleic acids. Hershey & Chase (1952) have shown that most, if not all, of the sulphur-containing protein of coliphage T2, which appears to be present in the outer shell of the virus, does not enter the infected cell. However, deoxyribonucleic acid (DNA), apparently organized within the virus, is in some way transferred to the host cell, and appears, therefore, to participate more intimately in the transmission of genetic properties. On infection of *Escherichia coli* with bacteriophage T2, T4 or T6, there is immediate cessation of synthesis of ribonucleic acid (RNA) and net synthesis of DNA is detectable in about 10 min. (Cohen, 1947, 1951). A similar apparent redirection of DNA synthesis during virus multiplication is characteristic of certain induced lysogenic systems, but in this case synthesis of RNA

780 G. R. WYATT AND S. S. COHEN 1953

mum 274 mμ., as yet unidentified. When combined, these products had an absorption spectrum close to that of deoxycytidylic acid. The conclusions drawn from these studies, however, are not altered by the substitution of hydroxymethylcytosine for cytosine.

Marshak (1951) missed hydroxymethylcytosine because of his use of perchloric acid for hydrolysis along with a chromatogram solvent system in which it happens to migrate together with guanine. This accounts for the anomalous absorption spectrum for guanine which he reported.

In spite of the considerable evidence that DNA may play a specific role in the transmission of hereditary characters, we were unable to demonstrate any difference in the composition of the DNA of the r and r^+ mutants of phages T 2, T 4 and T 6. This confirms the inference drawn from similar analyses on a number of insect viruses (Wyatt, 1952*b*) that genetic difference is not necessarily accompanied by a detectable quantitative difference in DNA composition.

A common pattern has been noted in the composition of DNA from many sources: the molar ratios (adenine)/(thymine) and (guanine)/(cytosine + 5-methylcytosine) are relatively constant and close to unity (Chargaff, 1951; Wyatt, 1952*a*). The same regularities are seen to be valid with DNA from phage T 5 and from vaccinia virus, and also with DNA of phages T 2, T 4 and T 6 except that here cytosine is replaced by 5-hydroxymethylcytosine. Whether these near-unity ratios actually signify equal numbers of the corresponding nucleotides in the molecule is as yet uncertain. The present studies, however, have served to emphasize how quantitative errors can result from small differences in experimental conditions and purity of materials, and it is our experience that successive improvements in technique have resulted in bringing the observed ratios successively closer to unity. One is tempted to speculate that regular structural association of nucleotides of adenine with those of thymine and of guanine with those of cytosine (or its derivatives) in the DNA molecule requires that they be equal in number. There is as yet, however, no direct evidence for such a theory.*

The occurrence of 5-hydroxymethylcytosine as a major constituent of the nucleic acid of a virus, none of which could be found in the host cells, presents problems of fundamental importance for the chemistry of virus production. Although discussion must at present remain largely speculative, certain possibilities may be pointed out.

We are concerned with the following pyrimidine bases:

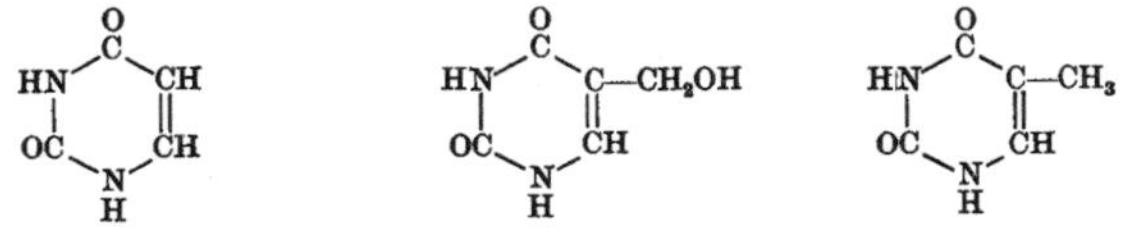

Uracil　5-Hydroxymethyluracil　Thymine

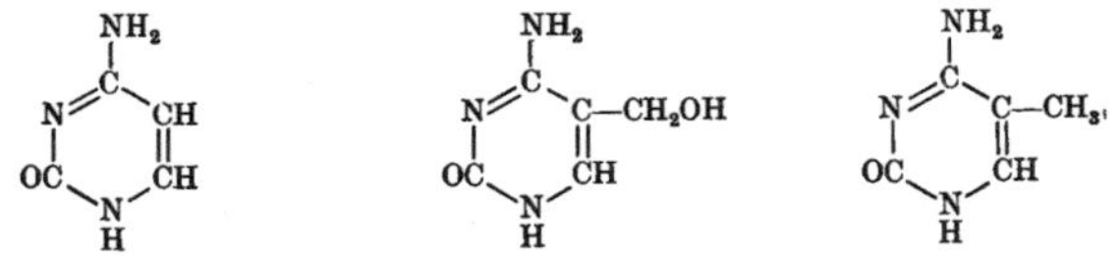

Cytosine　5-Hydroxymethylcytosine　5-Methylcytosine

The metabolic pathways for pyrimidines appear generally to involve their ribosides and deoxyribosides rather than the free bases, and preliminary experiments by one of us (S. S. C.) indicate that this probably is the case in *Esch. coli*. In the rat, Reichard & Estborn (1951) have demonstrated that deoxycytidine can be utilized for production of thymidine, but not vice versa. Elwyn & Sprinson (1950) have implicated the β-carbon of serine as a source of the 5-methyl group of thymine, which is evidently synthesized by methylation of a preformed pyrimidine ring. Since serine cleaves to formaldehyde, we may question whether methyl-group synthesis from serine may not involve an initial hydroxymethylation followed by reduction. If this is so, 5-hydroxymethylpyrimidines (or their deoxyribosides) could be normal metabolites, inter-

* Since this was written, a structure for DNA involving such specific pairing of nucleotides has been proposed by Watson & Crick (1953).

怀亚特分析碱基构成的论文

分后会变长并转变为B型。克里克推测，在B型结构中将碱基对倾斜，使碱基对的距离沿纤维轴缩短到0.26纳米，就可以得到一个更加紧凑的A型DNA结构。于是，他立即动手制作了一个碱基对倾斜的模型。尽管这比制作一个更加松散的B型结构要困难些，但是等我回来时，一个令人满意的A型模型已经制作完成了。

到了下一个星期，我们为《自然》杂志撰写的论文第一稿已经分发出去了，其中两份被送到了伦敦，请威尔金斯和富兰克林提出批评意见。他们没有提出任何实质性的反对意见，只是要求我们提一下，在我们之前他们实验室里的弗雷泽就已考虑过氢键联结碱基的问题了。但是，对于弗雷泽理论的细节，我们在那时仍然一无所知，而且他一直以来都在研究由位于正中的氢键联结的三个碱基，现在我们已经知道，其中的许多互变异构体都是错误的。因此，弗雷泽的见解似乎并不值得重提，即使重提，结果也只能是很快就被重新埋葬。可当威尔金斯知道我们持不同意见时好像有点不高兴，于是我们在论文中用几句话进行了必要说明。富兰克林和威尔金斯两人各自的论文包括了基本相同的内容，并且都采用碱基对理论来解释他们的研究结果。克里克曾想扩大论文篇幅详细阐述发现DNA结构的生物学意义，不过最终他意识到还是简单提一下为宜，因此写下了这样一句话："我们当然注意到了，我们提出的这种碱基配对理论直接揭示了一种可能的遗传物质复制机理。"⑤

分发给布拉格爵士看的是那篇论文的最后定稿。他只在格式上提出了一点建议后就热情地表示愿意写一封推荐信，与这篇论文一起寄给《自然》杂志。DNA结构的问题解决了，这件事使布拉格爵士感到由衷的高兴。他这么高兴的一个显著原因是，这项成果是在卡文迪许实验室里取得的，而不是在加州理工学院的实验室。当然更重要的是，这项成果是如此出乎意料地美妙，它深刻地洞察了生命的本质，而且，布拉格爵士40年前开创的X射线衍射方法在其中发挥了关键性作用。

到了3月的最后一个周末，我们的论文已经最后定稿并准备打印了。可卡文迪许实验室的打字员不在了，于是我们就把这项简单的任务交给了我妹妹。说服她以这种方式度过一个周末的下午并不困难：我们告诉她，她正在

⑤在接下来的几页中，我们插入了这篇论文发表过程中当事人之间的一些书信。首先是克里克于1953年3月17日写给威尔金斯的一封信：

"亲爱的威尔金斯：

我把我们论文的草稿附在这里了。我们还没有把它拿给布拉格爵士看，所以请你也先不要给别人看。在这个阶段，我们只把它送给了你一个人，主要是因为在以下两个问题上，我们需要征得你的同意：（1）论文中的参考文献8引用了你未发表的论文；（2）文中包括了对你的致谢。如果你认为上述这两点有任何一点需要重写，请告诉我们。如果我们没有在一天内收到你的回复，那么我们就将认为你对目前这个形式的论文没有反对意见。沃森已经到巴黎去了。他真是一个幸运的家伙。

你最诚挚的克里克。"

沃森去巴黎的时间与他们将论文送到伦敦国王学院的时间似乎不相符合。不管怎样，威尔金斯在3月18日回信道："我觉得你们两人真是天造地设的一对'老流氓'，但你们确实搞出了一些了不起的东西。我喜欢你们的理论。谢谢你们把论文草稿发给我看。说真的，我有点恼火，因为我一向深信，1∶1的嘌呤嘧啶比是一个非常显著的现象，而且我认为四个平面碱基对的理论架构很合理，我已经开始研究它了，我又回到螺旋模型上来了，如果时间充足，我想我可以成功。但这只是一些牢骚。无论如何，我认为这确实是一个非常令人兴奋的理论，至于提出它的到底是谁并不是最重要的……我们想发表一篇简短的论文，文中将会附上一张图片，它

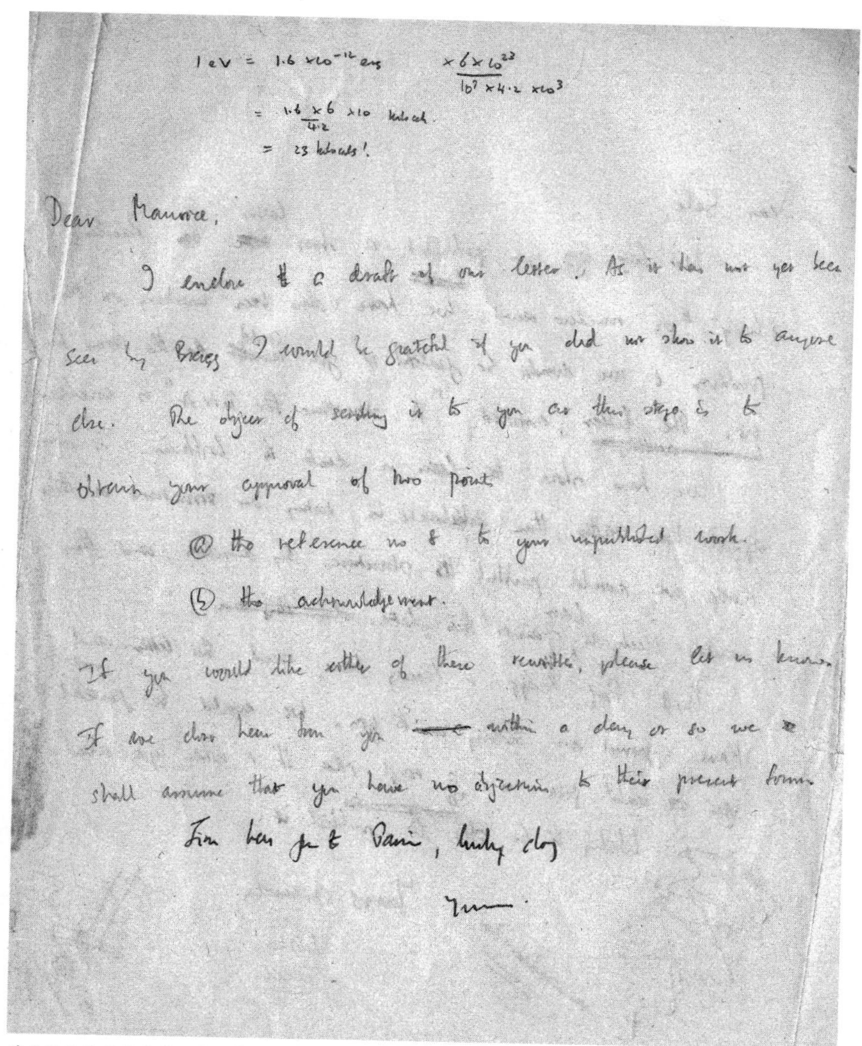

1 eV = 1.6 ×10⁻¹² ergs ×6×10²³ / 10⁷ ×4.2 ×10³

= 1.6 ×6 / 4.2 ×10 kilocal.

= 23 kilocals!

Dear Maurice,

I enclose a draft of our letter. As it has not yet been seen by Bragg I would be grateful if you did not show it to anyone else. The object of sending it to you at this stage is to obtain your approval of two points

(a) the reference no 8 to your unpublished work.

(b) the acknowledgement.

If you would like either of these rewritten, please let us know. If we don't hear from you within a day or so we shall assume that you have no objection to their present form.

Jim has gone to Paris, lucky dog

Yours.

关于论文发表的通信：克里克致威尔金斯

可以用来说明更一般的螺旋模型……

“我刚刚听说，这场 DNA 螺旋大赛的跑道上又出现了新的参赛者。富兰克林和戈斯林捡起了我们 12 个月前的思想。看来他们也会发表一篇论文（他们的论文已经结稿了）。因此，在《自然》杂志上至少会出现三篇论文。这真是‘老鼠咬尾巴，一拉一大串’，好一场精彩的比赛！”

围绕着这篇论文，书信不断。1953 年 3 月 23 日，威尔金斯又写信给克里克，非常真切生动地表达了他的感情：“我很抑郁，觉得自己就像在疯人院里似的。我真的不怎么关心现在发生的一切……”

威尔金斯在这封信中讲到了很多事情。首先，有很多论文要发表，不知该如何协调（“他们似乎以为，把富兰克林和我的论文直接发出去就行了，因为他们寄望于编辑不会发现两者之间有重复之处”），威尔金斯还说：“又及：戈斯林和富兰克林也有你们的论文，所以很快所有人都会看到它了。”其次，鲍林即将访问剑桥大学和伦敦国王学院（“如果富兰克林想与鲍林见面，我们需要做些什么吗？……现在戈斯林也想与鲍林见面了！让这一切都见鬼去吧！”）。第三，威尔金斯坚持认为，沃森和克里克在他们的论文中提到弗雷泽的模型时应该更“友好”一些：“我觉得你们在论文中对弗雷泽的模型的评论有些苛刻，为什么不大方一些呢？我指的是‘It is stated that the base...on it’这段话。我建议你们可以这样写——在他的模型中，磷酸位于外部，通过氢键联结成平面的碱基则位于内部。该模型有很多（或严重的）弱点，我们在这里不展开讨论。你们应该把这些内容全都放在括号内。”

BIOPHYSICS RESEARCH UNIT,
KING'S COLLEGE,
STRAND,
LONDON, W.C.2.
TELEPHONE: TEMPLE BAR 5651

Mon.

Dear Francis

It looks as though the only thing is to send Rosy's & my letters as they are & hope the Editor doesnt spot the duplication. I am so browned off with the whole madhouse I dont really care much what happens. If Rosy wants to see Pauling what the hell can we do about it? If we suggested it would be nicer if she didnt that would only encourage her to do so. Why is everybody so terribly interested in seeing Pauling?

If you like to put in a good word for me for a trip to Pasadena OK. We will post a copy of Rosy's thing to you tomorrow. I dont see why we have to have a meeting

I feel your remarks about Bruce's model, in your note,

关于论文发表的通信：威尔金斯致克里克

BIOPHYSICS RESEARCH UNIT,
KING'S COLLEGE,
STRAND,
LONDON, W.C.2.
TEMPLE BAR 5651

not in very good style. Why be
better about it? I refer to
"It is stated that the bases ... on it."
I suggest . (In his model the phosphates
are on the outside & the bases are
hydrogen bonded in planar groups
inside. The model has many (or serious) weaknesses
which we will not discuss here.) & Put it
all in brackets.

Now Raymond wants
to see Pauling too!

To hell with it all.

M.

P.S. Raymond & Rosie
have your thing so everybody
will have seen everybody else's

关于论文发表的通信：威尔金斯致克里克（续）

参与的这个事件很可能会成为自查尔斯·达尔文的《物种起源》出版以来，生物学领域最轰动的事件。在她打字时，克里克和我一直站在旁边。这篇仅有900词的论文是这样开头的："我们拟提出脱氧核糖核酸（DNA）的一种结构。这种结构的崭新特点具有重要的生物学意义。"星期二，我们把这篇稿子送到了楼上布拉格爵士的办公室，星期三，它就被送到了《自然》杂志编辑的手中。[6]

鲍林在星期五晚上到达了剑桥大学。他正在前往布鲁塞尔参加索尔维会议的途中，之所以要在剑桥大学短暂停留，一方面是为了看望彼得，另一方面是

[6]杰拉尔德·波米拉（Gerald Pomerat）是当时洛克菲勒基金会自然科学项目部的副主任，他在1953年4月1日访问了卡文迪许实验室。波米拉在日记里描述了自DNA双螺旋结构发现到沃森和克里克的论文发表那段时间卡文迪许实验室的气氛，这也是现存的唯一一份由地位超然的同时代人留下的记录："今天，卡文迪许实验室里弥漫着兴奋的气氛……他们相信，他们确实是从晶体学的角度破解了核酸的结构。他们的线索源于兰德尔实验室拍摄出的一些美丽的X射线衍射图谱，以及同时期剑桥大学正在进行的研究工作。他们研究的最后一步就是制作了一个约1.8米高的模型……（这两个幸运的家伙）是詹姆斯·D.沃森和弗朗西斯·克里克……这两个年轻人都有些疯狂，身上都带着典型的剑桥风格，因此外人很难相信，他们中的一个其实是美国人……（他们）身上肯定不缺热情和能力。"

杰拉尔德·波米拉

为了看看我们的模型。彼得考虑不周，竟然安排他父亲住进了普赖尔的寄宿处。我们很快就发现，鲍林另找了一家旅馆。毕竟与外国女孩子共进早餐并不能弥补房间里没有热水的不足。星期六清晨，彼得把他父亲领到了办公室。鲍林先和多诺霍聊了一些加州理工学院的新闻，然后就开始仔仔细细地查看我们的模型。尽管他还想了解伦敦国王学院实验室的定量测定结果，但当我们给他看了富兰克林的B型DNA结构的原始照片复印件后，他就承认我们的观点是有依据的，王牌都在我们手里。最后，鲍林非常有风度地表示，我们确实已经找到了DNA结构问题的答案。⑦

布拉格爵士过来见了鲍林，并邀请鲍林和彼得一起到他家吃午饭。那天晚上，鲍林父子、我和伊丽莎白一起参加了克里克夫妇在“葡萄牙地”19号举办的家宴。克里克在家宴上多少显得有些沉默，大概是因为有鲍林在场，为了让鲍林在我妹妹和奥迪尔面前尽情展现魅力吧。虽然喝了不少葡萄酒，可是席上的气氛一直不活跃。我觉得鲍林宁愿与我这个乳臭未干的后辈谈话，也不愿与克里克多

⑦鲍林很有风度地承认了沃森和克里克取得的成就。这一点在他的信件中可以找到证据。这封信是鲍林于1953年4月6日写给妻子艾娃的，信中最后一段说：“我看到了伦敦国王学院的核酸图谱，也与沃森和克里克交谈过。看起来，我们的模型是错的，他们是对的。”

又如，鲍林在1953年4月20日又写信给德尔布吕克：“沃森和克里克的模型给我留下了极其深刻的印象……当然，他们的模型仍然有出错的可能，但是我认为正确的可能性更大。正如你已经提到过的，它有着非常重要的意义。我甚至认为，它是很长一段时间以来最重要的一个科学突破。”

在双螺旋结构的论文发表后，沃森和克里克在卡文迪许实验室喝早茶

CLUB DE LA FONDATION UNIVERSITAIRE

TÉLÉPHONES { 11.81.00 (4 LIGNES) / 12.24.22 (PERMANENT ET LE DIMANCHE)

CHÈQUES POSTAUX N° 1039.46

ADRESSE TÉLÉGRAPHIQUE : "FONDUNI-BRUXELLES"

BRUXELLES, LE 6 April 1953

11, RUE D'EGMONT

Dearest little love:

I've just arrived, safely, in Brussels, and am in my room. No one else seems to be here. Synge and Adair were in the London bus terminal, and Peter and I had coffee with them in the buffet, about noon. They came on the plane with me (S+A) but are in a hotel, rather than this club. I shall go for a walk now, and have dinner, and go to bed. The town seems to be very quiet - it is Easter Monday, a bank holiday in England.

I saw Dorothy and Thomas - they passed through Cambridge on the way to visit D's mother.

Peter is in fine shape - his face not yet clear, but perhaps a bit better. He is cutting a wisdom tooth. He flies tomorrow to Paris. He liked the stuffed dates and cookies. I overlooked his vest. Anyway, he has a bright red one, with brass buttons - they are popular with the boys.

We had lunch with the Braggs, + their two daughters. The talk was much about Cellini. The Braggs are looking forward to their trip to California.

I dined with Bragg + Roughton last night in Trinity College. I didn't see the Todds, nor the Rothschilds + Tylers - they were in Rushbrooke.

The flight from London was nice, but a bit cloudy + a bit rough. Our bus from the airport met a 4-engined plane coming toward us on the road. Our driver turned the bus around, shot back up the road ahead of the plane (which took up the whole road) and then off to one side. This is an unusual hazard.

I haven't yet learned what our schedule is for the week, nor who will be here (some I know about). I am already pretty lonesome, after five days.

I have seen the King's College nucleic acid pictures, and talked with Watson and Crick, and I think that our structure is probably wrong, and theirs right.

Much love from

Daddy

鲍林在1953年4月份写的信件，从中可以看出他确实很有风度说什么。这种交谈没能持续多久，鲍林就说他的时差还没有调整过来，觉得有些疲倦，于是我们在午夜时分就结束了这次晚宴。

第二天下午，伊丽莎白和我飞往巴黎，一天以后，彼得也来和我们会合。再过 10 天，我妹妹将乘船到美国，然后再去日本，与她在大学时结识的一个美国人结婚。这是我们在一起的最后几天了。今后，我们的生活再也不能像现在这样无忧无虑了，这种生活是一种象征，标志着我们摆脱了那令人又爱又恨的中西部地区和美国文化的羁绊。星期一清晨，我们去了市郊圣奥诺雷街（St. Honore），想要最后一次领略它的迷人风光。在那儿，我突然发现了一家出售各种时髦阳伞的商店，于是就买了一把作为结婚礼物送给我妹妹。后来，我妹妹找了一位朋友去喝茶，而我则穿过塞纳河回到了卢森堡宫附近我们住的旅馆。那天正是我的生日，晚上彼得要过来和我们一起庆祝。可在那一刻，我却孤零零的一个人望着那些在圣日耳曼德佩教堂（St. Germain des Pres）旁边漫步的长发姑娘。我知道她们不是为我而来，而我已经 25 岁了，早过了标新立异、特立独行的年龄了。[8]

[8] 在写给德尔布吕克的一封信中（1953 年 3 月 23 日），沃森也表达了类似的感慨："对于我们的 DNA 结构模型，我有一种奇怪的感觉。如果它是正确的，我们显然应该以最快的速度继续跟进。而另一方面我又觉得很难摆脱这样一种愿望，即完全忘掉核酸，百分之百专注于生命的其他奥秘。我在巴黎的时候，后者一度支配了我。而巴黎也确实是我已知的最有趣的城市之一。"

圣日耳曼德佩教堂附近的一间咖啡馆，摄于 1950 年前后

尾　声

本书提到的人物现在大都还健在，且仍在积极从事研究工作。赫尔曼·卡尔卡已经到了美国，担任哈佛大学医学院的生物化学教授。[①]约翰·肯德鲁和马克斯·佩鲁茨仍留在剑桥大学，继续从事蛋白质X射线衍射研究，他们因为在这个领域的成就获得了1962年的诺贝尔化学奖。[②③]布拉格爵士在1954年移居伦敦，出任皇家研究院院长，他对蛋白质结构仍然保持着浓厚的兴趣。[④]休·赫胥黎先是在伦敦停留了几年，后又回到剑桥大学继续从事肌肉收缩机理方面的研究。[⑤]弗朗西斯·克里克在布鲁克林停留了一年后又回到了剑桥大学，探索遗传密码的性质和作用。在过去的10年里，克里克已经被全世界公认为这个领域首屈一指的人物。[⑥]

莫里斯·威尔金斯则继续花了多年时间集中精力研究DNA，他和他的同事们证明，双螺旋结构的基本特征确凿无疑。后来，威尔金斯又在对核糖核酸的结构研究中做出了重大贡献，接着他转向了对神经系统组织和作用的研究。[⑦]彼得·鲍林现在住在伦敦，在伦敦大学学院教授化学。他的父亲，长期在加州理工学院执教的莱纳斯·鲍林已经退休，现在他的科学研究工作集中在了原子核的结构和结构化学上。[⑧]我的妹妹伊丽莎白在亚洲住了好多年，现在和她的那位在出版机构工作的丈夫以及三个孩子住在华盛顿。

本书所述事实与细节如果与上述诸位的记忆有不符之处，只要他们愿意，鄙人随时欢迎指正。然而，有一个不幸的例外是罗莎琳德·富兰克林已于1958年不幸离世，年仅37岁。[⑨]考虑到我在早期对她的学术水平和个人品德的错误印象（如本书的前半部分所述），因此我现在必须阐述一下她所取得的成就。富兰克林在伦敦国王学院实验室从事的DNA X射线衍射研究，现在被越来越多的人认识到是十分杰出的。她区分了DNA的A型结构和B型结构，这项工作本身就足以铸就她的声誉。更重要的是，她早在1952年就运用帕特森重叠法证明磷酸基团必定位于DNA分子的外部。后来，她转到伯纳尔实验

[①] 赫尔曼·卡尔卡（1908—1991）先是在美国国家卫生研究院任职，然后在哈佛大学度过了自己的职业生涯。

[②] 约翰·肯德鲁（1917—1997）后来积极参与科学政策制定。肯德鲁是欧洲分子生物学实验室的创始领袖。

[③] 马克斯·佩鲁茨（1914—2004）的后半生是在分子生物学实验室度过的。他还经常为《纽约时报书评》撰稿，并出版了多部文集。

[④] 威廉·劳伦斯·布拉格（1890—1971）非常关注教育，重新振兴了皇家研究院，在蛋白质结构领域也做出了重要贡献。1965年，布拉格爵士举行了庆祝自己获得诺贝尔物理学奖50周年的庆典。

[⑤] 休·赫胥黎先在麻省理工学院工作了两年，后又回到英国。赫胥黎于1962年正式加盟剑桥大学分子生物学实验室。1987年，他到了布兰迪斯大学，担任生物学名誉教授。

[⑥] 弗朗西斯·克里克（1916—2004）的研究重点先转到胚胎发育，后来又转到染色体中的DNA特征。1977年，他加入了索尔克研究所，专注于研究记忆和意识的本质。

室，从事烟草花叶病毒研究。她很快就把我们关于烟草花叶病毒螺旋结构的定性概念发展成为精确的定量图谱，确定了基本的螺旋参数，证明了核糖核酸链处于从中心轴到外周的中间位置上。

我本人后来回到了美国任教，所以不像富兰克林那样能经常见到克里克，她后来还经常向克里克征询建议。每当富兰克林完成一项非常出色的工作时，她都会向克里克求证，以保证克里克支持她的推理。以前发生的那些不愉快的争执，随着时间的推移已经烟消云散了。我和克里克都非常欣赏富兰克林正直的品格和宽宏大量的秉性。可惜的是，我们是在多年之后才逐渐理解了这位才华横溢的女性和她的斗争精神，她为了得到科学界的承认而不懈奋斗，但是科学界往往只把女性视为严谨科学推理之余的消遣。富兰克林的勇敢精神和高贵品格无疑是我们所有人的榜样：即使在意识到自己生命垂危时，她也没有叹息和抱怨。直到去世前的几个星期，她还在不遗余力地坚持从事高水平的研究工作。

1956 年 4 月 2 日晶体学国际研讨会于马德里召开，这是会议期间拍摄的一张照片。从左到右依次为：安·卡利斯、弗朗西斯·克里克、唐·卡斯珀（Don Caspar）、阿伦·克卢格、罗莎琳德·富兰克林、奥迪尔·克里克和约翰·肯德鲁

⑦莫里斯·威尔金斯（1914—2006）对科学问题和社会问题始终保持着浓厚的兴趣。他是英国科学社会责任学会的第一任主席。在帕格沃什运动和核裁军运动中，威尔金斯都表现得非常活跃。

⑧莱纳斯·鲍林（1901—1994）于 1963 年从加州理工学院退休。退休后，他积极鼓励人们通过服用大剂量维生素 C 来预防感冒和癌症。1973 年，鲍林创办了分子医学研究所以促进对这个领域的研究。

⑨罗莎琳德·富兰克林（1921—1958）被称为她所在研究领域的顶级学者。例如，在 1957 年召开的一个关于病毒性质的精英研讨会上，她是 34 位与会者中的唯一女性，在这 34 位与会者当中，后来有 6 人获得了诺贝尔奖。在这个研讨会的闭幕式上，查尔斯·哈林顿（Charles Harrington）爵士还专门提到“威廉斯博士和富兰克林博士报告的论文特别出色”。

获诺贝尔奖的前前后后

这一节的内容节选自沃森的著作《不要烦人》中的“获得诺贝尔奖的适当态度”，出版于 2007 年（由阿尔弗雷德·A. 克诺夫出版社和牛津大学出版社出版）。

获得诺贝尔奖提名的人，本来是不应该知道自己被提名的。负责考察候选人并颁发奖项的瑞典科学院已经在他们的提名表上把这项政策说得非常清楚。但是雅克·莫诺却没有保守秘密，他告诉弗朗西斯·克里克，斯德哥尔摩卡罗林斯卡医学院的一位工作人员，在 1962 年 1 月的时候要求他将克里克和我提名为该年度诺贝尔生理学或医学奖的候选人。[①]后来，克里克到哈佛大学来做一个讲座，当我们在一家中国餐馆吃饭的时候，他又把这个秘密透露给了我。不过他告诉我，我们不能再对任何人讲这件事了，免得消息又传回瑞典。

诺贝尔奖章的正面

① 卡罗林斯卡医学院是由瑞典国王卡尔十三世在 1810 年创办的，目的是培养军医。现在，卡罗林斯卡医学院拥有 50 多位教授，还设有一个诺贝尔委员会，负责评选和颁发诺贝尔生理学或医学奖。

事实上，自从我们发现双螺旋结构之后，有关我们有朝一日肯定会获得诺贝尔奖的消息就传扬开了。在我母亲于 1957 年不幸去世之前，芝加哥大学著名的医生兼科学家查尔斯·哈金斯（Charles Huggins）就告诉她，我肯定会获得诺贝尔奖。[②]尽管一开始，许多人都怀疑“DNA 复制是通过链的分离来完成的”这一说法，但是 1958 年完成的“梅塞尔森－斯塔尔实验”确切地证明了这种现象，此后这种质疑的声音就消失了。1959 年，亚瑟·科恩伯格（Arthur Kornberg）与另一位科学家分享了当年的诺贝尔生理学或医学奖，瑞典科学院的这个决定本身就足以表明，他们

亚瑟·科恩伯格“笑眯眯地看着自己手里拿的一个 DNA 双螺旋模型”，摄于 1959 年

② 查尔斯·哈金斯是芝加哥大学负责治疗癌症的医生和专家，他主要研究激素对前列腺癌和乳腺癌的影响。因在这个领域的卓越贡献，与佩顿·劳斯（Peyton Rous）一起分享了 1966 年的诺贝尔生理学或医学奖，约 55 年前，他们发现鸡患上的一些自发性肿瘤是由一种特殊病毒引起的。

丝毫不怀疑双螺旋结构的正确性。在得知自己获奖之后，科恩伯格特地拍摄了一张照片。在照片上，他笑眯眯地看着自己手里拿的一个 DNA 双螺旋模型。

1962 年 10 月 18 日是宣布当年诺贝尔生理学或医学奖的日子。那一天终于要来临了，我难免有些紧张。人们都在猜想，负责这个奖项的瑞典教授们征求了不止一个候选人提名，这说明他们在前期讨论过程中意见出现了分歧。在宣布获奖者的前一晚，我上床睡觉的时候还在想着，明天把我叫醒的应该是来自瑞典的某个电话吧。然而，提前打扰我的却是重感冒。一觉醒来，斯德哥尔摩那边的消息传来，我的心沉下去了。虽然身下垫着电热毯，但是我仍冷得瑟瑟发抖。我不想起床。直到上午 8 点 15 分，电话铃终于响了。我冲进隔壁房间抓起电话，听到了某家瑞典报纸的记者的声音，他告诉我，弗朗西斯 · 克里克、莫里斯 · 威尔金斯和我——詹姆斯 · D. 沃森，获得了当年的诺贝尔生理学或医学奖。他问我感觉如何？我还能说什么呢？能说的当然只有："太好了！"

我先打电话给父亲，然后又打电话给我妹妹，将这个消息告诉了他们，并邀请他们陪我到斯德哥尔摩领奖。很快，我的电话铃声就开始响个不停，朋友们纷纷向我发来了贺电，他们从早间新闻中获知了这个消息。很多记者也打来了电话，但是我告诉他们，我要等上午那堂病毒课结束之后才能接受采访，请他们到哈佛大学来找我。随后，我慢条斯理地吃完了早饭，当我走进教室时上课时间已经过去了一大半。一进门，一大群学生和朋友就拥上前来，他们都在等着我。黑板上也写着一行大字："沃森博士刚刚荣获诺贝尔奖！"

Nobel Winner Holds Regular Class

剪报：沃森在获得诺贝尔奖那天上午还在哈佛大学给学生上课

大家显然不想上病毒课了，于是我干脆跟他们谈起了我的感受。我告诉他们，当我们第一次发现碱基对如此完美地契合于 DNA 双螺旋结构的时候，我的感觉也像现在一样，既激动又得意。我还告诉他们，与莫里斯 · 威尔金斯一起分享这个殊荣也令我非常开心，因为正是在看到了他的 A 型 DNA 晶体 X 射线衍射照片后，我们才认识到存在着一个非常规则的 DNA 结构有待我们去发现。如果不是因为发现了莱纳斯 · 鲍林提出的 DNA 结构模型中的错误而重新回过头去研究 DNA 的话，那么威尔金斯很可能会凭着自己的努力成为全世界第一个看到双螺旋结构的人。他在罗莎琳德 · 富兰克林去了伦敦大学伯贝克学院之后，就已经全身心地重新投入到了对 DNA 的研究中。获奖的消息传开之后，威尔金斯正在美国，他在斯隆－凯特琳研究院召开了一个新闻发布会，而他的旁边就摆放着一个硕大的 DNA 模型。如果罗莎琳德·富兰克林还在世的话，诺贝尔奖最多只能由三个获奖者分享这个沿袭已久的规则也许会被打破。然而不幸的是，在双螺旋结构发现之后不到 4 年的时间，她就被确诊为卵巢癌，于 1958 年离开了人世。

1962 年 10 月 18 日，沃森在哈佛大学举行新闻发布会

下课之后不久，我召开了新闻发布会。我端着一杯咖啡，与来自美联社、合众国际社、《波士顿环球报》、《波士顿旅行家报》等媒体的记者侃侃而谈。后来，他们的报道又被全国各地的媒体转载。哈佛大学新闻办公室把相关的报道做成了剪报并发给了我。很多报道都配发了美联社的照片，照片中我或是站在讲台上讲课，或者手里拿着一个巴掌大的双螺旋演示模型——那还是我们 1953 年在卡文迪许实验室制作的。现在，我已经有资格尽力表现得谦虚一点儿了，因此，在新闻发布会上，我故意不去讨论双螺旋模型的实际应用价值，反而轻描淡写地说，现在还没有证据表明，我们的研究成果会对治疗癌症有帮助。当时，重感冒令我头脑昏沉、声音沙哑，于是我说："我们甚至还没有办法对付一般的感冒。"10 月 19 日出版的《纽约时报》引用了我的这句话。当有人问我准备怎么花这笔奖金时，我说，我可能会买个房子吧。可以肯定的是，我不会把钱花在类似集邮这样的业余爱好上。还有人提出了这样一个问题，我们的研究是不是意味着可以利用基因去"改善人类"，我回答道："如果你想要一个聪明的孩子，那么你应该找一个聪明的妻子。"

保罗·多蒂（Paul Doty）和海尔格·多蒂（Helga Doty）在他们位于柯克兰的家中匆忙地举办了一个狂欢晚会，用以庆祝我的好运气。[3]在此之前，我已经与弗朗西斯·克里克在电话中交谈过，他说剑桥大学里也是一片喜气。[4]两天

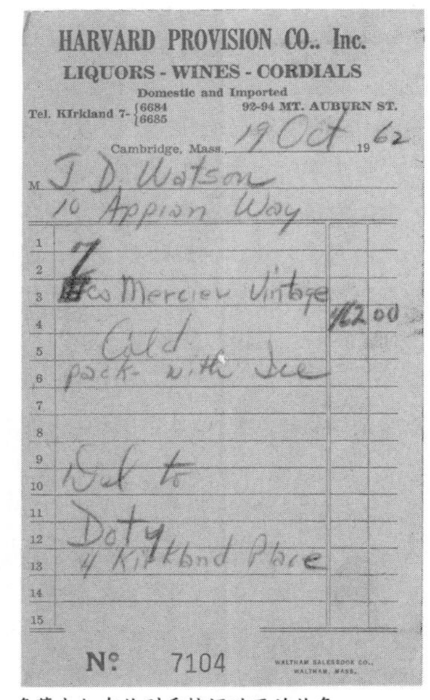

HARVARD PROVISION CO., Inc.
LIQUORS - WINES - CORDIALS
Domestic and Imported
Tel. KIrkland 7- 6684 / 6685
92-94 MT. AUBURN ST.
Cambridge, Mass. 19 Oct 62
M. J. D. Watson
10 Appian Way
7
Mercier Vintage 12.00
Cold
pack with Ice
Del to
Doty
4 Kirkland Place
No. 7104
WALTHAM SALESBOOK CO., WALTHAM, MASS.

多蒂夫妇在收到香槟酒时开的收条

My dear Jim,

It was nice of you to ring up on the 18th. I'm sorry if I was incoherent, but there was so much noise I could hardly hear what you said. I hear you had a good party the next day and also that you plan to spend the prize on women!

克里克写给沃森的信，写于 1962 年 10 月 30 日

[3] 在多蒂家举行的狂欢派对上宾主尽欢，图中所示的是用于狂欢派对的香槟酒的收条。

之内我收到了大约 80 封贺电；在接下来的一个星期内，我又收到了大约 200 封贺信。而这些信件都是需要一一回复的，我一时竟不知道该怎么办才好。

劳伦斯·布拉格爵士当时正因病住院，但他还是请秘书代笔给我写信表达了他的欢喜快慰。普西校长在他的来信中开天辟地第一次将我称为“沃森先生”，还异常客气地说：“考虑到你肯定会收到数之不尽的友好贺信，我这封贺信看来也许是多此一举了。”[5]我也收到了来自爱德华·M. 肯尼迪（Edward M. Kennedy）非常及时的贺信，他说：“你们的贡献是我们这个时代最激动人心的科学成就之一。”我不禁想到，当初我支持哈佛大学的斯图尔特·休斯（Stuart Hughes）而不是爱德华·肯尼迪竞选参议员是不是错了？毕竟休斯可没有给我写贺信。[6]

不过，除了贺信之外，还有一些信中表达了写信人自己的个人偏好。例如，有一个人从棕榈滩给我写了一封信，宣称近亲结婚是一切折磨人类的“大恶”的根源。我想，我可能最好给他写一封回信，问问他的祖先会不会就是近亲结婚的。更令人无奈也更奇怪的是一封来自帕果帕果的信，寄信人是一个年仅 17 岁的东萨摩亚少女，她在谢过主的恩慈之后就自报家门，说自己名叫“菲丝玛·T. W. 沃森”（Vaisima T. W. Watson），她希望我和她的父亲托马斯·威利斯·沃森（Thomas Willis Watson）是本家，她的父亲是第二次世界大战期间美军的一位军需官，在回到美国之后，女孩儿的母亲就再也联系不上他了。我在回信中说，沃森是一个很常见的姓氏，单单在波士顿的电话簿上就可以找到好几百个沃森姓氏的人。

诺贝尔奖颁奖周很快就要到了。斯德哥尔摩给我寄来了一份简明的旅行指南。我和我邀请的客人都将入住格兰德饭店。我在那里的个人开销由诺贝尔基金会负责，此外，我还可以报销妻子和任意多个孩子在那里的食宿费用。前往斯德哥尔摩的旅费由我自己负责，所以诺贝尔基金会预支了一部分奖金给我，便于我购买机票。根据惯例，颁奖典礼将于 12 月 10 日在斯德哥尔摩音乐厅举行。12 月 10 日是诺贝尔的忌日，他于 1896 年在意大利圣雷莫去世，时年 63 岁。基金会那边希望我提前几天到达，以便参加两个招待会。第一个招待会是由卡罗林斯卡医学院为诺贝尔生理学或医学奖的获奖者举办的；第二个招待会则是

[4] 克里克在 1962 年 10 月 30 日给沃森写的一封信中告诉他，剑桥大学的庆祝会很精彩。在同一封信中，克里克还谈到了如何准备诺贝尔奖获奖演说稿的事情，他建议由威尔金斯负责讲 DNA 结构，沃森负责讲 RNA，而他自己则负责讲遗传密码。

[5] 内森·M. 普西（Nathan M. Pusey）在 1953 年至 1971 年担任哈佛大学校长。在任期间，普西顶住了压力，尽量不让约瑟夫·麦卡锡（Joseph McCarthy）伤害哈佛大学的教师，但他并没能任满任期，祸根在 1969 年。当时正是学生占领运动的高潮期，在学生占领了“大学堂”（哈佛大学的行政大楼）后，普西召来了全副武装的州警和当地警察，使用催泪瓦斯对“大学堂”进行了清场。值得指出的是，不同意哈佛大学出版社出版《双螺旋》一书的也是普西。

[6] 斯图尔特·休斯是哈佛大学的一名历史学家，他以独立候选人的身份与约翰·F. 肯尼迪总统的弟弟爱德华·M. 肯尼迪竞选参议员。休斯鼓吹裁军，但是这种立场在当时并不受欢迎，因为在古巴导弹危机中，正是美国军队的强大实力才迫使苏联最终让步。休斯被肯尼迪以压倒性票数击败。

由诺贝尔基金会为所有获奖者举办的，和平奖的获奖者除外，因为和平奖是由挪威国王在奥斯陆颁发的。在颁奖典礼及接下来在瑞典王宫举行的晚宴上，我都必须穿白色燕尾服、戴白色领结。在机场接待我的是瑞典外交部的一位初级官员，他将陪同我完成所有官方活动直至送我离开。

对我来说，那一年的诺贝尔奖颁奖典礼特别有意义，因为那年的化学奖颁给了约翰·肯德鲁和马克斯·佩鲁茨，以表彰他们在阐明血红蛋白和肌球蛋白的三维结构方面的卓越贡献。同一年度的生理学奖和化学奖被来自同一个大学同一个实验室的科学家包揽，这在诺贝尔奖历史上还是第一次。[⑦]肯德鲁和佩鲁茨获奖的消息，比我们获奖的消息迟了几天才宣布。与他们获奖的消息同一天宣布的，还有俄罗斯裔理论物理学家列夫·兰道（Lev Landau）获得诺贝尔物理学奖的消息。不幸的是，在当时发生的一场可怕的车祸中，兰道的大脑遭到严重损伤，他不能来斯德哥尔摩领奖了。在我们发现双螺旋结构之后，俄罗斯籍的物理学家乔治·盖莫说，我让他想起了年轻时的兰道，这实在令我受宠若惊。[⑧]最后宣布的文学奖获奖者是著名小说家约翰·斯坦贝克（John Steinbeck）。颁奖仪式之后，在斯德哥尔摩市政厅举行的大型宴会上，斯坦贝克将会发表诺贝尔奖获奖演说。

约翰·肯德鲁

马克斯·佩鲁茨

[⑦]如图所示，约翰·肯德鲁和马克斯·佩鲁茨在分子生物学实验室庆祝他们获得诺贝尔化学奖。

[⑧]1963年，乔治·盖莫在冷泉港实验室。盖莫戴着的正是“RNA领带俱乐部”的标志领带。盖莫是一位理论物理学家，他以在宇宙学领域的伟大贡献——大爆炸理论——而闻名于世。在沃森和克里克发表了关于DNA双螺旋结构的论文后，盖莫是最早跟进研究遗传密码的学者之一。盖莫写了一系列的畅销科普著作，塑造了著名的“C. G. H. 汤普金斯先生”这个虚构人物。盖莫还让这位“汤普金斯先生”作为他的一篇论文的合作者向《美国国家科学院院刊》投稿，但美国国家科学院认为这个玩笑并不好笑，将稿子退了回去。

列夫·兰道

乔治·盖莫

在那段日子里，有那么几天我迫不及待地期待着将于 11 月 1 日在白宫举行的一个国宴。我是在最后一刻才收到请柬的。虽然国宴是为卢森堡大公夫人举办的，但我更感兴趣的是，通过近距离观察总统夫妇（肯尼迪和杰奎琳）的言行举止，我才发现原来他们的气质和排场与英国王室相比毫不逊色。更何况 6 个月前，他们还非常优雅地对获得 1961 年诺贝尔奖的美国科学家表达了敬意和祝贺。因此我想，那天我可能会坐在杰奎琳身边呢。然而这些梦想都被古巴导弹危机无情地击碎了。1962 年 10 月 20 日，约翰·肯尼迪总统发表了全国讲话。没有人会愿意一个人收听这种讲话。我紧张不安地跑到了多蒂家里，通过他们家那台屏幕较大的电视机收看肯尼迪发表演讲。演讲还没结束，我就明白了，形势原来如此严峻，因此我所期待的那个在政治上无关紧要的国宴肯定要被取消了。肯尼迪总统的注意力必定会集中到这些问题上来：面对美国对古巴的封锁，苏联是否会发动袭击。如果苏联发动袭击，那么核战争就迫在眉睫了。

保罗·多蒂，他是沃森在哈佛大学时的导师和支持者

在那之后的几天里，我开始担心自己是否能够顺利地在一个月之内抵达斯德哥尔摩。苏联可能会封锁柏林。令我感到高兴的是，不到一个月，尼基塔·赫鲁晓夫（Nikita Khrushchew）就让步了。但重新为卢森堡大公夫人安排国宴已经来不及了，不过，白宫方面仍然希望我在国宴上露面，于是邀请我参加 12 月举行的欢迎智利总统的午宴。收到白宫的来信时，我感到异常兴奋，但当我打开信封时心立刻凉了下来，因为午宴的日期与诺贝尔奖颁奖周相冲突。我只有寄希望于白宫以后举行国宴时仍会为我留一个席位。然而人都是健忘的，等新的一年到来后，我可能就不再是一个名人了。

在诺贝尔奖宣布前几个月，我就已经安排好要到芝加哥大学去一趟。但现在，这次旅行却在一夜之间变成了一个新闻事件，我还得见缝插针地到以前上学的小学、初中和高中去走走。那天与我一起到霍勒斯曼小学（Horace Mann Grammar School）故地重游的还有格雷塔·布朗（Greta Brown），我在 5 岁到 15 岁期间在那里上学，而布朗在那里担任校长一职。此前，布朗已经写了一封热情洋溢的信给我，回忆了我当年观察鸟类的情景，并为我人缘极佳的母亲在世时未能分享我成功的喜悦而感到难过。那天，我在母校讲演时，礼堂里坐满了人。站在讲台上，我又看到了公共事业振兴署留下的那些漂亮的大壁画。第二天，《芝加哥每日新闻》上的大标题“英雄归来”差不多占了整整一个版面，报道中还引用了一个老师对我的回忆：“我记得他个子很小，但是求知欲极其旺盛。”后来，在南岸高中（South Shore High School），我又对着更多的听众发表了一次演讲，听众中有我以前的生物老师多萝西·李（Dorothy Lee）。在高二的时候，她给了我非常多的鼓励。

沃森在给霍勒斯曼小学的学生进行讲演

隔天，我乘坐飞机前往旧金山，到斯坦福大学发表科学演讲。随后，我又横渡海湾去到加州大学伯克利分校，与唐·格拉泽（Don Glaser）和邦妮·格拉泽（Bonnie Glaser）小聚。两年前，唐·格拉泽因为发明了气泡室而获得了诺贝尔物理学奖，他和邦妮·格拉泽原本已经定好了婚期，但为了能够以夫妻身份到斯德哥尔摩领奖，他们把婚期提前了。在写给我的贺信中，邦妮鼓励我去追求一位瑞典公主，她相中的是德西蕾公主（Desiree）。邦妮说，这位公主身材姣好、容貌俏丽，而且比她的两个姐姐更有内涵。既然谈到了这些，我就给他们讲了我收到的另一封来自加州理工学院一个朋友——著名物理学家理查德·费曼的贺信，他也提出了同样的建议，而且加了一句揶揄的话："在那里，沃森邂逅了一位美丽的公主，从此他们永远幸福快乐地生活在了一起。"[⑨]

WESTERN UNION
TELEGRAM
W. P. MARSHALL, PRESIDENT
CLASS OF SERVICE
This is a fast message unless its deferred character is indicated by the proper symbol.
SYMBOLS
DL=Day Letter
NL=Night Letter
LT=International Letter Telegram
SF-1201 (4-60)
The filing time shown in the date line on domestic telegrams is LOCAL TIME at point of origin. Time of receipt is LOCAL TIME at point of destination

233P EDT OCT 19 62 BA2 12 0B262
O PNB047 PD PASADENA CALIF 19 1036A PDT
DR JAMES D WATSON, BIOLOBY DEPT
HARVARD UNIVERSITY CAMBRIDGE MASS
AND THERE HE MET THE BEAUTIFUL PRINCESS AND THEY LIVED HAPPILY
EVER AFTER
GLY.

理查德·费曼发给沃森的贺电

⑨理查德·费曼在发给沃森的贺电中的签名是"Gly"，这是"glycine"（甘氨酸）的简称，也是费曼在"RNA 领带俱乐部"中的昵称。

回到哈佛大学后，我大部分时间都花在了准备诺贝尔奖获奖演说上。威尔金斯将讲述的是他如何在伦敦国王学院的实验室里通过实验证实了双螺旋结构，克里克将集中讲解遗传密码，而我讲的是 RNA 在蛋白质合成中的作用。令我感到高兴的是，我过去 5 年在哈佛大学做的研究，恰恰与将要讲的内容对应。那时，我已经在普莱诗剑桥分店买好了出席颁奖典礼时必须要用的一整套白色行头。普莱诗开在纽黑文的第一家店，一直是耶鲁大学学生定制礼服的首选。来到哈佛不久，我就开始在普莱诗开在奥伯恩山街的分店定制服装，很少有服装适合我皮包骨头的身材，普莱诗品牌的服装恰恰是其中之一。也许是感觉到了我自命不凡的气质，那里的店员还鼓动如簧之舌，很容易就说服我又买了一件毛皮领黑色大衣，他们说它最适合于一些庄重的场合。

沃森、沃森父亲和伊丽莎白的合影出现在了斯堪的纳维亚航空公司的宣传册上

12 月 4 日午后，我妹妹到了纽约与父亲和我会合，准备一起搭乘斯堪的纳维亚航空公司的航班。根据计划，我们途中将在哥本哈根逗留两个晚上，见一见我和伊丽莎白在 20 世纪 50 年代早期住在那里时认识的几个朋友。但在越过大西洋之后，飞行员却发现哥本哈根完全被大雾笼罩住了，根本无法降落，于

是我们比原定日期提前两天到达了斯德哥尔摩。过海关的时候，我们享受到了外交代表团的礼遇，一辆豪华汽车把我们送到了格兰德旅馆。这家旅馆位于瑞典王宫正对面，建于 1874 年，从王宫那边看这家旅馆，可以看出我的房间是整个旅馆最好的房间之一。在旅馆里休息了一会后，午餐时间到了，我和父亲、妹妹一起去吃自助餐，那里有大量的鲱鱼。卡伊・法尔克曼（Kai Falkman）也和我们一起用餐，他是一位年轻有为的瑞典外交官，将陪同我们参加诺贝尔奖颁奖周的每一项活动。[10]卡伊告诉我们，四位瑞典公主中最年轻的克里斯蒂娜（Christina）现在还在读高中，待高中毕业后，她可能会去美国一所大学上一年学，而且多半是哈佛大学。于是我顺势承诺，如果她需要，我随时都可以给她讲讲哈佛大学的事情，例如，解释一下拉德克利夫学院与哈佛大学究竟有什么关系。

颁奖周的第一个正式活动是诺贝尔基金会在瑞典科学院图书馆为本年度所有获奖者举行的招待会。在招待会上，最令人瞩目的人物是约翰・斯坦贝克，他在当天早上刚刚赶到瑞典。尽管他一直渴望获奖，但紧张却盖过了一切，他一直在为第二天晚上的诺贝尔奖获奖演说发愁。威廉・福克纳（William Faulkner）1950 年的获奖演说实在太精彩了，人们至今记忆犹新。斯坦贝克感受到了大家的期望所带来的压力。那天晚上，他和妻子与瑞典文学界名流一起共进晚餐，我则与其他获得科学奖的科学家一起去了优雅的海军军官俱乐部消遣，地点就在斯德哥尔摩港。

第二天上午，所有获奖者都要到音乐厅参加彩排，练习当天晚上应该怎样接受国王颁奖。我偷偷地注意了一下这座音乐厅的整体状况。与大多数人一样，我也是第一次经历这种必须穿白礼服、打白领结的场面，所以不得不时刻注意自己的形象。下午 3 时 45 分，伊丽莎白、父亲和我离开了旅馆，我有充裕的时间到后台与其他获奖者一起准备。4 时 30 分，号角齐鸣，司仪宣布国王和王后大驾光临，他们由其他王室成员陪同，在斯德哥尔摩爱乐乐团演奏的王室赞歌声中款款行至高台前排就座。接着号角再次鸣响，肯德鲁、佩鲁茨、克里克、威尔金斯、约翰・斯坦贝克和我走入场内，坐在靠近前台的座位上。

每个人在接受国王颁奖之前，都有一名德高望重的学者用瑞典语宣读他的学术成就。为了让我们知道每位演讲者的演说内容，他们演讲的内容都已

[10] 卡伊・法尔克曼后来成为一名出色的外交官和作家。他为联合国秘书长达格・哈马舍尔德（Dag Hammarskfold）撰写的传记非常出名。达格・哈马舍尔德在 1961 年因飞机失事遇难，被追授诺贝尔和平奖（只有和平奖才可以追授，而在 1974 年后，和平奖与其他奖项一样也不得追授了）。法卡克曼还是一个非常出色的俳句诗人，曾经担任瑞典俳句协会主席。

沃森在瑞典斯德哥尔摩街上接受非正式采访

经被提前翻译好并分发给了我们。最后，国王把每个获奖者各不相同的赞辞和用真皮装饰的金质奖章颁发给我们，同时也把支票递给了我们，上面写着每个人应得的奖金数额。从音乐厅出来，我们直接来到了斯德哥尔摩市政厅，这是一座建成于 20 世纪 30 年代的华美建筑。诺贝尔奖晚宴将在这里举行。市政厅里放着一张很大的长桌，它几乎与这座建筑物的拱形天花板一样长，所有获奖者和他们的配偶、王室成员以及外交使团成员都围坐在这张长桌边上。在桌子的正中央位置，国王和王后相对而坐，我的位置在王后旁边，而肯德鲁、佩鲁茨、克里克、威尔金斯和约翰·斯坦贝克座位旁，分别坐着各位公主。我与威尔金斯的太太和约翰·斯坦贝克的太太不时交谈着。隔桌交谈实在是太困难了，一方面因为桌子实在太宽，另一方面整个金色大厅内有 800 多人，他们喝了酒后在酒精的刺激下喧哗异常。在晚宴过程中，诺贝尔基金会主席阿恩·提塞留斯（Arne Tiselius）不时提议我们向国王和王后敬酒。随后，国王提议大家静默一分钟来纪念阿尔弗雷德·诺贝尔（Alfred Nobel），感谢他的慷慨和博爱。

获奖者就座，左起依次为：斯坦贝克、威尔金斯、沃森和克里克

奥迪尔以及她的女儿加布里埃尔·克里克

沃森从瑞典国王古斯塔夫六世·阿道夫（King Gustaf VI Adolf）手中接过奖章、奖金支票和获奖证书

在金色大厅举行的晚宴，克里克位于这张照片的中央

饭后的甜点一用完，约翰·斯坦贝克立即登上了那个可以俯视整个大厅的大讲台发表获奖演说。他在演说中强调，在与软弱和绝望的永无穷期的抗争中，人心和精神有着难以想象的伟大力量。而在他传递的我们必须直面人类困境的信息背后，冷战和核武器的阴影若隐若现。他说，人类已经接过了神圣的权柄："既然我们已经拥有了神一般的力量，我们就必须在自己的内心深处，寻找我们以前只有在向神灵祈求后才能获得的那种责任感和智慧。"最后，他将《福音书》的作者圣约翰说的话重新表述，作为他演讲的结语："最终，一切都将归结为言语，言语即是人，言语与人同在。"

我变得越来越紧张，已经无法集中注意力听斯坦贝克的演说了，因为再过几分钟，我也要站到那个讲台上，代表克里克、威尔金斯和我自己发表演说。[11]我希望自己的即席演说能够说出一些新意，不至于成为陈词滥调。一直到我演讲完毕，回到座位上坐定后，我才如释重负。我知道，我所说的一切

[11] 沃森代表克里克、威尔金斯和他自己在晚宴上发表演说，他的演说稿是在下榻的格兰德旅馆的信笺上写成的。

约翰·斯坦贝克在发表诺贝尔奖获奖演说，瑞典国王也在侧耳倾听

都是从内心深处讲出来的。对于演讲的最后几句，我自己觉得很满意，我希望它们能够产生像约翰·肯尼迪的演说那样特有的韵律。克里克善解人意地将他的桌牌推到了我面前，背面写着：“你说得比我好多了。”我终于可以放松心情听约翰·肯德鲁表达他的喜悦之情了，他说，他是我们这个5人团队中的一员，过去15年来，大家一起工作、一起讨论，然后又在同一个好日子来到了斯德哥尔摩。肯德鲁的演说结束后，派对移到舞池里继续进行，许多人开始翩翩起舞，他们大多是卡罗林斯卡医学院的学生，而且全都戴着白领结，穿着燕尾服。

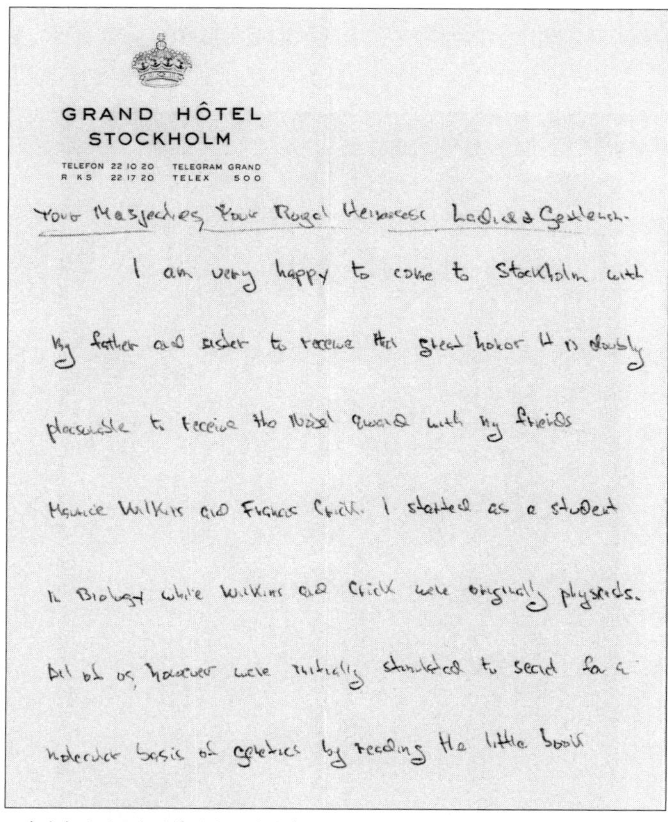

GRAND HÔTEL
STOCKHOLM

TELEFON 22 10 20 TELEGRAM GRAND
R KS 22 17 20 TELEX 500

Your Majesties, Your Royal Highnesses, Ladies & Gentlemen.

I am very happy to come to Stockholm with
my father and sister to receive this great honor. It is doubly
pleasurable to receive the Nobel award with my friends
Maurice Wilkins and Francis Crick. I started as a student
in Biology while Wilkins and Crick were originally physicists.
All of us, however were initially stimulated to search for a
molecular basis of genetics by reading the little book

沃森准备的诺贝尔奖获奖演说稿的第1页

第二天早上快到中午的时候，各科学奖获得者被要求发表正式的诺贝尔奖获奖演说。克里克、威尔金斯和我每人各讲 30 分钟。听众大多数是科学家同行，不过在这种场合，他们通常不会提问。那天晚上 7 点 30 分时我一个人去了王宫，参加第二次王室招待会，遗憾的是，我还是没有被安排坐在某位公主身边。

翌日，我要到美国大使的官邸吃午饭，在那之前，我先去了瓦伦伯格家族的瑞典私人银行（Enskilda Bank），把我的 85 739 瑞典克朗的预付奖金支票兑换成了大约 16 500 美元。此前，在诺贝尔基金会总部，我拿到了一枚铜质奖章，它是金质诺贝尔奖章的复制品，我可以放心地把它放在我的书桌上。以前曾经发生过金质诺贝尔奖章被盗的事件，因此他们敦促我把金质奖章保存在银行的

晚宴结束后，克里克与女儿加布里埃尔一起跳舞

保险柜里。在主办方那里保存了数百张那几天拍摄的颁奖活动的照片，只要我告诉他们想要哪张，他们就会冲印出来送给我。我一眼就看到了上面有克里克和德西蕾公主的那一张：在晚宴上，他们就坐在我对面。

美国驻瑞典大使詹姆斯·格雷厄姆·帕森斯（James.Graham Parsons）站在门口欢迎我，他举止优雅得体，丝毫看不出“鹰派”的影子。据说，就是因为这种“鹰派”作风，导致他最近被排挤出了美国东南亚问题决策者的行列。[12]大使馆的二号人物托马斯·恩德斯（Thomas Enders）也站在那里欢迎我们。我借机问他，他与哈佛大学医学院脊髓灰质炎专家约翰·恩德斯（John Enders）是不是本家。原来这位恩德斯正是那位诺贝尔奖得主的侄子。[13]

根据惯例，诺贝尔颁奖周在圣露西亚节（Saint Lucia's Day）结束。[14]那天早上，与其他获奖者一样，我也被一个身着白袍，头戴点着蜡烛王冠的女子叫醒了，她还在唱着那不勒斯赞美诗。我有些奇怪，后来才得知，这是瑞典圣露西亚节长期以来的保留节目，也是它的特色。那天下午，我父亲启程前往巴黎，他将在那里小住一个星期。我和伊丽莎白则又穿上了正式服装，准备参加瑞典医学学会举办的圣露西亚节舞会。晚餐时候的主菜竟然是驯鹿肉。后来，我们的派对变成了私人小组聚会，于是我就抓住机会向埃伦·胡尔特（Ellen Huldt）大献殷勤，她是卡罗林斯卡医学院的一个女生，很漂亮，有着一头黑发。我向

Stockholm den 10 dec 1962 Kr. 85 739 öre 88

Stockholms Enskilda Bank

KUNGSTRÄDGÅRDSGATAN 8, STOCKHOLM

1401

BETALT

12 DEC 1962

STOCKHOLMS ENSKILDA BANK

09-10054-8

Check till

Professor J. D. Watson

eller order

Kronor Nobelstiftelsen 85739 KR. 88 ÖRE öre

NOBELSTIFTELSEN

B. Tiselius

№ 416954

沃森的那张面额为 85 739 瑞典克朗的支票，由斯德哥尔摩私人银行兑付

[12] 詹姆斯·格雷厄姆·帕森斯是一位职业外交家，他曾经担任美国驻老挝大使，并曾出任主管东亚和太平洋事务的助理国务卿。他主张支持蒋介石，遏制共产主义。1961 年，帕森斯出任美国驻瑞典大使。

[13] 约翰·富兰克林·恩德斯（John Franklin Enders）与弗雷德里克·罗宾斯（Frederick Robbins）和托马斯·韦勒（Thomas Weller）获得了 1954 年的诺贝尔生理学或医学奖。他的主要贡献是开发了可用于培育脊髓灰质炎病毒的技术，最终促成了索尔克脊髓灰质炎疫苗的出现。

[14] 圣露西亚是一个基督教殉难者，其生卒年份大约为 283—304 年。圣露西亚节是每年的 12 月 13 日，瑞典人在这个节日的传统习俗——在一名头戴蜡烛冠的年轻女子带领下游行——始于 18 世纪。

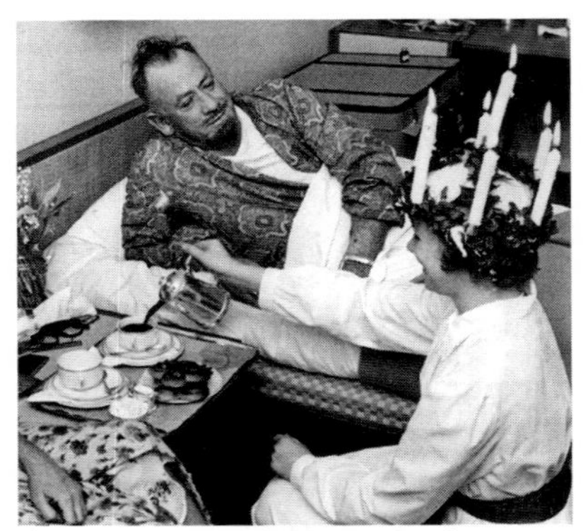
清晨，圣露西亚女孩在为斯坦贝克服务

她发出了邀约，想要第二天晚上与她共进晚餐。

在乘坐出租车去接埃伦前，我给普西校长写了一封信，告诉他那天下午我到王宫去见了克里斯蒂娜公主。在卡伊·法尔克曼的陪同下，我走进了一个私人客厅，与克里斯蒂娜和她的母亲西比拉（Sibylla）见面。我们喝了茶，用了点心。我告诉她们，我非常喜欢教哈佛大学和拉德克利夫学院那些朝气蓬勃的学生，我让西比拉放心，她的女儿肯定可以在拉德克利夫学院度过愉快的一年。在瑞典的最后一个晚上，我与约翰·斯坦贝克和他的太太一起去拜访了他们的艺术家朋友艾莎·贝斯蔻（Elsa Beskow）。在她那些以蓝色调为主的半写实主义画作中，我看中了一幅名为《芭蕾学校》（*Ballet School*）的作品。而它的价格也在我已经大为改善的经济承受范围内，于是我就买了下来，并请画家寄到哈佛大学。这幅画后来在哈佛大学的生物学实验室图书馆中挂了很久。[15]

[15] 艾莎·贝斯蔻是一位瑞典画家和作家。她曾应达格·哈马舍尔德的邀请，在纽约联合国总部的默思室画了一幅壁画。

附录 1 最早描述 DNA 模型的两封信

本附录包括了最早描述 DNA 模型的两封信，分别出自沃森和克里克之手。

沃森在发现 DNA 双螺旋结构 15 年之后才开始动手撰写《双螺旋》一书，他在写作过程中利用了许多当年留下的信件。在他重构旧日场景时（既包括科学探索方面，也包括其他方面），这些信件起到了很大的作用。在剑桥大学时，沃森每个星期都要给自己的妹妹伊丽莎白写信；回到美国后，他也经常写信给他的父母。这些都是家信，沃森从来没有在这些家信中浓墨重彩地描述过自己从事的科学研究工作。虽然他偶尔也会提到自己在烟草花叶病毒研究中取得的成功，也提到过他与比尔·海斯在细菌遗传学方面的工作，但关于他在 DNA 领域的研究，几乎从来没有涉及。

相比之下，沃森写给科学界同行的信，例如写给德尔布吕克、马勒和卢里亚的信虽然不多，却包含了很多与他从事的科学研究工作相关的内容。我们在这里附上的是沃森于 1953 年 3 月 12 日写给德尔布吕克的一封信。在这封信中，沃森介绍了双螺旋结构的主要特点，而且附上了碱基对的示意图。在一定意义上，这封信可以说是对他们的发现的一个技术性概述，里面出现了很多术语，例如，“残基每 3.4 纳米旋转”“从立体化学角度考虑”“我们选择了酮式而不是烯醇式”。显然，它是专为科学家写的。

而克里克这封信的收信人背景与德尔布吕克截然不同。克里克的信写给了儿子迈克尔·克里克，迈克尔当时还不满 13 周岁。克里克这封信写于 1953 年 3 月 15 日，它的开头是这样的：“沃森和我很可能有了一个最重要的发现”，接着克里克说，他们发现的 DNA 结构“非常美妙”。为了说明 DNA 结构，这封信里面包括了不少示意图，虽然克里克说“我可能画得不够好”，但信中对这个重要发现的解释简洁明了，很适合一个 13 岁的孩子理解。从这封信来看，克里克虽然是一位慈父，但对孩子的要求也相当严格，他告诫迈克尔：“你得认真细致地读这封信，要真正理解它的内容。”

19 Portugal Place
Cambridge.
19 March '53

My Dear Michael,

Jim Watson and I have probably made a most important discovery. We have built a model for the structure of des-oxy-ribose-nucleic-acid (read it carefully) called D.N.A. for short. You may remember that the genes of the chromosomes – which carry the hereditary factors – are made up of protein and D.N.A.

Our structure is very beautiful. D.N.A. can be thought of roughly as a very long chain with flat bits ~~bits~~ sticking out. The flat ~~bits~~ bits are called the "bases". The formula is rather

克里克写给儿子迈克尔的信，写于 1953 年 3 月 15 日

(2)

like this

Sugar — base
|
phosphorus
|
Sugar — base
|
phosphorus
|
Sugar — base
|
phosphorus
|
Sugar — base
:
and so on.

Now we have two ~~one~~ of these chains winding round each other – each one is a helix – and the chain, made up of sugar and phosphorus, is on the outside, and the bases are all on the inside. I can't draw it very well, but it looks

克里克写给儿子迈克尔的信，写于 1953 年 3 月 15 日（续）

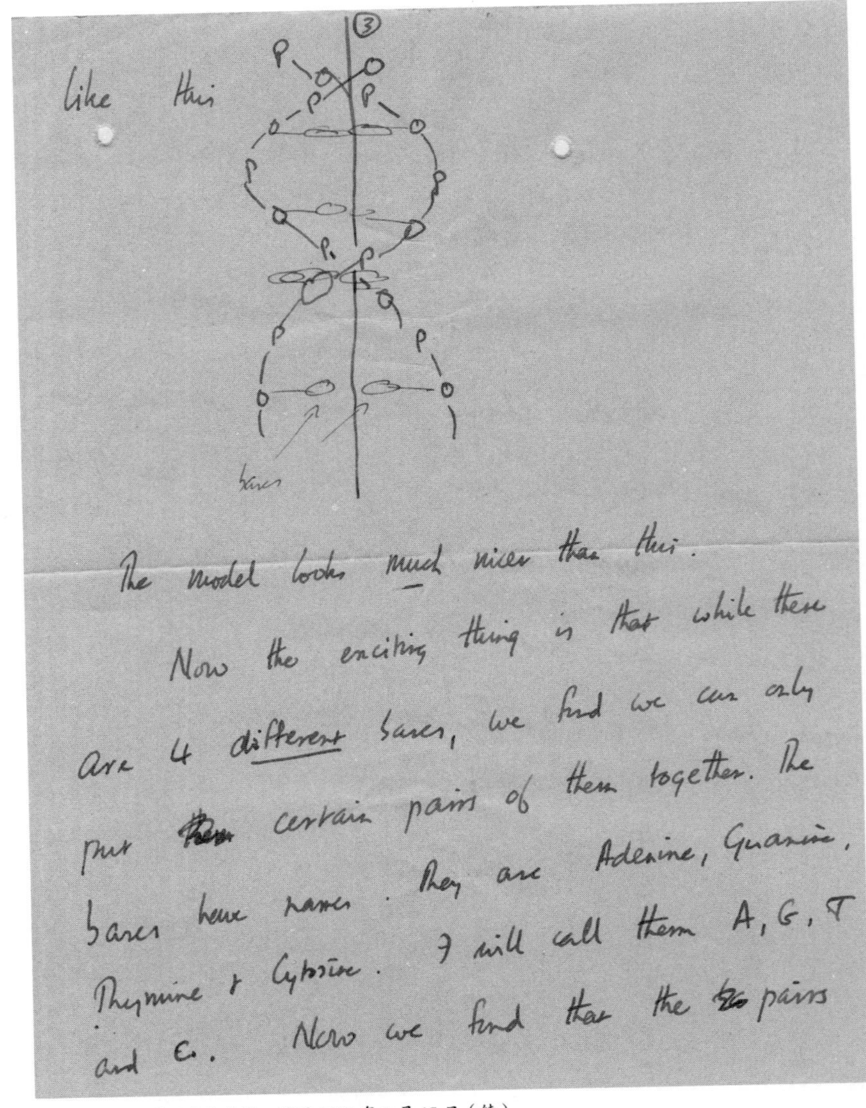

③

like this

The model looks much nicer than this.

Now the exciting thing is that while there are 4 different bases, we find we can only put ~~them~~ certain pairs of them together. The bases have names. They are Adenine, Guanine, Thymine & Cytosine. I will call them A, G, T and C. Now we find that the ~~tw~~ pairs

克里克写给儿子迈克尔的信，写于1953年3月15日（续）

④

We can make – which have one base from one chain joined to one base from another – are

only A with T

and G with C.

Now on one chain, as far as we can see, one can have the bases in any order, but if their order is fixed, then the order on the other chain is also fixed. For example, suppose the first chain goes ↓ then the second must go

A — T
T — A
C — G
A — T
G — C
T — A
T — A

克里克写给儿子迈克尔的信，写于 1953 年 3 月 15 日（续）

⑤

It is like a code. If you are given one set of letters you can write down the others.

Now we believe that the D.N.A. is a code. That is, the order of the bases (the letters) makes one gene different from another gene (just as one page of print is different from another). You can now see how Nature makes copies of the genes. Because if the two chains unwind into two separate chains, and if each chain then makes another chain come together on it, then because A always goes with T, and G with C, we shall get two copies where

克里克写给儿子迈克尔的信，写于 1953 年 3 月 15 日（续）

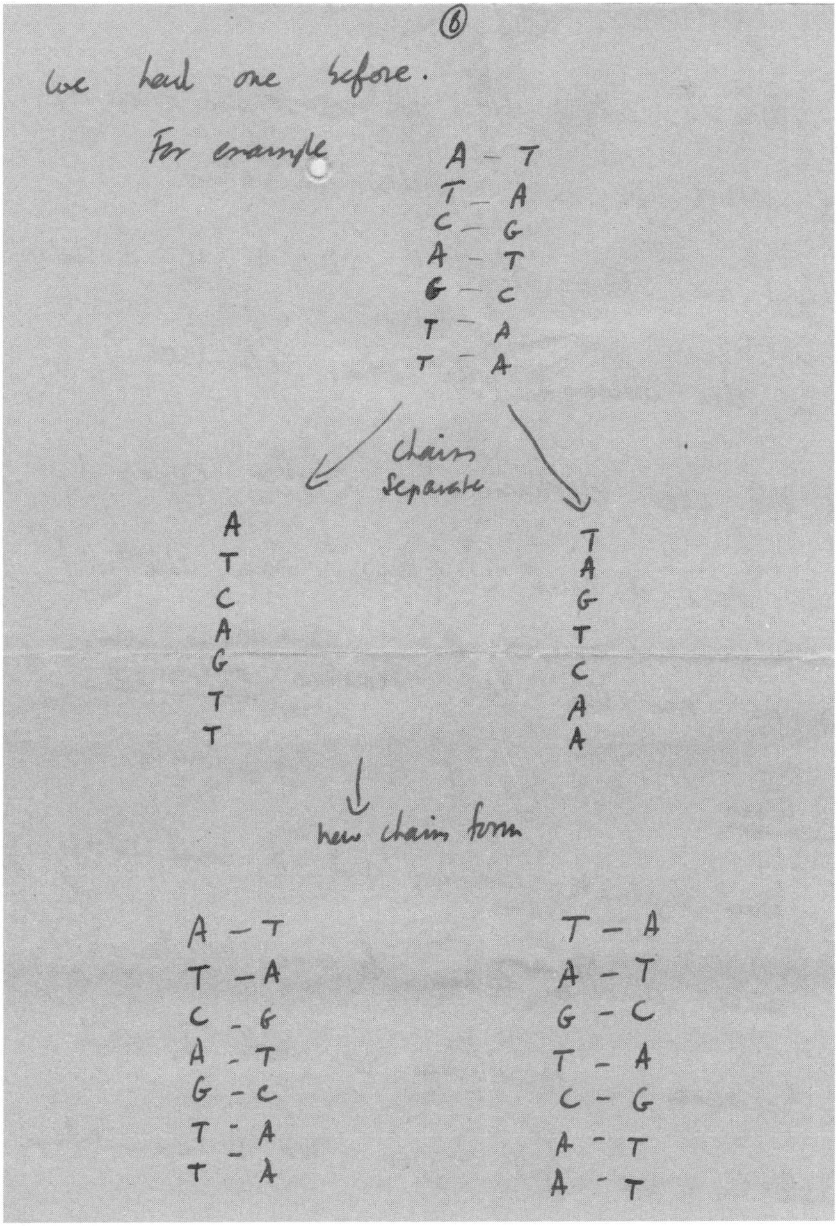

⑥

we had one before.

For example

A – T
T – A
C – G
A – T
G – C
T – A
T – A

chains separate

A
T
C
A
G
T
T

T
A
G
T
C
A
A

new chain form

A – T
T – A
C – G
A – T
G – C
T – A
T – A

T – A
A – T
G – C
T – A
C – G
A – T
A – T

克里克写给儿子迈克尔的信，写于 1953 年 3 月 15 日（续）

(7)

In other words we think we have found the basic copying mechanism by which life come from life. The beauty of our model is that the shape of it is such that only these pairs can go together, though they could pair up in other ways if they were floating about freely. You can understand that we are very excited. We have to have a letter off to Nature in a day or so.

Read this carefully so that you understand it. When you come home we will show you the model.

Lots of love,

Daddy.

克里克写给儿子迈克尔的信，写于 1953 年 3 月 15 日（续）

UNIVERSITY OF CAMBRIDGE DEPARTMENT OF PHYSICS

TELEPHONE
CAMBRIDGE 55478

CAVENDISH LABORATORY
FREE SCHOOL LANE
CAMBRIDGE

March 12, 1953

Dear Max

Thank you very much for your recent letters. We were quite interested in your account of the Pauling Seminar. The day following the arrival of your letter, I received a note from Pauling, mentioning that their model had been revised, and indicating interest in our model. We shall thus have to write him in the near future as to what we are doing. Until now we preferred not to write him since we did not want to commit ourselves until we were completely sure that all of the van der Waals contacts were correct and that ~~our~~ all aspects of our structure were stereochemically feasible. I believe now that we have made sure that our structure can be built and today we are laboriously calculating out exact atomic coordinates.

Our model (a joint project of Francis Crick and myself) bears no relationship to either the original or to the revised Pauling-Corey-Shoemaker models. It is a strange model and embodies several unusual features. However since DNA is an unusual substance we are not hesitant in being bold. The main features of the model are (1) The basic structure is helical – it consists of two intertwining helices – the core of the helix is occupied by the purine and pyrimidine bases – the phosphate groups are on the outside (2) the helices are not identical but complementary so that if one helix contains a purine base, the other helix contains a pyrimidine – this feature is a result of our attempt to make the residues equivalent and at the same time put the purines and pyrimidine bases in the center. The pairing of the purine with pyrimidine is very exact and dictated by their desire to form hydrogen bonds – Adenine will pair with Thymine while Guanine will always pair with Cytosine. For example

Adenine sugar

(next page)

沃森写给德尔布吕克的信，写于 1953 年 3 月 12 日

UNIVERSITY OF CAMBRIDGE DEPARTMENT OF PHYSICS

TELEPHONE
CAMBRIDGE 55478

CAVENDISH LABORATORY
FREE SCHOOL LANE
CAMBRIDGE

While my diagram is crude, in fact these pairs form 2 very nice hydrogen bonds in which all of the angles are exactly right. This pairing is based on the effective existence of only one out of the two possible tautomeric forms - in all cases we prefer the keto form over the enol, and the amino over the imino. This is a definitively an assumption but Jerry Donohue and Bill Cochran tell us that, for all organic molecules so far examined, ~~these~~ the keto and amino forms are present in preference to the enol and imino possibilities.

The model has been derived almost entirely from stereochemical considerations with the only x-ray consideration being the spacing between ~~of~~ the pair of bases 3.4A which was originally found by Astbury. It tends to build itself with approximately 10 residues per turn in 34 A. The screw is right handed.

The x-ray pattern approximately agrees with the model, but since the photographs available to us are poor and meagre (we have no photographs of our own and like Pauling must use Astbury's photographs) this agreement ~~an~~ in no way constitutes a proof of our model. We are certainly a long way from proving its correctness. To do this we must obtain collaboration from the group at Kings College London who possess very excellent photographs of a crystalline phase in addition to rather good photographs of a paracrystalline phase. Our model has been made in reference to the paracrystalline form and as yet we have no clear ideas as ~~to~~ to how these helices can

沃森写给德尔布吕克的信，写于 1953 年 3 月 12 日（续）

UNIVERSITY OF CAMBRIDGE DEPARTMENT OF PHYSICS

TELEPHONE
CAMBRIDGE 55478

CAVENDISH LABORATORY
FREE SCHOOL LANE
CAMBRIDGE

pack together to form the crystalline phase.

In the next day or so Crick and I shall send a note to Nature proposing our structure as a possible model, at the same time emphasizing its provisional nature and the lack of proof in its favor. Even if wrong I believe it to be interesting since it provides a concrete example of a structure composed of complementary chains. If by chance, it is right then I suspect we may be making a slight dent into the manner in which DNA can reproduce itself. For these reasons (in addition to many others) I prefer this type of model over Pauling's which if true would tell us next to nothing about manner of DNA reproduction.

I shall write you in a day or so about the recombination paper. Yesterday I received a very interesting note from Bill Hayes. I believe he is sending you a copy.

I have met Alfred Tissieres recently. He seems very nice. He speaks fondly of Pasadena and I suspect has not yet become accustomed to being a Fellow of Kings.

My regards to Manny

Jim

P.S. We would prefer your not mentioning this letter to Pauling. When our letter to Nature is completed we shall send him a copy. We should like to send him coordinates.

沃森写给德尔布吕克的信，写于 1953 年 3 月 12 日（续）

附录 2 第一版出版时被删掉的一章

本附录重印了《双螺旋》手稿中的一章。当年出版《双螺旋》一书时，这一章没有包括在内。它描述了沃森 1952 年夏天在意大利阿尔卑斯山区度假时的情景。从内容来看，它本应放在正式出版的《双螺旋》的第 19 章与第 20 章之间。不过，沃森在这次旅行中拍摄的一张照片已经收录在了当年出版的《双螺旋》中（即本书第 19 章结尾处附的那张照片）。

8 月份时，我停下了探索 DNA 的脚步，因为那时最吸引我的目标不是它。葆拉（Paula）是一个年轻的意大利女孩，住在意大利阿尔卑斯山区的凯里吉奥（Chiareggio）村。我是与乔・贝尔塔尼一起来到这个山村的。乔・贝尔塔尼是意大利人，在美国从事噬菌体研究，当时回欧洲来是因为要参加罗伊奥蒙特会议。每年 8 月，贝尔塔尼一家人都会到一个朴实无华的小酒店度假，今年他们特地留了一个房间给我。尽管一年前我曾经在那不勒斯住过两个月，但对于意大利几乎称得上一无所知。有了贝尔塔尼一家人，这些就不是问题了。在大多数日子里，乔和他的兄弟阿尔贝托（Alberto）都忙于和我一起登山。那附近有一条冰川，从一座俯瞰着凯里吉奥村的白色山峰倾泻而下。

自从第一次来到欧洲后，我就抛弃了欧洲人都喜欢美国人这种一厢情愿的想法。在欧洲的许多地方，不少我接触过的受过教育的人都有点担心：美国人的文化教养可能还不够高，还不能放心地将核武器交到美国人手中。他们在很多时候都会把这种担心表露出来。他们要先确保你不是一个普通的美国人，然后才愿意对你敞开心扉。不过，住在同一家酒店的那几个意大利中产阶级家庭很快就接受了我。他们眼中的美国人大方、勇敢，他们认为是美国人赶跑了德国人，而且美国人全都生活在一个机会多得令人难以置信的国家里。

那些天恰逢节日。中午，我们会喝一些当地出产的一种名为“地狱”的红酒；晚上，我们会喝乔的父母买来的泡沫异常丰富的意大利苏打白葡萄酒，幸亏有大量巧克力奶油蛋糕可以用于压胃，不然我可能会相当不适应。油腻的食物和大量葡萄酒看起来非常适合住在这个小酒店的大部分客人，因为他们都喜欢登山。早餐后，他们会慢悠悠地徒步到附近的一个补给站，那里有酒、意大利风干火腿、奶酪和水果等。午餐期间，他们就在那里观看配备了绳索等工具的专业登山者沿着裂缝从山顶上缓缓下行。而到了晚餐的时候，所有人都会脱下便于走山路的便服，换上需要佩戴领带的庄重礼服，但我是唯一的例外。幸运的是，没有人在意这一点。他们说，在美国登山时还要比这更加随意呢。

我还在不知不觉间变成了一个英雄。在当地，每逢星期日都有集市，出售各种各样的物品。我在集市上买了一把威力强大的水枪，并很快就利用它除掉了这个夏天影响我们住在这个酒店的最大“祸害”——一个非常不受人欢迎的客人带来的一只讨厌的小狗。在我采取措施之前，这只小狗已经给客人们造成了很大的烦恼，它经常不停地狂吠，尤其是在我们饭后喝咖啡时，它的滋扰更是令人不胜其烦。我在水枪里装入了一些廉价香水（同样是在集市上买来的），向这只小狗发动了猛烈攻击。很快，它就变得乖巧安静了。

阿尔贝托和我经常盯着葆拉看。她住在已出嫁的姐姐的一幢小房子里。每天她都会带着两个躺在婴儿车中的侄子，沿着村中唯一的街道散步，顺便买些面包和其他食物，有时一天要出来好几次。乔从来没有加入过我和阿尔贝托的行列，因为他认为葆拉并不漂亮，这令我们深感惊讶。乔是一个相当古板的人，他一直说只有我这种“科学家白痴”才会喜欢葆拉这种女孩儿，如果我听得懂葆拉的话，就会明白她不过是一个无可救药的“资产阶级分子”。但住在酒店中的其他客人并不认同乔的看法。相反，对于一个意大利女孩成了一个美国男子的梦中情人这件事，他们似乎乐见其成。

无论乔、阿尔贝托和我走在哪条路上，我都会想，如果此时此刻走在我身边的是葆拉该有多好。阿尔贝托经常邀请葆拉和我们一起出去游玩，几经努力之后，葆拉终于同意了。那天下午，葆拉、我、乔、阿尔贝托以及他们的朋友加布里埃拉（Gabriella）相约一起去登山。但事与愿违，从那天发生的事情来看，如果只有乔、阿尔贝托和加布里埃拉陪我，情况会好得多。无论是上山还是下山，

葆拉与加布里埃拉，摄于 1952 年

葆拉一直都很活跃，她一边咯咯笑着，一边在与加布里埃拉和阿尔贝托打闹，我却插不上一句话。深感挫败的我只得与乔在一旁讨论噬菌体。阿尔贝托还精心安排我和葆拉独处，可那几分钟更是彻头彻尾的失败。我与她之间只有尴尬的沉默，我间或憋出的一两句意大利语（那是我从一本为讲英语的游客准备的小册子中临时学来的），葆拉都无法理解。

因此我只得接受这样一个事实：我这个在山区长大的“女朋友”就是一个 16 岁的假小子，她的父母连让她好好穿上一件女孩子的衣服也很困难。葆拉在学校里学过两年英语，这点英语已经足够让她与我们在酒店大堂里说笑，或说与我们比赛谁先爬上酒店后面的山峰。在她和家人回米兰前的那个晚上，我们穿上正装，手牵着手在掌声中走进了一家餐厅，以此来“巩固我们的关系”。

最后，在一起分享了一个巨大的奶油蛋糕后，葆拉溜出去给我写了一张字条，将它与她的离别礼物一起送给了我。礼物盒非常大，而且包装得非常艳丽，但打开之后，我才发现礼物原来是一只硕大的发簪（是因为我的头发很长吗），大家看到后发出了一阵爆笑。然后，大家唱着歌举着蜡烛，在山村的小街上游行，庆祝我和葆拉终于“订婚”了。哀怨动人的意大利山歌一直持续到夜深人静。

几天后我就要回到炎热的波河流域了。然而就在下山前，我却在凯里吉奥村遇到了一个受过良好教育的英国女孩，因此，尽管满眼望去尽是群山，但我的思绪却飘回到了英国。这个女孩名叫希拉（Sheila），她的父亲是威尔士的工党议员吉姆·格里菲思（Jim Griffiths）。在她面前，我又可以用常见于《经济学人》和《新政治家》的那些词汇了。事实上，在我刚来凯里吉奥村时，我们就知道对方会讲英语，但直到我离开的前一天，我们都没有好好交谈过。那天下午，作为我即将结束假期离开这里的一个仪式，我来到了希拉住的那户人家，邀请她和我的朋友们一起分享意大利白葡萄酒和巧克力蛋糕。在喝了好多瓶酒之后，我那些醉意朦胧的朋友们拿起纸笔，在希拉的注视下，记下了我引以为豪的那场“大胜”——手持水枪战胜了狂吠的小狗。

终于，我的那些意大利朋友跌跌撞撞地爬上了床，我则拉着希拉的手回到了她住的小屋。在路上，需要去征服的那个世界突然浮现在了我的脑海中。布拉格爵士和富兰克林设置的障碍必须移除，不然就无法为下一代人开启生物学的新篇章。而玻尔、克里克和鲍林带给我的思绪则在我的脑袋里乱成了一锅粥，我一直在试图向他们解释，我已经只剩下 8 个月就 25 岁了。等到了那时，才想着要标新立异、特立独行就已经太老了。

附录 3 沃森与默克奖学金委员会的争执

沃森与默克奖学金委员会的争执比他在《双螺旋》一书披露的还要复杂得多。9 月初，沃森就已经到卡文迪许实验室参观过了，并且已经与布拉格爵士和佩鲁茨达成了协议：将在 10 月初正式加盟卡文迪许实验室。在此之后，他才写信给拉普，解释他为什么要转到剑桥大学（拉普当时负责监督美国国家研究委员会所管理的各种奖学金计划的实施）。我们现在只能看到这封信的一个没有标注日期的草稿，它应该是沃森在 1951 年 10 月初写的。在这封信中，沃森这样写道：

> 这项研究无论是对基因学家，还是对化学家都有着非常重要的意义，因为在目前，对核酸的生物学和生物化学研究，已经因如下事实遭遇到了严重的障碍：我们缺乏关于核酸结构的具体认识……我相信，如果我在下一个学术年度有机会到佩鲁茨博士的实验室研究和学习，那么我未来成为一名生物学家的前景将变得更加光明。

但是，在没有得到批准的情况下私自变更研究方向、改变研究机构是一种违规行为，沃森本人也承认这一点。他不想说的另一点是，在提出申请之前，他已经采取了实际行动。

卡尔卡非常热心地支持沃森的计划。1951 年 10 月 5 日，卡尔卡写信告诉美国国家研究委员会，他鼓励沃森（连同他的奖学金）在博士后研究第二年转到其他实验室。他强调，“……可以肯定的是，沃森的决定（在英国剑桥大学的马克斯·佩鲁茨博士的指导下学习）值得全力支持”。

10 月 5 日，沃森抵达了剑桥大学。他在 10 月 9 日写信给妹妹伊丽莎白说他已经住下来了，并且开始学习适应“……英国人的烹饪方法”。在写这封信之后，10 月 16 日（沃森在那天又给伊丽莎白写了一封信）之前，沃森收到了一封来自拉普的信，这是他没有预料到的。于是，在 10 月 16 日给伊丽莎白的信中，沃森写道：“……很显然，他们看完我的研究报告后，不明白为什么我想

Dear Dr. Lapp

I have just returned from a two and one half vacation to England and France during which time, I visited London, Cambridge, Edinburgh, and Paris. The weather was warm and sunny and provided a pleasant contrast to the wet and cold summer which Copenhagen has just experienced

I visited Cambridge in order to talk with Dr. M.F. Perutz of the Cavendish laboratory. Dr Perutz is currently studying the structure of proteins by means of x-ray diffraction patterns. In particular, he is testing the hypothesis proposed by Linus Pauling that the basic structure of most polypeptide chains is an internally hydrogen bonded helix with 3.7 amino acid residues per turn. Dr Perutz now believes that he has found a proof of the Pauling hypothesis with regard in certain globular proteins and is now engaged in testing this hypothesis upon synthetic polypeptides. I received the impression that the Cambridge group is quite optimistic about their ability to determine the precise structure of certain representative proteins and they hope in the near future to seriously attack the structure of nucleic acids.

This work should be of great importance to geneticists and biochemists since, at present, progress in the biology and biochemistry of nucleic acids is seriously limited by a lack of precise knowledge of the structure of nucleic acids. In fact, it is difficult to see how we can arrive at any satisfactory solution to the problem of the replication of macromolecules until we know their structure.

For this reason, I feel that my future role as a biologist would be greatly expanded if I could have the possibility of studying in Dr. Perutz's laboratory during the coming academic year. During this time, I would like to study both the theory and practice of x-ray diffraction work and if my studies are successful, attempt to study the structure of ribonucleic acid. One of the main benefits from such a year, should be a considerable increase in my facility with mathematical and physical ways of thinking.

I plan to return to Cambridge this coming week and will stay there for the remaining duration of my fellowship if the Merck Fellowship Board consents. I realize that it would have been more convenient for you if my decision could have been made earlier. I felt, however, that it would be wise to speak to Dr Perutz personally before deciding about the desirability of such a radical change in my type of research and study. I know that I should stay in Copenhagen until I hear from the Fellowship Board. Dr Perutz believes, however, that it would be desirable for me to arrive in Cambridge before the start of the Autumn term. I will naturally

沃森写给拉普的信（草稿），写于 1951 年 10 月离开。我将把这一问题留给卢里亚去解决。他支持我跟佩鲁茨学习，因此，我知道他会为我争取的。我不想再担心这个问题了。”

卢里亚确实在为沃森争取。10 月 18 日，卢里亚打电话给奖学金委员会新任主席保罗・韦斯，并于 10 月 20 日分别给韦斯和沃森写了一封信。在给沃森的信中，他告诉了沃森接下来应该怎么做。

首先，卢里亚表示他会告诉委员会，是他说服沃森去剑桥大学的。同时卢里亚也曾向沃森承诺，自己将出面去和奖学金委员会沟通，所以现在这种情况不能怪沃森，他会承担起责任来。其次，沃森必须说服奖学金委员会，他到剑桥大学后的研究工作与在哥本哈根时的研究工作密切相关，都是对病毒的研究。沃森应该说自己急于与肯德鲁和莫尔蒂诺研究所的罗伊・马卡姆设计一种研究病毒的新方法，因此才来到了剑桥大学，以此来说服韦斯，自己实际上并没有改变研究计划。马卡姆当时正在研究萝卜黄花叶病毒，找马卡姆当挡箭牌是一个好计谋。马卡姆也默许了，虽然他认为这是“……美国人不懂得如何正确行事的一个典型例子”。

卢里亚承认，这些手段绝对算不上光明磊落，因此，“……你一定要记住，我们正在做的事情确实有些不道德。英国人在这种问题上甚至可能比美国人还要古板。你一定不能让委员会知道你已经到了英国，这是关键”。

卢里亚于 10 月 20 日写给韦斯的信以对沃森的高度评价开头：“沃森是我和加州理工学院的德尔布吕克博士一直十分看重的一个青年才俊，我们把探索新的、出乎大多数人意料的方法，发现病毒增殖和生物大分子复制奥秘的希望都寄托在了这个大男孩身上。”

那么现在面临的这个问题怎么解决呢？对此，卢里亚写道：

> 我个人会承担责任，因为是我鼓励沃森做出了这种改变，而我也没能及时告诉委员会这样做的缘由。我现在写这封信，正是为了解决问题。如果可能的话，我想建议委员会重新考虑最近的决定。……他（沃森）的计划——我怀疑他没有以书面形式向委员会做出详细解释。沃森的计划包括两个方面，一是对病毒的生物化学研究，其思路与他在哥本哈根时的想法只是略微有所不同；二

> 是学习 X 射线衍射分析的理论和技术，并将之应用到对病毒的研究中去……肯德鲁很热心，他非常赞同沃森的计划。我们还考虑到了莫尔蒂诺研究所的病毒核蛋白专家罗伊·马卡姆博士可能发挥的作用……总而言之，我觉得沃森现在的计划并没有偏离太远，相反，它具有相当的可行性，对他未来成为一个有成就的生物学家大有裨益。

10 月 22 日，韦斯给沃森写了一封信，可能与他收到卢里亚来信是同一天。当然，这封信是寄到哥本哈根去的，因为它“应该”去那里。看起来，卢里亚的策略是有效的，因为韦斯在信中说，他认为沃森对分子结构的兴趣“与莫尔蒂诺研究所进行的病毒核蛋白研究正好契合，而且与他目前的研究思路也密切相关”。因此，韦斯要求沃森提供在莫尔蒂诺研究所进行研究和学习的计划的更多细节，并问他打算什么时候从哥本哈根动身前往英国。

之后，美国国家研究委员会与沃森之间还有一些书信往来，但现在已经找不到了。无论如何，沃森觉得沟通还算顺利。10 月 27 日，沃森写信给伊丽莎白说："我与美国国家研究委员会之间的问题差不多全解决了，这要感谢卢里亚的帮助。我相信我很快就会拿到奖学金。因此，虽然我现在很穷，但我精神上很富有。"

然而沃森不知道的是，正当他乐观地给伊丽莎白写信的时候，又一封来自韦斯的信已经在跨越大西洋来欧洲的路上了。这封信写于 10 月 26 日，不过沃森收到时已经是 11 月 13 日了，而且从沃森在 11 月 14 日写的回信来看，它不可能是一封友好的信。

在回信中，沃森承认，他已经到了剑桥大学，因为他认为“在委员会同意我们提出的那个合适的计划之前，最好还是留在剑桥大学，因为这里的学术气氛非常浓厚，特别能激发人的灵感”。沃森认为他和卢里亚制定的计划非常好："我相信，卢里亚博士已经说明过我们的理由了。我们认为，有充分的证据表明将最新的合成结构蛋白化学思想与现有的关于核酸结构的生物化学理论结合起来，将极大地推动病毒研究的发展。”沃森强调，这种结合只有在剑桥大学才有可能实现，因为莫尔蒂诺研究所的马卡姆是研究病毒的，同时卡文迪许实验室的佩鲁茨是研究结构的。沃森试图将这两者之间的联系凸显出来：

> 我希望我已经把现在提出的计划与一年前在申请奖学金时提出的计划之间的联系阐述清楚了。两个计划的目的都是探索病毒的复制机制，只是重点从代谢方法转移到了结构方法，原因是，我们相信，或者更确切的是我们强烈地预感到，关于核酸结构的知识可能会更直接地促进我们发现病毒的复制机制。

正如沃森在《双螺旋》一书中所说的，在这封信的最后他承认了自己的错误：

> 我必须为我第一次给您写信时的语无伦次道歉。我现在已经认识到，我当初提出的建议既不清楚也不及时。我也承认，我现在就到剑桥大学来是有些为时过早。我希望我未来的成就将证明目前的这种混乱是值得原谅的。

在 11 月 27 日写给美国国家研究委员会的信中，沃森又一次道歉，同时也为自己的行为再寻找理由。他这样写道，他原本以为韦斯已经同意他去卡文迪许实验室了，因此当拉普在 11 月 21 日的信中“……又反对我到剑桥大学工作……这使我非常震撼”。沃森说，他完全没有预料到“……奖学金委员会反对我离开哥本哈根，转入剑桥大学，因此，您对此事看得如此严重，也令我觉得惊讶”。

按照事先商定好的计划，沃森把责任推给了卢里亚：“我不是主动要求来这里的，是卢里亚博士建议我来的。”

尽管在《双螺旋》中沃森写道，他决定不提及卡尔卡婚姻触礁的事情，因为那不但“既失风度，而且也不必要”，但现在看来很有必要了，因为这是支持他转到剑桥大学的一个很重要的理由：“卡尔卡博士的科研工作因为他的婚姻问题而受到了严重制约，所以我在哥本哈根没有办法得到之前预期的鼓励和建议。”相比之下，在第一次到剑桥大学参观时，沃森就发现“……这里有许多年轻活跃的研究人员，这里的学术气氛非常浓厚，这些恰恰是哥本哈根所缺乏的”。

虽然不情愿，但是沃森不得不承认：“……从技术的角度来看，在没有得到批准之前我就来到了这里，确实违背了奖学金规则。”但是，沃森也为自己辩解了一番：“……我这样做，很明显与默克奖学金的宗旨相一致，我相信您会原谅我这种技术性违背规则的行为。”

第二天，沃森给伊丽莎白写信告诉了她最新的进展，他说自己仍然处在“水深火热当中”，因为保罗·韦斯认为沃森太自行其是，“……使他觉得自己受到了大大的冒犯”。沃森担心自己可能会失去奖学金，但是好在卡文迪许实验室会提供一些财务支持，因此“……应该可以生存下去”。

卢里亚和德尔布吕克也在继续为沃森争取，但直到 1952 年 1 月 11 日，沃森才从卢里亚那里得知，他的奖学金问题总算解决了。韦斯决定，既然沃森已经改变了研究项目和实验室，他的续期申请应作为新的申请来处理。在 1 月 28 日写给伊丽莎白的一封信中，沃森提及了这个决定的后果：默克奖学金委员会将授予他 8 个月的奖学金，另外四个月的奖学金则不再发放，以作为对他的惩罚。

沃森认为，这一切背后都是韦斯在作梗。他猜对了。3 月 16 日，奖学金委员会认定，沃森博士“擅自改变研究计划，已成既定事实，但出于对同胞经济困难的同情，委员会通过了由塔特姆（Tatum）博士提出、克拉克博士附议的提案，一致同意授予沃森博士 8 个月的奖学金以资助他在剑桥大学的工作，以取代原来取消奖学金的决定，这个决议由委员会主席（韦斯）负责执行”。

沃森与美国国家研究委员会的争执终于画上了一个句号，但他与韦斯的较量才刚刚开始。韦斯给沃森发了一封信，要求他参加一个在美国举行的会议。沃森对此事的反应如本书中所述，事实上，在给卢里亚的信中，沃森的反应还要强烈得多：

> 韦斯这封信与他上次说我不成熟的那封信形成了鲜明的对比。他要我在 6 月下旬回到美国并在一个研讨会上发言。这真是一封妙不可言的信。这个该死的混蛋。他想得倒美，在断绝了我的收入之后，还想要我乖乖跑回美国，让他来假惺惺地充好人！不过他这封信也给了我一个极好的机会，我大可以在回信中好好对他冷嘲热讽一番，但我还是忍住了。我写了一封很有礼貌的回信，说想继续留在剑桥大学工作，所以很遗憾不能返回美国。

卢里亚则回信说：“我认同你对韦斯的看法，不过，我没有你那么浓重的‘英国范’，我会叫他‘该死的混蛋养的（damn son-of-a-bitch）’,而不是‘可恶的家伙’（bloody bastard）。”

16 Mar '52

ADM: FELLOWSHIPS: Merck Fellowship Bd: Postdoctoral: Meetings: Minutes: Mar

NATIONAL RESEARCH COUNCIL
M E R C K F E L L O W S H I P B O A R D
Minutes of the Meeting
March 16, 1952

The meeting was called to order at 9:40 a.m., March 16, by the Chairman of the Board, Dr. Paul A. Weiss, in the Board Room of the National Research Council, Washington, D.C.

PRESENT: Members of the Board:

Dr. Paul A. Weiss, Chairman
Dr. Edward L. Tatum
Dr. Hans T. Clarke

Fellowship Office:

Dr. C. J. Lapp

Dr. Weiss appointed Dr. Clarke as pro tem member of the Board, since he was past chairman of the Board from its beginning.

The following Board members were absent: Dr. Carl F. Cori, Dr. Rene J. Dubos, Dr. John R. Johnson, and Dr. Carl F. Schmidt.

Dr. Lapp reported that there were 4 renewal applications:

Bogorad, Lawrence
Clayton, Roderick
Jagendorf, Andre
Thayer, Philip

Dr. Weiss made a report on the case of Dr. James D. Watson. Dr. Watson left Copenhagen where he was pursuing his fellowship and went to Cambridge to work on molecular structure analyses without knowledge or consent of the Board. His letter of appointment specifically says that his fellowship was given to study genetics (primarily) and biochemistry (secondarily) under Dr. Herman M. Kalckar, his scientific adviser, in the Institute for Cytophysiology, University of Copenhagen. In fairness to other applicants, major changes of study program and place must be considered competitively. The unauthorized change made by Dr. Watson being an accomplished fact, and in sympathetic consideration of the interests of the fellow, the Board on motion made by Dr. Tatum and seconded by Dr. Clarke, confirmed unanimously the interim action taken by the Chairman to substitute for the original cancelled fellowship renewal a fellowship of 8 months duration to work at Cambridge University.

美国国家研究委员会奖学金委员会 1952 年 3 月 16 日的会议记录

沃森和肯德鲁提交给默克奖学金委员会的最终报告是在1953年3月7日的一次会议上完成评审的。沃森的报告标题是《在剑桥大学莫尔蒂诺研究所的时光》（*Cambridge Period at the Molteno Institute*），他在报告中介绍了自己“在剑桥大学与弗朗西斯·克里克合作研究烟草花叶病毒结构”的情况。这份报告中根本没有提到DNA的事情。这是默克奖学金委员会和美国国家研究委员会的重大损失！如果不是韦斯的官僚主义做派，他们本可以宣称发现双螺旋结构是由他们的资助计划取得的重大成就。

肯德鲁向美国国家研究委员会提交的报告，极好地刻画了沃森的个性，并对沃森的科研能力做出了预见性的评估：

> 总的来说，我们认为沃森是我们实验室里最能激发他人思考的同事。他有无数深刻独到的原创性思想，而且能够提出极具创造性的方法对这些思想进行检验。他表现出了极其强大的解决问题的内驱力，尽管前方困难重重，他的目标却从未动摇。毫无疑问，沃森是个能力非常出众的科学家。

肯德鲁给出了以下“鉴定”：

> 沃森的成功应更多地归功于他在原创思想和实验设计方面的杰出天赋，而较少是因为他是一个执着而耐心的‘耕耘者’。他的弱点主要在于缺乏一定的系统和规则意识，使用物理仪器的能力也有所欠缺。

这使我们想起了克里克也曾开玩笑地提到过，他打算写一本《双螺旋》，而开篇第一句将是：“沃森的双手很笨拙，只要看看他剥橘子的样子，任何人就都能看出这一点了。”

肯德鲁最后说：

> 我要再重复一遍，沃森的科学研究能力已经达到了最高水平。如果像他这样水平高超的人能够留在我们实验室，作为我们的同事，我们将深感幸运。我相信，沃森是一个拥有根本性原创思想的人，他在科学界的前途无可限量。而只有那些真正具有独创性的人，才能成为科技进步的引领者。

附录 4《双螺旋》的写作与出版过程

在1968 年于英国出版的第一版《双螺旋》的封套上，科学家、社会活动家和小说家 C. P. 斯诺（C. P. Snow）写了如下推荐语："在文学史上，从来没有一本书能够像这本书这样，把创造性的科学如何发生的感觉真真切切地传递给阅读它的人。它将会为非科学界的读者打开一个全新的世界。"

5 年前，斯诺曾写信给弗朗西斯·克里克，敦促他以普通读者为对象写一本回忆发现 DNA 双螺旋结构过程的书。克里克在回信中表明，他对这样一本书很看好（"我认为写这样一本书的想法极好"），但是不知道怎样完成这样一本书更合适：

> 写这样一本书有两种方法，要么是由某一位科学家来写（您的建议就是如此）；要么是由作家来写，他可以先与所有有关的科学家谈一谈。我认为，最理想的人选就是你自己。

克里克接下来指出了由某位科学家来写这本书的困难之处：

> 至于我自己，我有点首鼠两端。关于我们如何发现 DNA 双螺旋结构的过程，我已经谈过好几次了。但是要把这个故事写出来，不仅仅涉及时间问题（写这样一本书肯定要花费很多时间），还涉及很多其他人（沃森、威尔金斯等），所有内容都必须经过核对，并得到他们的同意。因此，我不能违心地说自己很想写这样一本书。

克里克和斯诺不知情的是，沃森当时已经开始动笔写了，而且他这本书（即后来以《双螺旋》为名出版的这本书）的第一行已经写好并打算不再改动了："我从来没有看见弗朗西斯·克里克表现出过谦虚谨慎的态度。"这句话是前一年夏天他在位于伍兹霍尔的艾伯特·森特－乔尔吉的家中写下的。事实上，在发现 DNA 双螺旋结构后不久，沃森就已经考虑过写这样一本书了，但直到那年春天在纽约国宾大酒店（Ambassador Hotel）发表了一次演说后，这种冲动才终于转变成了实际行动。那一次，他代表自己和没能到场的克里克接受了一个奖项，在晚餐后发表演说时，以幽默和自嘲的口吻回忆了他们发现 DNA 的过程。正如他后来在回忆这个场景时所说："我的坦率令在场听众喜出望外，因此引发了多次哄堂大笑，结束后有听众称赞说，我的演说令他们有身临其境之感，似乎亲身经历了发现 DNA 的那个重大历史时刻。"沃森从来没有过克里克在给斯诺的信中表达的那些顾虑。恰恰相反，他认为自己应该以一种别出心裁的风格把这个故事写出来，这就是后来被杜鲁门・卡波特（Truman Capote）定义的"非虚构小说"风格。

然而，那一年沃森实在太过繁忙（他就是在那年获得诺贝尔生理学或医学奖的），只写了开头一章就搁下了，这一搁就是近一年时间。直到 1963 年夏天，沃森又提笔写了两三章。他当时正忙于他那本非常有影响的教科书《基因分子生物学》（*Molecular Biology of the Gene*）的定稿和出版事宜，因此《双螺旋》又被放到了一边，直到教科书的事情已有定案为止。剩下章节中的大部分内容是在 1965 年夏天完成的，当时沃森正在休假，他离开哈佛大学来到了剑桥大学，住在西德尼・布伦纳为他在国王学院安排的房子里。最后一些章节则是沃森在圣诞节期间在位于苏格兰卡罗代尔的米奇森家中完成的。沃森回到剑桥大学使得他可以就书中所述的许多细节与克里克当面核对。而且，这本书中的许多章节也是由克里克的秘书代为打字的。但克里克对这本书的心理却非常矛盾。

沃森最初为这本书定的书名是《诚实的吉姆》。这个书名源于 1955 年威利・西兹与沃森在阿尔卑斯山相遇时的一句话。不过，这个书名也可以说是在向金斯利・埃米斯（Kingsley Amis）的《幸运的吉姆》以及约瑟夫・康拉德（Joseph Conrad）的《吉姆老爷》致敬。这两本书中刻画的内容也反映在了沃森的书中，如第二次世界大战后英国学术界的氛围，而沃森在书中对人物的刻画，也有埃米斯笔下人物的影子。《诚实的吉姆》这个书名一直未变，直到最后出版时才被换成了《双螺旋》。而人们对沃森此书与艾米斯的《幸运的吉姆》的比附甚至已经延伸到了这样的程度：埃米斯对诗人菲利普・拉金（Philip Larkin）的长期情人莫妮卡・琼斯（Monica Jones）的描述，与沃森对罗莎琳德・富兰克林的描述颇有些相似之处。

最早关注到沃森此书的出版机构是霍顿·米夫林（Houghton Mifflin）出版公司，他们通过私人关系看到了部分手稿。但霍顿·米夫林出版公司的律师却透露，该公司对此书持怀疑态度，因为他们担心书中对克里克等人的描述可能会引发诉讼。沃森对这种说法嗤之以鼻，他说："在这种极端回避风险情绪的主导下，霍顿·米夫林公司很快就不敢继续出版罗杰·托里·彼得森（Roger Tory Peterson）的新版《鸟类图鉴》了。"而下一个出版机构——哈佛大学出版社看上去要可靠得多（至少在一开始的时候如此），其社长汤姆·威尔森（Tom Wilson）一看到这本书就立即喜欢上了它，而且他一直坚决支持哈佛大学出版社出版此书。

在得知哈佛大学出版社准备出版此书后不久，沃森前往伦敦邀请了彼得·鲍林和其他一些年轻的科学家，包括晶体学家托尼·诺思（Tony North），在位于多佛尔街闻名遐迩的惠勒鱼餐厅吃午饭。鲍林和其他人当时都在英国皇家学会工作，而英国皇家学会当时的主席正是劳伦斯·布拉格爵士（他于 1954 年离开了卡文迪许实验室）。酒过三巡，沃森把书稿给了在座的人看，并坦诚自己担心布拉格爵士会有所反应。这时，诺思提议为什么不干脆请布拉格爵士为此书写序呢？这确实是一个非常好的想法，但实施起来却有一定的困难。不过，几个月后，沃森还是找到了机会，决心鼓起勇气跟布拉格爵士说破此事，并请他为《诚实的吉姆》写序。

那段时间，沃森住在日内瓦，他特意分两次前往伦敦见布拉格爵士，第一次把《诚实的吉姆》的书稿拿给了他看，第二次则问他可不可以为此书写序。布拉格爵士在刚开始读的时候果然发火了，但在通读了全书并和他的妻子爱丽丝讨论后，他的情绪渐渐冷静了下来。慢慢地，布拉格爵士体会到了沃森这本书的价值。最终，他同意为它写序，甚至还开玩笑地说，他既然同意写序，那么以后就不能以诽谤的罪名起诉沃森了（这是一个传言，现已无法证实）！

说动布拉格爵士写序，对这本书来说意义之大无可估量。如果布拉格爵士没有为沃森写序，那么这本书无法出版的可能性就会大增。因为如果布拉格爵士不支持的话，他就很可能会站到克里克和威尔金斯那一边，即加入坚决反对此书出版的那些人的行列中去。当然，如果这本书无法出版，那么受到损失的肯定不只有沃森一人。接下来，我们就来看看克里克和威尔金斯为什么要反对这本书的出版，他们又是怎么反对的。

也是在差不多同一时期，沃森把完整的书稿发给了克里克并征求他的意见。在这个阶段，克里克的抱怨还主要集中在此书的内容是否完全符合事实，克里克的第一反应非常明确。他说（1966 年 3 月 31 日）："我只关注事实部分，但这并不意味着我同意书稿中的其他内容。沃森在书中对很多问题都给出了判断，但我认为有不少都是错误的，因此这不仅仅是一个严格意义上的事实问题。"

克里克此时的担忧还主要是书稿内容的准确性，原则上他并不反对将其出版。另外，克里克对书名也不甚满意。他觉得《诚实的吉姆》这种说法可能会给读者造成一个错误的印象，即沃森独自一人贡献了"诚实的真相"。但当沃森建议用《碱基对》来取代《诚实的吉姆》时，克里克的反对更加强烈了起来（1966 年 9 月 27 日）："我肯定，你会看到人们将把两个人等同于其中一个碱基对，我实在想不通，为什么我要允许这样一本把自己变成一个'碱基'的书出版。"事实上，颇具讽刺意味的是，面对这个更加糟糕的选择，克里克对《诚实的吉姆》的看法也变了："就个人而言，我认为《诚实的吉姆》是一个优秀的书名。我看不出你有什么理由不喜欢自己被称为'诚实的人'……你不用再想别的书名了，还是用原来的《诚实的吉姆》吧。"但出版机构对《诚实的吉姆》以及其他备选书名也不甚满意，最终，沃森同意采用这个没有什么明显感情色彩的《双螺旋》作为这本书的书名。

在距离发出上述讨论书名的信仅仅一个星期之后，克里克对此书的批评的性质就变得完全不同了。他不再关注书中的具体内容，而是从根本上反对这本书的出版。克里克的态度之所以会出现这种大转弯，无疑与莫里斯·威尔金斯有关。在看到沃森的书稿后，威尔金斯专程拜访了克里克。威尔金斯不但从一开始就坚持反对出版这本书，而且他还试图激发更多人的愤慨情绪，建立一个"反沃森"联合阵线。因此，在 1966 年 10 月 3 日，克里克再次给沃森写信：

> 我把你的书稿又看了一遍，与你在春天时给我的早前版本相比，因为有了足够的时间来思考整件事，我已经觉得没有那么多困扰了。我还与莫里斯·威尔金斯讨论过它。最终，我很不情愿地得出了这样一个结论，那就是我不能同

意出版它。我做出这个决定有两个方面的原因。第一个原因我已经告诉过你大概了。书中充斥了太多的流言蜚语，而知识含量却明显过低。第二个原因是，如你所知，过去几年来，我已经在很大程度上避免成为一个公众人物了。如果答应你出版这本书，那么我就再也无法退出公共生活了。

克里克在信中还诉说了许多其他的担忧和不满，最后，他还说出了这样一些话：

最后，我还要向你指出一点，你这本书不但不能促进科学的发展，反而可能会危害科学的发展，因为它将会成为一个最危险的先例。看了这本书后，人们在决定合作时肯定会踌躇起来：如果对合作历程的个人回忆日后可能会出版，那么在合作时就要三思而后行了。一直以来都有一种不成文的习惯，即不能鼓励科学家这样做，我认为这才是明智的。

我非常遗憾没有在一开始就表明坚决反对你出版这本书的立场。但我一直都在告诉你，从总体上说我并不喜欢这本书，因此也不愿意阅读它更早期的草稿。你在今年春天将书稿送给我的时候，恰恰是一个最不幸的时候：奥迪尔得了重病。我也不能与威尔金斯商量，因为那时你还没有将书稿给他看。现在，我已经和他讨论过事情的来龙去脉了，他也同意我的观点，即你这本书不应该出版。

我已经给哈佛大学出版社写了一封信(副本附后)，将我的意见告诉了他们，同时我也将这封信的复印件寄给了他们。我相信，你是一个足够理智的人，应该不会继续推进这本书的出版，尽管我知道这将令你相当失望。

几天后，沃森又收到了威尔金斯写的一封信。虽然威尔金斯的语气一如既往地吞吞吐吐，但终究还是明确表明了他坚持反对出版这本书的立场：

亲爱的沃森：

当我第一次听说你正在写《诚实的吉姆》一书时，我就非常怀疑这本书是否值得出版（见我写于 2 月 18 日的信）。当然，我满怀兴趣读完了它，并且试图搞清楚可以将它完善到何种程度。如今，看着这即将定稿的书稿，还有出版机构要求我签名同意的表格，我一次又一次回想了事情的来龙去脉，最终还

MEDICAL RESEARCH COUNCIL

BIOPHYSICS RESEARCH UNIT

Telephone:
TEMple Bar 8851

DEPARTMENT OF BIOPHYSICS,
KING'S COLLEGE,
26-29 DRURY LANE,
LONDON, W.C.2.

6th October 1966

Professor J.D.Watson,
Harvard University,
The Biological Laboratories,
16, Divinity Avenue,
Cambridge 38,
Mass., U.S.A.

Dear Jim,

When I first heard you were writing 'Honest Jim' I was very doubtful about the desirability of its being published (my letter of February 18th). I was, however, very interested to read it and to see to what extent modification might improve it. Now, faced with the semi-final draft and the publishers' form for signature, I have thought the whole matter over again and find myself taking the views I expressed in the beginning. To suggest that a book should be suppressed is something one does not like to do but I am oppressed by thoughts of the undesirable effects of publishing the book. It is, in my opinion, unfair to me, and this has made it more difficult to sort out my thoughts.

I am with you in being tired of polite covering-up and misleading inadequate pictures of how scientific research is done, but I think there is sense in the way scientific people — and academics generally — have tried to shield each other from vulgar gaze. With increasing interest in science there is going to be more and more pressure to take the lid off, but if the old conventions are to be replaced it is important to choose carefully how. There is already much spilling of beans in military memoirs and by lawyers, politicians and journalists, and confidential matters are revealed increasingly soon after important events. Some tendency this way is probably inevitable in the academic world but do we want to accelerate it? Because you are a scientist of the very highest standing, a book from you would be a sign to others to go ahead with accounts of their feelings and impressions concerning their work and collaborations. Meanwhile, scientific research becomes of increasing social importance and as a human activity badly needs scientific study —

威尔金斯写给沃森的信，写于1966年10月6日

- 2 -

in particular, the history of contemporary science needs developing. Clearly this needs to be done in a scholarly way. I think publication of your book would impede such development.

The book would present to non-scientists a distorted and unfavourable image of scientists. The DNA story is not typical of scientific discovery; for one thing it was unusually involved with personal difficulties. Most top scientists are fairly civilised, but your book, though you may not intend it, would give many people an impression of Francis as a feather-brained hyperthyroid, me an overgentlemanly mug and you an immature exhibitionist! This would not be fair to any of us or to scientists in general. I think you will agree that the barrier between arts and science is a bad thing and that there is real need to establish, in the intellectual and academic world, science as a cultural activity deserving respect. Most people realise that scientists have human failings like everyone else, and that scandal and intrigue is often present in their world, but I think your book overemphasises this. It would be undesirable too if you gave the impression you enjoyed revealing scandal.

The book is likely to arouse considerable interest and cause newspaper people, etc., to pester me to confirm or deny what you say. I do not want to be pestered and I do not want to be forced into a position where I might say that you were an eccentric who should not be taken seriously. Nor do I want to stand on one side while Rosalind is discredited. She was my colleague and, however just your account of her might be, I cannot approve its publication: she would certainly not if she were alive.

None of my objections applies to a thorough study of the whole history. If writing your book stimulates such study it will have been very worthwhile.

Yours Maurice

M.H.F.Wilkins

P.S. I enclose copy of my letter to H.O.P.

威尔金斯写给沃森的信，写于 1966 年 10 月 6 日（续）

> 是决定采取我在一开始就明确表达过的立场。禁止某本书出版这种想法不是我应该有的，但我还是对出版这本书可能会带来的不良影响深感忧虑。在我看来，这对我实在有些不公平，我已经更加难以理清自己的想法了。

在这封信的结尾，威尔金斯也表达了对隐私被公开的担心，并且也提到了克里克的立场。他说：

> 这本书可能会引发公众相当大的兴趣，并会导致新闻记者以及其他人来纠缠我，要我证实或否认你说的东西。我不想被人纠缠，也不希望被人挤兑到这样一个位置，即，我可能不得不说，你（沃森）是一个古怪的家伙，你说的话本来就不值得认真对待。我也不希望我袖手旁观，看着罗莎琳德名誉扫地。她是我的同事。无论如何，就凭你对她的描述，我就不同意出版这本书。如果她还活着的话，她也肯定不会同意的。

10 月 19 日，沃森给克里克回信说："收到你的来信，我当然非常失望……"在回应克里克关于他这本书只有八卦消息，没有什么科学内容的评价时，沃森写道："你批评我的书里包含了太多的流言蜚语，却没有给出足够多的科学知识，这种批评完全误解了我试图通过这本书实现的目标。我从来没有打算过将我的读者范围限定在科学史家。相反，我一直认为，重要的是在书中展现我、你、威尔金斯、富兰克林、布拉格爵士、鲍林以及彼得·鲍林等人的交往和互动是怎样联结成网，并最终编织成一个完整的发现双螺旋的故事。这才是一个好故事，是人们有兴趣、想知道的故事……终有一天，或许是你，或许是威尔金斯，或许是某个正在攻读科学史博士学位的研究生，会写出一本四平八稳的回顾发现 DNA 双螺旋结构历程的科学史著作。"沃森还试图用数字来打动克里克，他说，已经有 50 多人看过书稿了，他们都非常喜欢它，并认为应该尽快将它出版。最后，沃森敦促克里克尽快同意出版这本书。

自此之后，沃森和克里克的分歧迅速升级。克里克越来越愤怒，他先是写信给了哈佛大学出版社社长汤姆·威尔森，但是没有用，然后他又直接给哈佛大学校长内森·普西写了信，要求他出面阻止这本书的出版。

沃森则一直忙于根据收到的意见修改书稿，其中包括改正克里克较早时候指出的事实细节方面的错误。他还删除了一些可能会令人不快的短语，以及一些误传的遗闻逸事。此外，沃森还接受了哈佛大学出版社编辑乔伊斯·莱博维茨提出的一个非常有见地的建议，增加了一篇后记，主要用来说明罗莎琳德·富兰克林的事情。在后记中沃森指出，他这本书所记录的事件和人物全都定格在了 20 世纪 50 年代初，一个刚刚来到剑桥大学的年仅 23 岁的美国人的记忆中。他承认，这会导致读者对罗莎琳德·富兰克林留下偏颇的印象。而作为书中所涉及的众多人物中唯一已经去世的人，富兰克林无法为自己辩解，因此，沃森利用写后记的机会进行了澄清，并对她在英年早逝之前在烟草花叶病毒研究中取得的卓越成就表达了敬意。

但不管沃森怎样修改，克里克始终坚持反对出版这本书，因此沃森在 1966 年 11 月 23 日写了一封简短的信给克里克：

> 亲爱的弗朗西斯：
>
> 对于你对《诚实的吉姆》一书的莫大敌意，我始终无法理解。我们的卓有成效的、极其愉快的长期友谊即将以这种令人遗憾的方式告终，一想到这个，我就非常沮丧。你无论如何也不愿意让步，你还告诉我，这本书不但侵犯了你的隐私，而且口味低劣、文笔糟糕。但我却认为它是一本好书，丝毫没有伤害你的感情，也不会损害你的声誉，我不能接受你的要求。我真的非常遗憾，因为在大多数情况下，你的判断都很有道理，切中肯綮。
>
> 无论如何，在这个问题上，我不能遵照你的建议行事了。我很遗憾。
>
> 你最诚挚的 J. D. 沃森

沃森在这封信中明确表达了他的底线。他决定，就算克里克反对，也要坚持出版这本书。但事情并没有就此结束。

围绕着这件事，无数的信件在大西洋两岸穿梭往来。科学界的许多人都参加了讨论，大多数人都支持出版这本书。其中一些人，例如伯纳尔、乔治·克莱因、理查德·费曼以及约翰·马多克斯（John Maddox）都认为沃森这本书非同寻常，他们说它的价值不可掩盖，应该尽快出版（尽管他们也有一些担心和疑虑，例如，沃森自己在这本书中的形象）。莱纳斯·鲍林是在他儿子彼得那里看到书稿的，他虽然不太高兴，但没有做过任何试图阻止它出版的事情。沃森在哈佛大学的

HARVARD UNIVERSITY
THE BIOLOGICAL LABORATORIES
16 DIVINITY AVENUE
CAMBRIDGE, MASSACHUSETTS 02138

November 23, 1966

Dr. Francis Crick
M. R. C. Unit for Molecular Biology
The Medical School
Hills Road
Cambridge, England

Dear Francis:

I am troubled very much by your hostile reactions to "Honest Jim." The thought of our long, most productive, and thoroughly enjoyable friendship coming to an unnecessary end thoroughly depresses me. But you offer no possibility for compromise and tell me that the book is not only a stab-in-the-back invasion of your privacy but in bad taste and poorly written. But, as I think it is a good book and in no way harms you or your reputation, I can not bring myself to accept your request. I say this with much regret for on most occasions I have found yours judgments sensible and to the point.

But at this moment I regretfully cannot follow your counsel.

Yours sincerely,

J. D. Watson

JDW/evl

沃森写给克里克的信

一些声名卓著的同事，包括保罗·多蒂和约翰·埃兹尔（John Edsall），则直接卷入了争议，部分原因是因为克里克向普西校长写信的做法引起了他们的不满，他们都给克里克写信明确指出，虽然克里克的立场也有值得同情的地方，但于情于理都应该出版这本书。

多蒂在他写于1967年3月16日的信中指出，问题至少有一部分出在克里克当初一直没有表示反对出版，但到了很晚的时候却又突然改口。正如多蒂所指出的，一开始克里克“没有提出过严重的反对意见，反而一直显得很超脱、很有耐心的样子”。多蒂认为，现在手稿已经广泛传播开来了（而且几乎每个看过的人都同意应该出版），压制它即使不能说不恰当，至少也很尴尬。

埃兹尔则完全反对克里克的观点，即如果没有得到克里克的同意，沃森就不能出版这本书。埃兹尔认为，在发表科学论文的时候，合作者的同意必不可少，但回忆录不是科学论文，前述规则在这种情况下并不适用。

沃森则在担心：如果压力持续增大，那么一旦超过了某个临界点，哈佛大学出版社就只能放弃出版这本书了。他还担心布拉格爵士也可能后悔为它写了序言，如果哈佛大学出版社不能及时出版，那么就会为布拉格爵士提供撤回他的序言的机会。确实，布拉格爵士当时已经对围绕这本书的出版而展开的种种冲突觉得相当不满了，但他没有撤回对沃森的支持，布拉格爵士表示，只要沃森对书的正文进行适当的修改，他仍然愿意让沃森使用他的序言，前提是不能对序言进行大幅度修改。如前所述，沃森已经根据一些具体建议完成了书稿的修订，而且布拉格夫妇1967年4月刚好与约翰·肯德鲁在一起，因此在肯德鲁的帮助下，布拉格爵士也修改好了他写的序言。

1967年4月13日，克里克发动了最后一次“轰炸”，他给沃森写了一封长信，同时还把它的副本寄给了另外10个当时已经“卷入争端的当事人”：普西、布拉格爵士、威尔金斯、鲍林、威尔逊、埃兹尔、多蒂、肯德鲁、佩鲁茨和阿伦·克卢格。克里克在这封信中重申了他以前提出过的所有反对意见，他强调，这本书无论是作为历史还是作为自传来看，都是不适当的。他又一次指出，这本书忽略了重要的科学细节，却包括了许多与发现DNA双螺旋结构无关的“外围事件”（例如，沃森在卡罗代尔过圣诞节的情节）。他尤其反对的是，这本书把

BIRKBECK COLLEGE
(UNIVERSITY OF LONDON)
MALET STREET
W.C.1
LANGHAM 6622

DEPARTMENT OF CRYSTALLOGRAPHY
PROFESSOR J. D. BERNAL, M.A., F.R.S.

Dr. J. C. Kendrew, F.R.S.,
M.R.C. Laboratory of Molecular Biology,
Hills Road,
CAMBRIDGE.

20th December, 1966.

Dear Kendrew,

I have now read the book entitled Base Pairs by Watson. It is an astonishing production, I could not put it down. Considered as a novel of the history of science, as it should be written, it is unequalled. It is as exciting as Martin Arrowsmith but has the advantage of being about the history of a real and very important discovery. It raises many vital problems, not only about the structure of DNA but about the mechanism of scientific discovery which he shows up in a very bad light. I am astonished that it is allowed to be published. In England it would be libellous in many places, but I imagine U.S. laws are different.

As someone who comes into it by implication but not directly - I never met Watson before the discovery but if I had I could have told him quite a lot - what impressed me most is that he did not know, and apparently never tried to find out, what had been done already in the subject. He is particularly unfair on the contribution of Rosalind Franklin and does not mention her projection of the helical DNA structure showing the external position of the phosphate groups. I need not mention the complete absence of a reference to the work of Furberg which contains all the answers to the structure except one vital one - the double character of the chain and the hydrogen bond base pair linkage. Effectively, all the essentials of the structure were present in Astbury's original studies, including the negative birefringence and the 3.4 Å piling of the base groups. I should add in my own defence that my weakness was in what he calls the English habit of respect for other peoples work. There was a tacit understanding. I dealt with biological crystalline substances and Astbury dealt with messy substances. Nucleic acids came clearly in the second category. It was not that I considered them unimportant but it was not my responsibility. I was certainly wrong in this. Astbury was quite clearly incapable of working out the structure. The genetic importance of DNA was apparent to me long before from the work of Caspersson which, Watson hardly mentions. Watson and Crick did a magnificent job but in the process were forced to make enormous mistakes which they had the skill to correct in time. The whole thing is a disgraceful exposure of the stupidity of great scientific discoveries. My verdict would be the lines of Hilaire Belloc'

"And is it true? It is not true!
And if it was it wouldn't do."

伯纳尔在写给肯德鲁的信中评论了沃森的书稿

Dr. J. C. Kendrew, F.R.S.   20th December, 1966.

I am sure this publication of Base Pairs will cause a lot of heart-burnings in scientific circles and particularly in England but it makes very good reading and I think it would make an even better film because it is so alive and dramatic.

I will keep it for another few days and then will send it back to you. There is a page missing and another illegibly copied.

I enjoyed our conversation the other day very much.

Yours sincerely,

J.D. Bernal

J. D. Bernal.

伯纳尔在写给肯德鲁的信中评论了沃森的书稿（续）

他心目中的“科学发现史以八卦新闻的形式呈现给了读者”：

> 任何有知识内涵的东西，包括那些对我们的发现至关重要的事情，都被一带而过或干脆遗漏掉了。你的历史观相当于面向低下阶层的女性杂志的历史观。

克里克也反对把这本书看作自传，因为自传必须以准确性和有品位为前提。他也反驳了其他人支持出版这本书的理由（包括来自多蒂和埃兹尔等“辩护方”的论点）。克里克甚至声称沃森这种做法等于是在羞辱他自己，试图以此来打消沃森出版这本书的念头：

> 我认为，你根本不知道别人会从这本书中看到什么。看到你收录在书中的这些照片，某个心理医生很可能会说，这个作者肯定是一个痛恨女人的人。在

from JOHN C. KENDREW, *The Guildhall*, 4 *Church Lane*, *Linton*, *Cambridgeshire*
Linton 545

23.4.67

Congratulations on becoming an Hon Fellow & hope we shall see you here soon to enjoy it.

Francis showed me his last salvo to you about Honest J. – my impression is that he is now giving up the struggle. I had the Braggs staying & helped him re-draft the Introduction. Hope all now straightforward.

In haste
J

肯德鲁在写给沃森的明信片中说，可以帮助布拉格爵士重写推荐序

> 读了这本《诚实的吉姆》之后，另一个心理医生可能会说，这本书中最强烈的感情就是你对你妹妹的爱。事实上，当你在剑桥大学的时候，许多朋友也讨论过这些情况。但是他们都很克制，从来没有写下来过。但现在，既然你自己都写出来了，我就怀疑别人会不会继续保持克制。

整个事件的高潮出现了，哈佛大学决定学校出版社不能出版这本书，因为它已经造成了“科学界”的分裂。哈佛大学出版社社长汤姆·威尔森那个时候正在准备跳槽，加入一家新成立的名为“阿森纽”（Atheneum，意为“雅典”）的商业出版机构，他决定把《诚实的吉姆》这本书带到他的新东家去出版。这令沃森和哈佛大学都大大松了一口气。

然而，阿森纽出版公司的律师也担心这本书可能会因诽谤罪被起诉，他们

MEDICAL RESEARCH COUNCIL

Telephone :
Cambridge 48011

LABORATORY OF MOLECULAR BIOLOGY,
UNIVERSITY POSTGRADUATE MEDICAL SCHOOL,
HILLS ROAD,
CAMBRIDGE.

13th April 1967.

Dr J.D. Watson,
Harvard University Biological
Laboratories,
16 Divinity Avenue,
Cambridge, Mass. 02139,
U.S.A.

Dear Jim,

The new version of Honest Jim is naturally a little better, but my basic objections to it remain the same as before. They are:

I. The book is not a history of the discovery of DNA, as you claim in the preface. Instead it is a fragment of your autobiography which covers the period when you worked on DNA.

I do not see how anybody can seriously dispute this, for the following reasons:-

a) Important scientific considerations, which concerned you at the time, are omitted. For example the work of Furberg, which established the relative configuration of the sugar and the base. There are many other examples.

b) Such scientific details that are mentioned are referred to rather than described. For example, you do not explain exactly why you got the water content of DNA wrong, nor make it clear that if there had been so little water electrostatic forces were bound to predominate. You do not mention that Pauling worked from an old X-ray picture of Astbury's which had both the A and B pictures on the same photograph. There are many other examples.

c) The thread of the argument is often lost beneath the mass of personal details. For example I asked both Bragg and Doty the following question. "Since we had realized that 1:1

克里克写给沃森的信，第 1 页

- 2 -

Dr J.D. Watson. 13th April 1967.

base ratios mean that the bases went together in pairs why did we not immediately use this idea when we started model building the second time?" Neither could give the correct answer.

d) No attempt is made to ask or answer questions which would interest the historian (such as the one above). For example, the advantages or disadvantages of collaboration, or when the structure would have been solved if we had not solved it. Nothing is said about the importance of the MRC, nor why they decided to finance "biophysics" after the war.

e) Gossip is preferred to scientific considerations. For example, you explain how Bragg and I had a misunderstanding but you omit to say what the scientific issue was.

f) Much of the gossip and even some of the science is irrelevant to a history of DNA. For example, your work on TMV and bacterial genetics is only of marginal importance to the main theme. Whole chapters, such as Chapter 15 on your visit to Carradale, are irrelevant as far as DNA is concerned. Even when personal matters should be mentioned they are described in quite unnecessary detail.

g) Absolutely no attempt is made to document your assertions, many of which are not completely accurate because of your faulty memory. You have not troubled to consult documents which you could easily lay your hands on, nor have you made available to others the documents you yourself have, such as the letters you wrote at the time to your mother, which are in fact not even mentioned in the book. Dates are given in the book only very casually.

It is thus absolutely clear that your book is not history as normally understood. However once it is realized that it is not history but a part of your autobiography many of the points made above become irrelevant. Unfortunately you yourself claim it as history, and the misguided but worthy people who are supporting you in publishing it also use this as their major excuse for publication.

Should you persist in regarding your book as history I should add that it shows such a naive and egotistical view of the subject as to be scarcely credible. Anything which concerns you and your reactions, apparently, is historically relevant, and anything else is thought not to matter. In particular the history

克里克写给沃森的信，第 2 页

- 6 -

Dr J.D. Watson. 13th April 1967.

There is no reason why your book, as it stands, should not be made available to selected scholars, provided any documents you may have (such as your letters to your mother) which bear on the subject are also made available at the same time.

My objection, in short, is to the widespread dissemination of a book which grossly invades my privacy, and I have yet to hear an argument which adequately excuses such a violation of friendship. If you publish your book now, in the teeth of my opposition, history will condemn you, for the reasons set out in this letter.

I have written separately to Wilson pointing out several cases of factual errors in your latest draft. I enclose a copy of my letter to him.

Yours sincerely,

Francis

F.H.C. Crick.

Copies to: President Pusey.
Sir Lawrence Bragg.
M.H.F. Wilkins.
L. Pauling.
T.J. Wilson.
J.T. Edsall.
P. Doty.
J.C. Kendrew.
M.F. Perutz.
A. Klug.

克里克写给沃森的信，第 6 页

希望沃森对它的内容和表达形式进行进一步修改。他们的建议全都是“纯技术性”的，琐碎得令人恼火。例如，他们建议将“我从来没有看见弗朗西斯·克里克表现出过谦虚谨慎的态度”这一句，改为从法律上看可辩护性更高的“我永远都不记得，我曾经看见弗朗西斯·克里克表现出过谦虚谨慎的态度”。

沃森忍无可忍，最终不得不请著名的言论自由律师伊弗雷姆·伦敦（Ephraim London）出面说服阿森纽出版公司，《双螺旋》不构成对任何人的诽谤。事实也正是如此。

在这本书的单行本在美国出版前不久，它已经在《大西洋月刊》1968 年的 1 月号和 2 月号上连载完毕了。它的英国版（由怀登菲尔德和尼科尔森出版公司出版）面世的时间稍晚一些，部分原因是因为沃森要求把原来的封底毁掉重做（原来的封底上有一句话涉及克里克："你知道吗？有个诺贝尔奖得主讲话时声音极高，以至于听众们会觉得耳朵嗡嗡作响。"）。

这本书是"献给娜奥米·米奇森"的，对此，她非常高兴（娜奥米投桃报李，她后来也把自己写的科幻小说《解决方案三》"献给詹姆斯·D. 沃森，他是第一个提出这种可怕想法的人"）。在见到《双螺旋》成书后，娜奥米第一时间写信给沃森：

> 亲爱的沃森：
>
> 看到你的《诚实的吉姆》终于出版了，我非常高兴（我认为现在的书名更明确、更浪漫一些，它听上去有点像凯尔特人的童话）。我已经看到了很多评论，包括发表在《新科学家》杂志上面的那篇。我真的觉得你的这本书也是我的孩子。
>
> 还有一件非常奇怪的事情，这本书竟然使我的孙子格雷姆（Graeme）放弃了拓扑学，转而跟随布伦纳去学了生物学（你发给我第一稿时他就读过了）。无论怎么说这本书都是一个非常大的突破，你做了一件从来没有人做过的事情。也许你以后都写不出这样的作品了，不过那也不要紧，毕竟你这一次已经做到了。
>
> 我也希望你和克里克马上停止战斗。你们两个似乎都有点傻气。这个世界上有那么多需要你们去抗争的东西，争这份闲气干什么呢？我知道克里克是一个很不错的人，也很体谅人，他一定会想明白的。
>
> 现在，卡罗代尔的暖气已经很足了……毯子下面也安装了增温的设备，所

以你来这里的话，只管舒舒服服地躺着就行了……

爱你，同时也很感激你——你把这本书献给我，着实令我有些受宠若惊呢！

娜奥米

《双螺旋》甫一出版，评论就铺天盖地而来——无论是在大众媒体上，还是在专业杂志上。彼得·梅达沃（Peter Medawar）和雅各布·布洛夫斯基（Jacob Bronowski）等学界名流都对它赞不绝口。当然，正如本书附录 5 所表明的，并不是所有的评论都是很正面的。绝大多数书评都收录在了诺顿出版社出版的评述版《双螺旋》中。

这里面比较突出的一篇负面评价来自埃尔文·查加夫，他在《科学》杂志上发表了一篇书评（查加夫不允许诺顿出版社将他的书评收录在评述版《双螺旋》中，但本书附录 5 转载了这篇书评）。查加夫在书评中声称，佩鲁茨给沃森和克里克看的英国医学研究理事会的报告是保密的，因此佩鲁茨犯了一个严重的错误。而佩鲁茨、威尔金斯和沃森也给《科学》杂志写信，对查加夫的指责进行了回应，这些也收录在了本书附录 5 中。

《双螺旋》终于出版了，克里克又有什么反应呢？他很快就将自己先前情绪激烈的反对意见撇到了一边。他与沃森的友谊经受住了考验。1969 年夏天，沃森和他的新婚妻子来到了剑桥大学与克里克夫妇小聚。1972 年，克里克甚至同意在 BBC 拍摄的纪录片《DNA 双螺旋结构的发现》中出镜。他和沃森两人一起到当年在剑桥大学时常去的地方故地重游（其中也包括老鹰酒吧），讲述他们发现 DNA 奥秘的故事。在这部纪录片中，克里克多次引用了沃森的这本《双螺旋》。两年后，作为发现 DNA 双螺旋结构 21 周年纪念活动的一部分，克里克在《自然》杂志上发表了一篇文章，开心地拿《双螺旋》一书的行文风格开玩笑："我也曾经打算写一本书。虽然我得承认我只是确定了它的书名(《松动的螺丝》)，不过，它的第一句我早就已经写好了，我相信它肯定能吸引读者的目光（'沃森的双手很笨拙，只要看看他剥橘子的样子，任何人就都能看出这一点了。'），但最终我还是没有兴趣写下去。"

后来，克里克还是出版了一本回忆录回顾自己的学术生涯，命名为《疯狂的探索》（*What Mad Pursuit*）。在这本书中，有一章专门讨论那些与 DNA 结构发现有关的书籍和电影，克里克对《双螺旋》是这样评论的：

> 我记得沃森在写这本书的时候，他曾经把其中的一章读给我听（当时我们正在哈佛广场附近的一家小餐馆吃饭）。我发现，对于他所叙述的东西，我很难认真对待。我问自己："到底有谁会想读这样的东西呢？"我真的不知道。多年来，一直专注于解决分子生物学领域的难题，我的心灵在一定程度上已经被禁锢在象牙塔中了。由于我遇到的人都只关心学术问题，所以我也就'理所当然'地假设其他人也都是这样的。当然，我现在对世事已经有了更多的了解。对于一个普通人来说，只要一件事情与他比较熟悉或有所了解的其他东西相关，他就可能会对这件事情产生兴趣，尽管他所掌握的科学知识可能无法保证他真正理解这件事情。说到底，人类行为变幻莫测的特性，几乎是每个人都熟悉的。因此，人们发现，欣赏和体会与竞争、挫折和仇恨有关的故事，要比学习和领会科学发现的细节轻松得多、有意思得多，尤其是当这样的故事发生在拉帮结派、勾搭外国女孩以及相互争雄斗胜的场景中时。
>
> 我现在明白了，沃森的写作技巧是何等的高明。他不仅使《双螺旋》这本书读起来像一本侦探小说（许多人都告诉我，他们一捧起它就无法释手），而且还不动声色地把数量多得惊人的大量科学知识囊括在了这本书当中，虽然他不得不把数学推理部分排除在外。

《双螺旋》一经出版就成了畅销书。虽然从未登顶，但它曾经连续 16 周雄踞《纽约时报》畅销书排行榜。它的总销量很快就超过了 100 万册，还被翻译成了 20 多种语言流传到了全世界。以下两个榜单，充分展现了它的价值和重要意义：在现代文库评选出的"20 世纪最佳非虚构类图书"中，它排在了第 7 位；在美国国会图书馆于 2012 年选出的"88 本改变美国的书"中，它赫然在列。

附录 5 查加夫的书评及相关争论

前一个附录描述了《双螺旋》一书在出版过程中引发的种种争论。事实上，这些争论在一定程度上促使了这本书成为 1968 年最受关注的图书之一。事实也正是如此，《双螺旋》出版之后，性质截然不同的各种媒体，如英国的《每日邮报》、美国的《芝加哥太阳报》，还有《科学》杂志等都在第一时间发表了书评。

而且，正如冈瑟·斯腾特所述，人们对《双螺旋》一书的评价也是千差万别的。对于沃森描述的研究方法，有人奉为圭臬，有人却不屑一顾；对于沃森对自己的描写，有人叹为观止，有人却嗤之以鼻。关于这本书的文学价值也众说纷纭，有人吹捧说沃森可以得诺贝尔文学奖了，有人则谴责它所描述的无非是一些鸡毛蒜皮的小事。关于这本书的销路，有人说它必将登上畅销书榜，有人则说它将无人问津。

冈瑟·斯腾特没有转载埃尔文·查加夫在《科学》杂志上发表的对《双螺旋》的书评，本附录则收录了这篇书评，同时还收录了佩鲁茨、威尔金斯和沃森对它的回应。查加夫本人也出现在了《双螺旋》一书中，他对这本书的苛责可能与这个事实有关。

查加夫在他的书评中严厉指责说，有些当代科学家强烈的成名欲望已经损坏了科学研究事业的崇高声誉。他说，沃森这本书中描述的那些知识英雄，“……是科学家中的‘新人类’，在科学研究成为一个常见的职业之前，这种类型的科学家是不可想象的……他们的话语受大众媒体的影响，并构成了大众媒体粗俗用语的一部分。”查加夫还写道，据他所知：“……将今时今日的科学研究降格为一场体育比赛，这种离谱的作品还从来没有出现过。”

这本书的独特风格也没有给查加夫留下什么好印象。他说，它“……根本不能与斯特恩式（Sterne）的饶舌散文相提并论。斯特恩给读者奉上的是璀璨的香槟酒花”，而沃森端上来的却最多不过是苏打水气泡。事实上，查加夫认定《双螺旋》的风格是“尼克博克式”的——尼克博克是赫斯特报业集团专写八卦新闻的专栏作家的笔名。

Book Reviews

A Quick Climb Up Mount Olympus

The Double Helix. A Personal Account of the Discovery of the Structure of DNA. JAMES D. WATSON. Atheneum, New York, 1968. xvi + 238 pp., illus. $5.95.

Unfortunately, I hear it very often said of a scientist, "He's got charisma." What is meant by "charisma" is not easy to say. It seems to refer to some sort of ambrosial body odor: an emanation that can be recognized most easily by the fact that "charismatic" individuals expect to be paid at least two-ninths more than the rest, unless Schweitzer or Einstein chairs are available. But what does one do if two men share one charisma?

This would certainly seem to be the case with the two who popularized base-pairing in DNA and conceived the celebrated structural model that has become the emblem of a new science, molecular biology. This model furnishes the title of this "personal account," and Watson describes it, without undue modesty, as "perhaps the most famous event in biology since Darwin's book." Whether Gregor Mendel's ghost concurred in this rodomontade is not stated. The book as a whole testifies, however, to a regrettable degree of strand separation which one would not have thought possible between heavenly twins; for what is Castor without Pollux?

This is the beginning of chapter 1 of Watson's book:

> I have never seen Francis Crick in a modest mood. Perhaps in other company he is that way, but I have never had reason so to judge him. It has nothing to do with his present fame. Already he is much talked about, usually with reverence, and someday he may be considered in the category of Rutherford or Bohr. But this was not true when, in the fall of 1951, I came to the Cavendish Laboratory of Cambridge University. . . .

As we read on, the impression grows that we are being taken on a sentimental journey; and if the book lacks the champagne sparkle of Sterne's garrulous prose, it bubbles at least like soda water: a beverage that some people are reported to like more than others. The patter is maintained throughout, and habitual readers of gossip columns will like the book immensely: it is a sort of molecular Cholly Knickerbocker. They will be happy to hear all about the marital difficulties of one distinguished scientist (p. 26), the kissing habits of another (p. 66), or the stomach troubles of a third (p. 136). The names are preserved for posterity; only I have omitted them here. Do you wish to accompany the founders of a new science as they run after the "Cambridge popsies"? Or do you want to share with them an important truth? "An important truth was slowly entering my head: a scientist's life might be interesting socially as well as intellectually."

In a foreword to Watson's book Sir Lawrence Bragg praises its "Pepys-like frankness," omitting the not inconsiderable fact that Pepys did not publish his diaries; they were first printed more than a hundred years after his death. Reticence has not been absent from the minds of many as they set out to write accounts of their lives. Thus Edward Gibbon, starting his memoirs:

> My own amusement is my motive and will be my reward; and, if these sheets are communicated to some discreet and indulgent friends, they will be secreted from the public eye till the author shall be removed beyond the reach of criticism or ridicule.

But less discreet contemporaries would probably have been delighted had there been a book in which Galilei said nasty things about Kepler. Most things in Watson's book are, of course, not exactly nasty—except perhaps the treatment accorded the late Rosalind Franklin—and some are quite funny, for instance, the description of Sir Lawrence's futile attempts to escape Crick's armor-piercing voice and laughter. It is a great pity that the double helix was not discovered ten years earlier: some of the episodes could have been brought to the screen splendidly by the Marx brothers.

As we read about John and Peter, Francis and Herman, Rosy, Odile, Elizabeth, Linus, and Max and Maurice, we may often get the impression that we are made to look through a keyhole at scenes with which we have no business. This is perhaps unavoidable in an autobiography; but then the intensity of vision must redeem the banality of content. This requirement can hardly be said to be met by Watson's book, which may, however, have a strong coterie appeal, as our sciences are dominated more than ever by multiple cliques. Some of those will undoubtedly be interested in a book in which so many names, and usually first names, appear that are known to them.

This is then a scientific autobiography; and to the extent that it is nothing else, it belongs to a most awkward literary genre. If the difficulties facing a man trying to record his life are great—and few have overcome them successfully—they are compounded in the case of scientists, of whom many lead monotonous and uneventful lives and who, besides, often do not know how to write. Though I have no profound knowledge of this field, most scientific autobiographies that I have seen give me the impression of having been written for the remainder tables of the bookstores, reaching them almost before they are published. There are, of course, exceptions; but even Darwin and his circle come to life much more convincingly in Mrs. Raverat's charming recollections of a Cambridge childhood than in his own autobiography, remarkable a book though it is. When Darwin, hypochondriacally wrapped in his shivering plaid, wrote his memoirs, he was in the last years of his life. This touches on another characteristic facet: scientists write their life's history usually after they have retired from active life, in the solemn moment when they feel that they have not much else to say. This is what makes these books so sad to read: the eagerness has gone; the beaverness remains. In this respect, Watson's book is quite exceptional: when it begins he is 23, and 25 when it ends; and it was written by a man not yet 40.

There may also be profounder reasons for the general triteness of scientific autobiographies. *Timon of Athens* could not have been written, *Les De-*

查加夫发表在《科学》杂志上的书评，发表于1968年3月29日

moiselles d'Avignon not have been painted, had Shakespeare and Picasso not existed. But of how many scientific achievements can this be claimed? One could almost say that, with very few exceptions, it is not the men that make science; it is science that makes the men. What A does today, B or C or D could surely do tomorrow.

Hence the feverish and unscrupulous haste that Watson's book reflects on nearly every page. On page 4: "Then DNA was still a mystery, up for grabs, and no one was sure who would get it and whether he would deserve it. . . . But now the race was over and, as one of the winners, I knew the tale was not simple. . . ." And on page 184: "I explained how I was racing Peter's father [Pauling] for the Nobel Prize." Again on page 199: "I had probably beaten Pauling to the gate." These are just a few of many similar instances. I know of no other document in which the degradation of present-day science to a spectator sport is so clearly brought out. On almost every page, you can see the protagonists racing through the palaestra, as if they were chased by the Hound of Heaven—a Hound of Heaven with a Swedish accent.

There were, of course, good reasons for the hurry, for these long-distance runners were far from lonely. They carried, however, considerably less baggage than others whom they considered, sometimes probably quite wrongly, as their competitors. Quite a bit was known about DNA: the discovery of the base-pairing regularities pointed to a dual structure; the impact of Pauling's α-helix prepared the mind for the interpretation of the x-ray data produced by Wilkins, Franklin, and their collaborators at King's College without which, of course, no structural formulation was possible. The workers at King's College, and especially Miss Franklin, were naturally reluctant to slake the Cavendish couple's thirst for other people's knowledge, before they themselves had had time to consider the meaning of their findings. The evidence found its way, however, to Cambridge. One passage must be quoted. Watson goes to see the (rather poor) film *Ecstasy* (p. 181):

> Even during good films I found it almost impossible to forget the bases. The fact that we had at last produced a stereochemically reasonable configuration for the backbone was always in the back of my head. Moreover, there was no longer any fear that it would be incompatible with the experimental data. By then it had been checked out with Rosy's precise measurements. Rosy, of course, did not directly give us her data. For that matter, no one at King's realized they were in our hands. We came upon them because of Max's membership on a committee appointed by the Medical Research Council to look into the research activities of Randall's lab. Since Randall wished to convince the outside committee that he had a productive research group, he had instructed his people to draw up a comprehensive summary of their accomplishments. In due time this was prepared in mimeograph form and sent routinely to all the committee members. As soon as Max saw the sections by Rosy and Maurice, he brought the report in to Francis and me. Quickly scanning its contents, Francis sensed with relief that following my return from King's I had correctly reported to him the essential features of the B pattern. Thus only minor modifications were necessary in our backbone configuration.

Rosy is Rosalind Franklin, Max stands for Perutz.

As can be gathered from this astonishing paragraph, Watson's book is quite frank. Without indulging in excesses of self-laceration, he is not a "stuffed shirt" and seems to tell what he considers the truth, at any rate, so far as it concerns the others. In many respects, this book is less a scientific autobiography than a document that should be of interest to a sociologist or a psychologist, who could give an assessment that I am not able to supply. Such an analysis would also have to take account of the merciless persiflage concerning "Rosy" (not redeemed by a cloying epilogue) which goes on throughout the book. I knew Miss Franklin personally, as I have known almost all the others appearing in this book; she was a good scientist and made crucial contributions to the understanding of the structure of DNA. A careful reading even of this book will bear this out.

It is perhaps not realized generally to what extent the "heroes" of Watson's book represent a new kind of scientist, and one that could hardly have been thought of before science became a mass occupation, subject to, and forming part of, all the vulgarities of the communications media. These scientists resemble what Ortega y Gasset once called *the vertical invaders*, appearing on the scene through a trap door, as it were. "He [Crick] could claim no clear-cut intellectual achievements, and he was still without his Ph.D." "Already for thirty-five years he [Crick] had not stopped talking and almost nothing of fundamental value had emerged." I believe it is only recently that such terms as the stunt or the scoop have entered the vocabulary of scientists, who also were not in the habit before of referring to each other as smart cookies. But now, the modern version of King Midas has become all too familiar: whatever he touches turns into a publicity release. Under these circumstances, is it a wonder that what is produced may resemble a Horatio Alger story, but will not be a *Sidereus Nuncius*? To the extent, however, that Watson's book may contribute to the much-needed demythologization of modern science, it is to be welcomed.

ERWIN CHARGAFF
Department of Biochemistry, Columbia University, New York City

Alaska: The Measureless Wealth

Glacier Bay. The Land and the Silence. DAVE BOHN. DAVID BROWER, Ed. Sierra Club, San Francisco, 1967. 165 pp., illus. $25.

In *Glacier Bay*, the Sierra Club once again turns to the task of stimulating public awareness of the natural world and of imparting respect for the land. This magnificently illustrated and sensitively written volume, along with such earlier Sierra Club books as those on the Grand Canyon, the Big Sur coast, and the High Sierra, allow one to *see* and to marvel.

The wondrous scenes these volumes contain are themselves the best of all arguments for resisting needless encroachment on them by the mining companies, the loggers, and the dam builders. Although economic analysis is becoming increasingly useful in shaping policy on the use and conservation of natural resources, economists know no way to make benefit-cost analysis adequately reflect the intangible values of wilderness and other natural environments. A view of, say, the Grand Canyon's inner gorge is indisputably of value, but it is not a marketable masterpiece to be sold at auction. Indeed, to put a price on such a scene is to play into the hands of those who would plug the gorge with concrete and flood it. In the realm of benefit-cost analysis, as in the marketplace, the demand is not for abstractions but for ready coin.

Although some of them are keenly appreciative of natural values, economists seem not to have had much suc-

查加夫发表在《科学》杂志上的书评，发表于1968年3月29日（续）

DNA Helix

I recently came across Dr. E. Chargaff's review (*1*) of J. D. Watson's book *The Double Helix* (*2*). I was disturbed by his quotation of an episode which relates how I handed to Watson and Crick an allegedly confidential report by Professor J. T. Randall with vital information about the x-ray diffraction pattern of DNA.

As this might indicate a breach of faith on my part, I have tried to discover what historical accuracy there is in Watson's version of the story, which reads as follows (*3*):

> Even during good films I found it almost impossible to forget the bases. The fact that we had at last produced a stereochemically reasonable configuration for the backbone was always at the back of my head. Moreover, there was no longer any fear that it would be incompatible with the experimental data. By then it had been checked out with Rosy's precise measurements. Rosy, of course, did not directly give her data. For that matter, no one at King's realized they were in our hands. We came upon them because of Max's membership on a committee appointed by the Medical Research Council to look into the research activities of Randall's lab. Since Randall wished to convince the outside committee that he had a productive research group, he had instructed his people to draw up a comprehensive summary of their accomplishments. In due time this was prepared in mimeographed form and sent routinely to all committee members. As soon as Max saw the sections by Rosy and Maurice, he brought the report in to Francis and me. Quickly scanning its contents Francis sensed with relief that following my return from King's I had correctly reported to him the essential features of the "B" pattern. Thus only minor modifications were necessary in our backbone configuration.

Watson showed me his book twice in manuscript; I regret that I failed to notice how this passage would be interpreted by others and did not ask him to alter it. The incident, as told by Watson, does an injustice to the history of one of the greatest discoveries of the century. It pictures Wilkins and Miss Franklin jealously trying to keep their data secret, and Watson and Crick getting hold of them in an underhand way, through a confidential report passed on by me. What historical evidence I have been able to collect does not corroborate this story. In summary, the committee of which I was a member did not exist to "look into the research activities of Randall's lab," but to bring the different Medical Research Council units working in the field of biophysics into touch with each other. The report was not confidential and contained no data that Watson had not already heard about from Miss Franklin and Wilkins themselves. It did contain one important piece of crystallographic information useful to Crick; however, Crick might have had this more than a year earlier if Watson had taken notes at a seminar given by Miss Franklin.

I discarded the papers of the committee many years ago but the Medical Research Council kindly found them for me in their archives. According to their records there were, in fact, two committees. First, the Biophysics Research Unit Advisory Committee, set up at the beginning of 1947 "to advise regarding the scheme of research in biophysics under the direction of Professor J. T. Randall." Neither Randall nor I were members of that committee; I did not know of its existence until recently. It held its final meeting in October 1947, 5 years before the episode related by Watson. Later that year the Council set up the Biophysics Committee "to advise and assist the Council in promoting research work over the whole field of biophysics in relation to medicine." This new committee consisted mainly of the heads of all the Medical Research Council units related to biophysics, and included Randall and myself. We visited each laboratory in turn; the director would tell the others about the research in his unit and circulate a report. The reports were not confidential. The committee served to exchange information but was not a review body; we were never asked for an opinion of the work we saw. The Medical Research Council dissolved it in 1954, in the words of the official letter because "the Committee has fulfilled the purpose for which it was set up, namely to establish contact between the groups of people working for the Council in this field" (Appendix 1).

On 15 December 1952, we met in Randall's laboratory where he gave us a talk and also circulated the report referred to in Watson's book. As far as I can remember, Crick heard about its existence from Wilkins, with whom he had frequent contact, and either he or Watson asked me if they could see it. I realized later that, as a matter of courtesy, I should have asked Randall for permission to show it to Watson and Crick, but in 1953 I was inexperienced and casual in administrative matters and, since the report was not confidential, I saw no reason for withholding it.

I now come to the technical details of the report. It includes one short section describing Wilkins' work on DNA and nucleoprotein structures and then another on "X-ray studies of calf thymus DNA" by R. E. Franklin and R. G. Gosling. They are reproduced in Appendix 2 below. Note that they contain only two pieces of numerical data. One is the length of the fiber axis repeat of 34 Å in the wet or "B" form of DNA; this is the biologically more important form, solved by Watson and Crick. The other piece consists of the unit-cell dimensions and symmetry of the partially dried "A" form, which was the one discovered and worked on by Wilkins and Miss Franklin, to be solved later by Wilkins and his colleagues. The report contained no copies of the x-ray diffraction photographs of either form.

We can now ask if this section really contained "Rosy's precise measurements needed to check out" Watson and Crick's tentative model and whether it is true that "Rosy did not give us her data . . . and no one at King's realized that they were in our hands." In fact, the report contained no details of the vital "B" pattern apart from the 34 Å repeat, but Watson, according to his own account heard them from Wilkins himself, shortly before he saw the report. This story is told in chapter 23, relating Watson's visit to King's College in late January 1953 where Miss Franklin supposedly tried to hit him and where Wilkins showed him a print of one of her exciting new x-ray photographs of the "B" form of DNA. The next chapter (24) begins as follows: "Bragg was in Max's office when I rushed in the next day to blurt out what I had learned. Francis was not yet in, for it was a Saturday morning and he was home in bed glancing at the *Nature* that had come in the morning mail. Quickly I started to run through the details of the "B" form of DNA, making a rough sketch to show the evidence that DNA was a helix which repeated its pattern every 34 Å along the helical axis." The incident of the report comes in the following chapter (25) and is dated early 1953.

It is interesting that a drawing of the "B" patterns from squid sperm is also contained in a letter from Wilkins to Crick written before Christmas 1952. All this clearly shows that Wilkins disclosed many, even though perhaps not all, of the data obtained at King's to either Watson or Crick.

一年多以后，佩鲁茨、沃森和威尔金斯将对查加夫书评的回应发表在 1969 年 6 月 27 日出版的《科学》杂志上

Turning now to the x-ray pattern of the "A" form, this had been the subject of a seminar given by Miss Franklin at King's in November 1951, an occasion described by Watson in chapter 10. After Miss Franklin's tragic death in 1958, her colleague, Dr. A. Klug, preserved her scientific papers; among these are her notes for that seminar, which he now kindly showed me. These notes include the unit-cell dimensions and symmetry of the "A" form which were circulated in the report a year later.

Watson, according to his own account, had failed to take notes at Miss Franklin's seminar, so that he could not give the unit-cell dimensions and symmetry to Crick afterward. Crick tells me now that the report did bring the monoclinic symmetry of the unit cell home to him for the first time. This really was an important clue as it suggested the existence of twofold symmetry axes running normal to the fiber axis, requiring the two chains of a double helical model to run in opposite directions, but he could clearly have had this clue much earlier.

MAX F. PERUTZ

42 Sedley Taylor Road, Cambridge, England

References and Notes

1. E. Chargaff, *Science* **159**, 1448 (1968).
2. J. D. Watson, *The Double Helix, A Personal Account of the Discovery of the Structure of DNA* (Atheneum, New York, 1968).
3. ———, *ibid.*, p. 181.
4. I thank the Medical Research Council, Dr. A. Klug, and Dr. R. Olby for supplying me with historical documents, and Sir J. Randall, Professor M. H. F. Wilkins, and Dr. R. G. Gosling for permission to publish their report.

10 April 1969

Appendix 1

27 April 1954

Dear Perutz

The Council have been considering the future of their Biophysics Committee, which was appointed in 1947 and would be due for reconstitution if it were to be kept in being. After consultation with the Chairman and others, they have come to the conclusion that *the Committee has fulfilled the purpose for which it was set up, namely to establish contact between the different groups of people working for the Council in this field*. It has accordingly been decided that the Committee should now be discharged. I am asked by the Council to send you their best thanks for all the help that you have given to their work by serving on this Committee.

Yours sincerely,
Landsborough Thomson
(*Secretary to the Biophysics Committee*)

Appendix 2

Report by Professor J. T. Randall
to the Medical Research Council,
dated December 1952

Nucleic Acid Research

The research on nucleic acids, like that on collagen, has both a structural and a biological interest. Some time ago Wilkins found that fibres from sodium desoxyribonucleate gave remarkably good x-ray fibre diagrams. He also examined the optical properties of the fibres in relation to their molecular structure. The detailed examination of the structure has been continued by Miss Franklin and R. G. Gosling, and Wilkins has concentrated on a study of the oriented nucleoprotein of sperm heads. The biological implications of this work are indicated later in this section.

The study of nucleic acids in living cells has been continued by Walker (tissue cultures) and by Chayen (plant root meristem cells); and lately Wilkins and Davies have been measuring the dry weight of material in *Tradescantia* pollen grains during the course of cell division by means of interference microscopy. Thus, while the work of Walker on nucleic acid content of nuclei relates only to part of the cell contents, the interference microscope enables the total content of the cell, other than water, to be measured.

Desoxyribose Nucleic Acid and Nucleoprotein Structure (M. H. F. Wilkins)

A molecular structure approach has been made to the question of the function of nucleic acid in cells.

First, x-ray evidence shows that DNA from all kinds of sources has the same basic molecular configuration which is little (if at all) dependent on the nucleotide ratio. Some grouping of polynucleotide chains takes place to give ~ 20 Å diameter rod-shaped units, and the internal chemical binding which holds each unit together is not affected much by the normal extraction procedure. The basic point is to find the general nature of this structure and the hydrogen bonding etc. in it. Using two dimensional data, the most reasonable interpretation was in terms of a helical structure and the experimental evidence for such helices was much clearer than that obtained for any protein. The crystalline material gives an x-ray picture with considerable elements of simplicity which could be accounted for by the helical ideas, but three dimensional data show apparently that the basic physical explanation of the simplicity of the picture lies in some quite different and, a priori, much less likely structural characteristic. The 20 Å units, while roughly round in cross-section, appear to have highly asymmetric internal structure.

The same general configuration appears to exist in intact sperm heads and synthetic or extracted nucleoprotein, and in bacteriophage (and not in insect virus where the protein is different). It appears that the protein is probably bound electrostatically on the outside of the nucleic acid units and does not alter their structure. In some sperm the whole head has a crystalline (but somewhat imperfect) structure. In these sperm, the protein has very low molecular weight and it will be especially interesting to find if any high molecular weight protein exists in such sperm heads. If not, all the genetical characteristics may be supposed to lie in the DNA (as in bacteriophage). Biochemical study of the composition of the protein is planned. In other kinds of cell nucleus with different biological function the proteins are quite different. The main idea is to find the structure of the DNA first, then how it is linked to protein in the crystalline sperm heads, and then attempt to elucidate the more complex structure of the other kinds of cell nuclei. It may be that the characteristic x-ray picture of DNA is especially related to a particular function of the nuclear nucleoprotein. In this way molecular structure and cytochemical studies begin to overlap.

X-ray Studies of Calf Thymus DNA
(R. E. Franklin and R. G. Gosling)

(*a*) *The Role of Water*: The crystalline form of calf thymus DNA is obtained at about 75 percent RH and contains about 20 percent by weight of water.

Increasing the water content leads to the formation of a different structural modification which is less highly ordered. The water content of this form is ill-defined.

The change from the first to the second structure is accompanied by a change in the fibre-axis repeat period of 28 Å to 34 Å and a corresponding microscopic length-change of the fibre of about 20 percent.

Decreasing the water-content below 20 percent leads to a gradual fading out of the crystalline x-ray pattern and a corresponding increase in the diffuse background scattering. After strong drying only diffuse scattering is observed.

All these changes are readily reversible. The following explanation is suggested:

The phosphate groups, being the most polar part of the structure would be expected to associate with one another and also with the water molecules. Phosphate-phosphate bonds are considered to be responsible for intermolecular linking in the crystalline structure. The water molecules are grouped around these bonds (approximately four water molecules per phosphorus atom). Increased water content weakens these bonds and leads, first, to a less highly ordered structure and, ultimately, to gel formation and solution. Drying leaves the phosphate-phosphate links intact but leads to the formation of holes in the structure with resulting strain and deformation. The three-dimensional skeleton is preserved in distorted form and crytalline order is restored when the humidity is again increased.

(b) *The Cylindrically Symmetrical Patterson Function*: It was apparent that the

一年多以后，佩鲁茨、沃森和威尔金斯将对查加夫书评的回应发表在1969年6月27日出版的《科学》杂志上（续）

crystalline form was based on a face-centered monoclinic unit cell with the c-axis parallel to the fibre axis. But it was not found possible, by direct inspection, to allot all the lattice parameters accurately and unambiguously. To obtain the unit cell with certainty the cylindrically symmetrical Patterson function was calculated. This function is periodic in the fibre-axis direction only.

Special techniques were developed for the measurement of the positions and intensities of the reflections. This was necessary, firstly because all measurements had to be made on micro-photographs, and secondly because the observed reflections were of a variety of shapes and sizes so that integrated intensities could not be directly measured.

On the Patterson function obtained, the lattice translations could be readily identified. On the basis of a unit cell defined by

$$a = 22.0\ \text{Å}$$
$$b = 39.8\ \text{Å}$$
$$c = 28.1\ \text{Å}$$
$$\beta = 96.5°$$

the 66 independent reflections observed could all be indexed with an error of less than 1 percent.

A very satisfactory confirmation of the correctness of the unit cell and the indexing was provided by a fortunate accident which it has so far not been possible to reproduce. One fibre was obtained which gave a photograph showing strong double orientation. It was found that in this photograph those spots which had been indexed hkl were strongest in one pair of quadrants while those indexed $h\bar{k}l$ were strongest in the other pair.

(c) *The Three-Dimensional Patterson Function*: Having established the unit cell with certainty, it is now possible to calculate Patterson sections in the normal way. Work on these is in progress.

In Dr. M. F. Perutz's letter, extracts from a Medical Research Council report are published for the first time. For those interested in the history of the early x-ray studies of DNA at King's college, I give here the main facts which form the background to the report.

Early in 1951 "A" patterns of DNA and very diffuse "B" patterns from DNA and from sperm heads indicated (as I described at a meeting at Cambridge in 1951) that DNA was helical. Shortly afterward, when Rosalind Franklin began experimental work on DNA, she almost immediately obtained (in September 1951) the first clear "B" patterns [described at a seminar in 1951 and published in 1953 (*1*)]. By the beginning of 1952 I had obtained basically similar patterns from DNA from various sources and from sperm heads. The resemblance (*2*) of the "B" patterns of DNA and those of sperm was very clear at that time. The helical interpretation was very obvious too, and it was proposed in general terms in Franklin's fellowship report (*3*). The "B" patterns of DNA that I obtained at that time were quite adequate for a detailed helical interpretation. This was given later (*4*), with one of the patterns, alongside the Watson and Crick description (*5*) of their model. The best, and most helical-looking "B" pattern, was obtained by Franklin in the first half of 1952 and was published in 1953 (*6*), also with a helical interpretation and alongside the Watson-Crick paper. Confusion arose because, during the summer of 1952, Franklin presented, in our laboratory, "A"-type data (in three dimensions) which showed that the DNA molecule was asymmetrical and therefore nonhelical. Later in the year I wrote for the Medical Research Council report a summary of the DNA x-ray work as a whole in our laboratory. Since our previous emphasis had been entirely on helices, I drew attention in the report to the nonhelical interpretation. In 1953, after the Watson-Crick model had been built and when we had more precise "A" data, I reexamined the question of DNA being nonhelical and found that the data gave no support for the molecule being nonhelical (*7*).

M. H. F. Wilkins
Medical Research Council,
Biophysics Research Unit,
King's College, London

References

1. R. E. Franklin and R. G. Gosling, *Acta Cryst.* **6**, 673 (1953).
2. M. H. F. Wilkins and J. T. Randall, *Biochim. Biophys. Acta* **10**, 192 (1953).
3. A. Klug, *Nature* **219**, 808 (1968).
4. M. H. F. Wilkins, A. R. Stokes, H. R. Wilson, *ibid* **171**, 738 (1953).
5. J. D. Watson and F. H. C. Crick, *ibid.*, p. 737.
6. R. E. Franklin and R. G. Gosling, *ibid.*, p. 740.
7. M. H. F. Wilkins, W. E. Seeds, A. R. Stokes, H. R. Wilson, *ibid.* **172**, 759 (1953).

10 April 1969; revised 26 May 1969

I am very sorry that, by not pointing out that the Randall report was nonconfidential, I portrayed Max Perutz in a way which allowed your reviewer [*Science* **159**, 1448 (1968)] to badly misconstrue his actions. The report was never marked "confidential," and I should have made the point clear in my text [*The Double Helix* (Athenum, New York, 1968)]. It was my intention to reconstruct the story accurately, and so most people mentioned in the story were given the manuscript, either in first draft or in one of the subsequent revisions, and asked for their detailed comments.

I must also make the following comments.

1) While I was at Cambridge (1951–53) I was led to believe by general lab gossip that the MRC (Medical Research Council) Biophysics Committee's real function was to oversee the MRC–King's College effort, then its biggest venture into pure science. I regret that Perutz did not ask me to change this point.

2) The Randall report was really very useful, especially to Francis [Crick]. In writing the book I often underdescribed the science involved, since a full description would kill the book for the general reader. So I did not emphasize, on page 181, the difference between "A" and "B" patterns. The relevant fact is not that in November 1951 I *could have* copied down Rosalind's seminar data on the unit cell dimensions and symmetry, but that I *did not*. When Francis was rereading the report, after we realized the significance of the base pairs and were building a model for the "B" structure, he suddenly appreciated the diad axis and its implication for a two-chained structure. Also, the report's explicit mention of the "B" form and its obvious relation to the expansion of DNA fiber length with increase of the surrounding humidity was a relief to Francis, who disliked my habit of never writing anything on paper which I hear at meetings or from friends. The fiasco of November 1951 arose largely from my misinterpretation of Rosy's talk, and with my knowledge of crystallography not really much solider, I might have easily been mistaken again. Thus the report, while not necessary, was very, very helpful. And if Max had not been a member of the committee, I feel that neither Francis nor I would have seen the report; and so, it was a fluke that we saw it.

3) Lastly, Max's implication that the King's lab was generally open with all their data badly oversimplifies a situation which, in my book, I attempted to show was highly complicated in very human ways.

All these points aside, I regret and apologize to Perutz for the unfortunate passage.

James D. Watson
The Biological Laboratories,
Harvard University,
Cambridge, Massachusetts

19 May 1969

一年多以后，佩鲁茨、沃森和威尔金斯将对查加夫书评的回应发表在1969年6月27日出版的《科学》杂志上（续）

DOUBLE HELIX

致谢

稍微浏览一下本书的内容，你就会发现我们必须感谢世界各地的许多个人和档案机构。

沃森鼓励我们编这本书，他告诉我们，尽管放开手脚大胆去做。本书的初稿完成后，我们请沃森过目，他的记忆被重新唤醒了，还为我们提供了许多新的线索。雷蒙德·戈斯林非常慷慨地为本书贡献了大量时间、记忆和评论。他还专门为本书写了一些东西，这是我们特别要感谢的。戈斯林使我们对他与莫里斯·威尔金斯和罗莎琳德·富兰克林的关系，伦敦国王学院实验室内部的运行模式有了更加深刻的理解。与本书所涉及的其他人物的联系也给我们带来了莫大的收获和快乐。布鲁斯·弗雷泽、赫伯特·古特弗罗因德、休·赫胥黎和亚历克斯·里奇为本书提供了大量照片。他们回忆了与沃森交往的往事，提供了许多可靠的细节。经过辛苦的“侦查”之后我们发现，伯特兰·富尔卡德住在巴黎，我们联系到了他，并和他进行了愉快交谈。我们还非常感谢迈克尔·克里克为我们提供了他父亲写给他的信件，它描述了双螺旋结构以及这个重大发现的意义。

安吉拉·克里杰（Angela Creager）、雷蒙德·戈斯林、沃尔特·格拉泽（Walter Gratzer）和罗伯特·奥尔贝（Robert Olby）阅读了本书的初稿，并提出了宝贵意见和建议，帮助我们改进了在本书中插入的注释。

档案学家已经对本书涉及的档案材料进行了编目和数字化，没有他们的辛勤工作，本书不可能顺利出版。

沃森和西德尼·布伦纳的档案材料保存在冷泉港实验室，主管是卢德米拉·波洛克（Ludmila Pollock）；我们非常感谢约翰·扎里洛（John Zarillo），他对沃森档案的了解程度无人可比。我们无数次要求调取有关资料和图片，约翰·扎里洛总是非常耐心，且回应迅速。克里斯托弗·奥尔弗（Christopher Olver）是伦敦国王学院威尔金斯档案的编目整理者。克里克的档案保存在维尔康姆信托基金会，维尔康姆图书馆档案部和手稿部的珍妮弗·海恩斯（Jennifer Haynes）和海伦·韦克利（Helen Wakely）给我们提供了许多资料和信息。沃森经常写信给德尔布吕克，因此他的信件特别有价值，加州理工学院档案和特殊收藏中心的档案部门负责人雪莱·欧文（Shelley Erwin）和洛马·卡克林斯（Loma Karklins），给我们提供了沃森在剑桥大学期间写给德尔布吕克的信件。我们还要感谢俄勒冈州立大学特殊收藏和档案研究中心的克里斯·彼得森（Chris Petersen），他提供的莱纳斯·鲍林和艾娃·鲍林的档案材料及相关网络资料，给了我们极大的帮助。罗莎琳德·富兰克林在这个时期的书信很少，主要是因为她的父母也住在伦敦，因此她可以去探望他们，而不用给他们写信。不过，安妮·塞尔将她在撰写《罗莎琳德·富兰克林与 DNA》一书时用过的档案材料保存在了位于马里兰大学巴尔的摩分校的美国微生物学会。我们非常感谢杰夫·卡尔（Jeff Karr）带我们找到了这些档案。剑桥大学丘吉尔学院也保存了一部分罗莎琳德·富兰克林和约翰·兰德尔的档案，因此，我们要感谢艾伦·帕克伍德（Alan Packwood）和索菲·布里奇斯（Sophie Bridges）的大力支持。

还有许多人为我们提供了相关信息和图片，在此一并致谢：

安东·多恩动物研究所的恩里科·艾利瓦（Enrico Alleva）和克劳迪娅·迪索马（Claudia Di Somma）；英国洛桑研究所的利兹·奥尔索普（Liz Allsopp）和玛姬·约翰斯顿（Maggie Johnston）；石溪大学的利兹·巴斯（Liz Bass）；波特兰州立大学的理查德·贝莱（Richard Beyler）；哈佛大学的珍妮特·布朗（Janet Browne）；罗马大学的莫里吉奥·布鲁诺里（Maurizio Brunori）；佛罗里达州立大学的唐纳德·卡斯珀（Donald Caspar）；巴斯德研究所的琼·皮埃尔·尚热（Jean Pierre Changeux）；伦敦大学的约翰·科林奇（John Collinge）；英国皇家学会的彼得·柯林斯（Peter Collins）；牛津郡议会的海伦·德鲁里（Helen Drury）；瑞士联邦技术研究所的杰克·达尼茨（Jack Dunitz）；西班牙医学化学研究所的乔斯·埃尔圭罗（Jose Elguero）；伦敦国王学院的乔治·埃利奥特（George Elliott）；英国医学研究理事会剑桥大学分子生物学实验室的安妮特·福克斯（Annette Faux）；伦敦雅典娜俱乐部的乔纳森·福特（Jonathan Ford）；美国国家科学院档案馆的贾尼丝·F. 戈德布卢姆（Janice F. Goldblum）；俄勒冈州立大学的汤姆·黑格（Tom Hager）；利兹大学的克斯滕·霍

尔（Kersten Hall）、亚当·纳尔逊（Adam Nelson）和布鲁斯·特恩布尔（Bruce Turnbull）；诺丁汉大学的斯蒂芬·哈丁（Stephen Harding）；海德堡 MPIMF 的肯·霍姆斯（Ken Holmes）；伦敦国王学院的加雷思·琼斯（Gareth Jones）；佐治亚理工学院的约翰·克里格（John Krige）；伦敦的约翰·拉格纳多（John Lagnardo）；剑桥郡档案馆的德布拉·莱昂斯（Debra Lyons）和吉尔·沙普兰（Gill Shapland）；佐治亚理工学院克里斯蒂·马克拉奇斯（Kristie Macrakis）；布伦达·马多克斯；苏格兰欧洲委员会办公室尼尔·米奇森（Neil Mitchison）；瓦尔·米奇森；都柏林三一学院的卢克·奥尼尔（Luke O' Neill）；哈佛大学的盖尔·奥斯金（Gail Oskin）；威斯康星大学麦迪逊分校的迈克·佩蒂（Mike Petty）；国家医学图书馆的杰弗里·雷兹尼克（Jeffrey Reznick）和保罗·希曼（Paul Theerman）；国家科学院的丹尼尔·萨尔斯伯里（Daniel Salsbury）；威斯康星大学麦迪逊分校的唐·斯通（Don Stone）；加利福尼亚州尤里卡市北海岸照相馆的加里·托德罗夫（Gary Todoroff）；索尔克生物研究所的因德尔·维尔马（Inder Verma）；英国剑桥的朱迪·威尔森（Judy Wilson）；纽约大学的迈克尔·乌尔福逊（Michael Woolfson），还有马萨诸塞州剑桥市的安妮·卡伯特·怀曼（Anne Cabot Wyman）。

我们还要感谢谢兰登书屋的分公司阿尔弗雷德·A. 克诺夫出版社及牛津大学出版社，经他们授权，从《不要烦人》一书中节选了一章相关内容。我们也要对奥赖恩允许我们在英国及相关地区发行此版本表示感谢。

我们在本书中使用了大量插图，特此感谢以下机构和个人的授权，他们均免除或减少了部分费用：

伦敦雅典娜俱乐部；加州理工学院；剑桥大学档案馆；剑桥大学丘吉尔学院；伦敦国王学院；英国剑桥医学研究理事会分子生物学实验室；伦敦医学研究理事会；《自然》杂志；俄勒冈州立大学；《美国国家科学院院刊》；《科学》杂志；史密森学会；加利福尼亚大学圣迭戈分校；维尔康姆信托基金会；约翰·威利。

最后，我们还要感谢冷泉港实验室出版社负责这本书的整个团队。本书是一个不同寻常的“产品”，书中的插图和注释全都与正文紧密地联系在一起，版面布局很难处理。我们之所以能够成功，首先得归功于丹尼丝·韦斯（Denise Weiss）出色的版式设计，在她的持续监督设计下很快就找对了方向。苏珊·谢弗（Susan Schaefer）将我们搜集到的注释和数据精确地转化成了漂亮的页面。她似乎不知疲倦，非常能干，除了她，实在不知道还有谁能应付几乎一直在变动的排版工作。我们还要感谢卡罗尔·布朗（Carol Brown）和伊内兹·萨利亚诺（Inez Saliano），她们承担了无比复杂的争取授权的工作。没有她们的努力，本书肯定会大为逊色。冷泉港实验室出版社社长简·阿吉蒂娜（Jan Argentine）和执行社长约翰·英格利斯（John Inglis）热情专业地监督指导了本书的整个出版过程，没有他们的帮助，我们的工作将无法顺利完成！

此外，我们还要感谢国际建设管理学会的合作伙伴阿曼达城市，促成我们与西蒙与舒斯特出版公司的合作，感谢乔纳森·卡普（Jonathan Karp，出版商）、柯伦·马库斯（Karyn Marcus，高级编辑）团队。而艾琳·凯拉蒂（Irene Kheradi，总编辑）与吉娜·迪马夏（Gina Dimascia）、迈克尔·阿科尔迪诺（Michael Accordino，艺术总监）的合作更是加快了本书的出版进程。

DOUBLE HELIX

译者后记

《双螺旋》是世界级的科普经典名著，多次入选“十大最有影响力科普图书”“改变美国的图书”和“世纪最佳非虚构类图书”等榜单，其价值和重要意义无须多说。

也正因为如此，《双螺旋》已经成了国外常出常新的一本书，现在读者见到的就是近期由美国冷泉港实验室出版社重新编辑出版的“插图注释本”。它是迄今为止内容最全面、形式最生动的一个版本。

国内早在20世纪80年代就出版了由著名科学家刘望夷先生主译的《双螺旋》中译本（后来又出版了多个版本）。刘先生的译本内容准确、文字典雅，是我在翻译此书时不能不参考的，当然，它同时也给我带来了很大的压力，但愿我对这个“插图注释本”的诠释，能够不让前贤专美。

这是我应简学老师的邀请翻译的第二本生物学科普著作。这两本书的作者兼主人公都可以称得上是科学界的奇人。我译的前一本书是《生命的未来》，作者文特尔很可能是继沃森之后最“胆大妄为”、最“神秘莫测”的生物学家。译事虽然辛苦，但译者在很多时候也是幸运的，翻译好书就等于与伟大的心灵对话（当然，要想翻译好“好书”，也必须静下心来与伟大的心灵对话）。对我而言，翻译这两本书确实是非常美妙的经历。为此我要再次向简学老师表示感谢。

宇宙中最神奇的存在也许就是生命了。沃森和克里克发现了DNA的双螺旋结构，为人类探索生命打开了大门。这本书必定会激发读者的浓厚兴趣，就像英文版的编者所说的，无论是新读者还是老读者，都会发现它不但有用、有益，而且有趣！

在此，我想感谢我的妻子傅瑞蓉给我的帮助。她是本书的第一读者和批评者，帮助我改正了不少错误。感谢儿子贾岚晴带给我的快乐，看着他快速成长，我更加深切地感受到了生命的神奇。感谢岳父傅美峰、岳母蒋仁娟对我们家人的悉心照料。

在此，同样要感谢汪丁丁教授、叶航教授和罗卫东教授的教诲。感谢何永勤、虞伟华、余仲望、鲍玮玮、傅晓燕、傅锐飞、傅旭飞、陈叶烽、李欢、丁玫、何志星、陈贞芳、楼霞、郑文英、商瑜和李晓玲等好友的帮助。

书中难免有错漏之处，敬请各位专家和读者批评指正。

未来，属于终身学习者

我这辈子遇到的聪明人（来自各行各业的聪明人）没有不每天阅读的——没有，一个都没有。巴菲特读书之多，我读书之多，可能会让你感到吃惊。孩子们都笑话我。他们觉得我是一本长了两条腿的书。

———查理·芒格

互联网改变了信息连接的方式；指数型技术在迅速颠覆着现有的商业世界；人工智能已经开始抢占人类的工作岗位……

未来，到底需要什么样的人才？

改变命运唯一的策略是你要变成终身学习者。未来世界将不再需要单一的技能型人才，而是需要具备完善的知识结构、极强逻辑思考力和高感知力的复合型人才。优秀的人往往通过阅读建立足够强大的抽象思维能力，获得异于众人的思考和整合能力。未来，将属于终身学习者！而阅读必定和终身学习形影不离。

很多人读书，追求的是干货，寻求的是立刻行之有效的解决方案。其实这是一种留在舒适区的阅读方法。在这个充满不确定性的年代，答案不会简单地出现在书里，因为生活根本就没有标准确切的答案，你也不能期望过去的经验能解决未来的问题。

而真正的阅读，应该在书中与智者同行思考，借他们的视角看到世界的多元性，提出比答案更重要的好问题，在不确定的时代中领先起跑。

湛庐阅读 App：与最聪明的人共同进化

有人常常把成本支出的焦点放在书价上，把读完一本书当作阅读的终结。其实不然。

时间是读者付出的最大阅读成本

怎么读是读者面临的最大阅读障碍

“读书破万卷”不仅仅在“万”，更重要的是在“破”！

现在，我们构建了全新的“湛庐阅读”App。它将成为你“破万卷”的新居所。在这里：

- 不用考虑读什么，你可以便捷找到纸书、电子书、有声书和各种声音产品；
- 你可以学会怎么读，你将发现集泛读、通读、精读于一体的阅读解决方案；
- 你会与作者、译者、专家、推荐人和阅读教练相遇，他们是优质思想的发源地；
- 你会与优秀的读者和终身学习者为伍，他们对阅读和学习有着持久的热情和源源不绝的内驱力。

下载湛庐阅读 App，
坚持亲自阅读，
有声书、电子书、阅读服务，
一站获得。

CHEERS

本书阅读资料包

给你便捷、高效、全面的阅读体验

本书参考资料

湛庐独家策划

- ✔ 参考文献
  为了环保、节约纸张，部分图书的参考文献以电子版方式提供
- ✔ 主题书单
  编辑精心推荐的延伸阅读书单，助你开启主题式阅读
- ✔ 图片资料
  提供部分图片的高清彩色原版大图，方便保存和分享

相关阅读服务

终身学习者必备

- ✔ 电子书
  便捷、高效，方便检索，易于携带，随时更新
- ✔ 有声书
  保护视力，随时随地，有温度、有情感地听本书
- ✔ 精读班
  2~4周，最懂这本书的人带你读完、读懂、读透这本好书
- ✔ 课　程
  课程权威专家给你开书单，带你快速浏览一个领域的知识概貌
- ✔ 讲　书
  30分钟，大咖给你讲本书，让你挑书不费劲

湛庐编辑为你独家呈现
助你更好获得书里和书外的思想和智慧，请扫码查收！

（阅读资料包的内容因书而异，最终以湛庐阅读App页面为准）

图书在版编目（CIP）数据

浙江省版权局
著作权合同登记号
图字:11-2022-201号

双螺旋 : 插图注释本 / (美) 詹姆斯·D. 沃森
(James D. Watson) 著 ; (美) 亚历山大·江恩
(Alexander Gann) , (美) 简·维特科夫斯基
(Jan Witkowski) 编 ; 贾拥民译. -- 杭州 : 浙江教育
出版社, 2022.6
书名原文: The Annotated and Illustrated Double
Helix
ISBN 978-7-5722-3718-8

Ⅰ. ①双… Ⅱ. ①詹… ②亚… ③简… ④贾… Ⅲ.
①双螺旋—普及读物 Ⅳ. ①Q71-49

中国版本图书馆CIP数据核字(2022)第095428号

上架指导：生命科学 / 科普读物

双螺旋（插图注释本）
SHUANGLUOXUAN (CHATU ZHUSHIBEN)
[美] 詹姆斯·D. 沃森 著
[美] 亚历山大·江恩 简·维特科夫斯基 编
贾拥民 译

责任编辑：刘晋苏
文字编辑：傅美贤
美术编辑：韩 波
封面设计：ablackcover.com
责任校对：李 剑
责任印务：沈久凌
出版发行：浙江教育出版社（杭州市天目山路 40 号 电话：0571-85170300-80928）
印 刷：唐山富达印务有限公司
开 本：720mm ×965mm 1/24
印 张：14.75 字 数：357 千字
版 次：2022 年 6 月第 1 版 印 次：2022 年 6 月第 1 次印刷
书 号：ISBN 978-7-5722-3718-8 定 价：119.90 元

如发现印装质量问题，影响阅读，请致电 010-56676359 联系调换。